普通高等教育"十二五"规划教材·园林与风景园林系列

现代园林苗圃学

张志国　鞠志新　主编

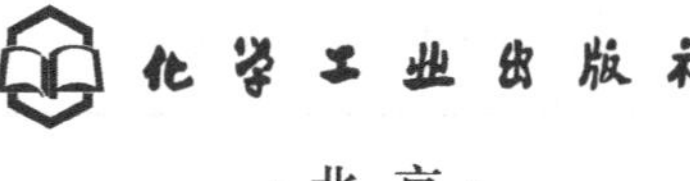

·北京·

本书共分九章，介绍了园林植物种苗生产基地的规划与建设，园林植物种子、加工与储藏，园林植物播种与育苗，扦插繁殖，嫁接繁殖，分株、压条繁殖技术，苗木生产技术，容器育苗生产技术，园林苗圃常见病虫草害及防治等。教材吸收了国内外绿化苗木生产的新进展，强调实用性和可操作性。

本书可作为相关院校园林、风景园林、林学、农学、园艺等相关专业的师生教材，同时也可作为研究推广机构、苗木生产及管理单位和销售行业的专业参考书。

图书在版编目（CIP）数据

现代园林苗圃学/张志国，鞠志新主编.—北京：化学工业出版社，2014.12（2021.3重印）

普通高等教育“十二五”规划教材·园林与风景园林系列

ISBN 978-7-122-22416-3

Ⅰ.①现… Ⅱ.①张…②鞠… Ⅲ.①园林-苗圃学-高等学校-教材 Ⅳ.①S723

中国版本图书馆CIP数据核字（2014）第279787号

责任编辑：尤彩霞　　装帧设计：关　飞

责任校对：吴　静

出版发行：化学工业出版社（北京市东城区青年湖南街13号　邮政编码100011）

印　　装：北京七彩京通数码快印有限公司

787mm×1092mm　1/16　印张$11\frac{1}{2}$　字数299千字　2021年3月北京第1版第3次印刷

购书咨询：010-64518888　　售后服务：010-64518899

网　　址：http://www.cip.com.cn

凡购买本书，如有缺损质量问题，本社销售中心负责调换。

定　　价：32.00元

《现代园林苗圃学》编写人员

主　　　编： 张志国（上海应用技术学院）

鞠志新（吉林农业科技学院）

副　主　编： 曹基武（中南林业科技大学）

朱翠英（山东农业大学）

贺　坤（上海应用技术学院）

其他参编人员： 佘月书（上海应用技术学院）

栗　燕（河南农业大学）

张永春（上海农业科学院）

栾东涛（上海应用技术学院）

前 言

随着我国经济的快速发展、社会的进步和居民生活水平的提高，人们对生活质量有了更高的要求。在国家推进建设“生态文明”、“美丽中国”以及提高“城镇化”水平的大背景下，我国新一轮苗圃业的快速发展已不可避免。导致近几年苗圃面积大幅度增加，从业人员剧增。虽然我国园林绿化苗木生产具有悠久的历史，但长期以来一直沿用传统的露天苗圃栽培方式，生产技术相对较为落后，苗木质量不稳定，产品供应季节短，生产周期长，生产率低。我国园林绿化苗木的生产水平远远跟不上发展需要，现代化绿化苗木生产专业技术人员和苗圃管理人才不足，限制了我国苗圃业的健康和持续性发展，同时我国苗圃业面临产业升级的艰巨任务。在此形势下我们组织编写了这本《现代园林苗圃学》。建议学时54学时，作为本科或高职的园林专业、林学专业、植物生产专业、园艺专业的专业课或选修课教材。

本教材的编写目标是：

1. 相对以往厚重的老式教材，有所精简，以适应当前专业教学时数的要求；

2. 吸收苗圃业发展的最新成果，为苗圃现代化生产提供支撑；

3. 力求实用性、可操作性。尽可能减少定性描述，增加定量的内容。

为了使内容更加完整，在绪论中增加了我国苗圃发展简史一节。为了适应容器苗生产的趋势，增加了容器苗生产一章，系统地描述了容器苗生产基本原理与容器苗生产技术。从实用性出发，简要介绍了常见苗圃病、虫、杂草的防治等。

编著者具体分工如下：

本书绪论、第八章由张志国编写，第一章由贺坤编写，第二章由张永春编写，第三章由鞠志新编写，第四章由栗燕编写，第五章由朱翠英编写，第六章、第七章由曹基武编写，第九章由余月书编写，全书由张志国、鞠志新修改、统稿。栾东涛参与了部分书稿、表格、测定方法编写及补充工作。疏漏之处，敬请指正。

张志国

2014年10月

目 录

绪 论

第一节 园林苗圃的作用和功能

园林苗圃是指为了满足城镇园林绿化建设需要，专门用来繁殖和培育各类园林苗木的场所。园林苗圃以园林树木繁育为主，同时包括城市景观花卉、草坪及地被植物的生产。城市园林绿化是城市公用事业、环境建设事业的重要组成部分。一个优美、清洁、文明的现代化城市，离不开绿化。运用城市绿化手段，借助绿色植物向城市输入自然因素，净化空气，涵养水源，防治污染，调节城市小气候，对于改善城市生态环境、美化生活环境、增进居民身心健康、促进城市物质文明和精神文明建设，具有十分重要的意义。园林苗圃是园林绿化苗木的生产基地，可为城市绿地建设提供大量的园林绿化苗木，是城市园林绿化建设事业的重要保障。园林苗圃的作用和功能如下。

一、园林苗圃是园林绿化苗木的生产基地

1979年，国家城乡环境保护部城市建设总局《关于加强城市园林绿化工作的意见》中指出："苗圃是园林绿化建设的基础，绿化城市必须苗木先行。苗圃是苗木的生产基地，每个城市都应有足够的苗圃。"园林苗圃承担着园林绿化苗木的繁殖和培育的任务，源源不断地为城市园林绿化提供绿化用苗。

二、园林苗圃是园林绿化苗木的科研基地

园林苗圃的任务是用先进的科学技术，在较短的时间内，以较低的成本，有计划地培育出城市园林绿化需要的各种苗木。在苗木生产与管理中、发现问题、研究解决问题，为城市绿化与管理提供成熟的技术与经验。同时，适应城市绿化生物多样性和丰富绿化景观的需求，开展新品种的引进、驯化和选育等研究，为城市绿化不断提供新的绿化植物新品种。同时保护濒危乡土树种，通过繁育、生产苗木，应用到当地城乡绿化中。

三、园林苗圃是城市绿地系统的一部分

城市绿地系统是由不同类型、性质和规模的各种绿地共同构成的一个稳定而持久的城市绿色环境体系，包括城市中所有园林植物种植地块，具有生态、社会、经济、游憩、审美和观赏等综合效益，扩大和完善城市绿化系统可有效地将绿地和自然融入城市。园林苗圃属于城市绿地系统的有机组成部分，它既是苗木生产基地，也是城市绿地系统的后花园，具有公园的功能。人们可以通过观赏得到美的享受，从而极大地丰富城市园林绿化内容，提高绿化整体水平。

四、园林苗圃对于城市绿化具有导向作用

园林苗圃可以通过花卉苗木的引种、驯化、培育、推广和应用，在一定程度上影响城市园林绿化的发展方向，使城市园林绿化面貌发生根本性的变化，对园林绿化有极大的推动作用。

第二节　我国苗圃发展简史

一、苗圃起源

我国真正意义上的苗圃一词起源于西周。据历史记载，在周朝帝王及奴隶主贵族宫廷中修建“灵台”、“灵沼”、“园圃”，大搞园林建设，王室中设立了掌管园圃的官吏，管理宫廷内的果树、瓜蔬、珍贵稀异之花草树木。

秦始皇统一后，实行变法，推动了社会经济发展，大兴土木建造阿房宫、上林苑，也促进了花卉园林建设的发展。因此苗圃、花圃也随之发展起来。

二、苗圃兴起

苗圃自汉、晋、南北朝时期进入逐渐发展阶段。两汉时代，专制集权巩固，出现了“文景之治”、“光武中兴”的繁荣局面，经济发展，促进了花卉园林建设的发展。汉武帝重建秦代上林苑，范围二百里，广种奇花异草，建立葡萄宫，室内栽植亚热带植物，全国进献名芳异卉三千余种（《三辅黄图》），堪称我国古代最大园林植物引种驯化试验基地。引种驯化则是苗圃所承担的重要任务之一。

自西汉起养花栽树之风盛行，富商建私园、建园囿，特别是特种经济植物圃非常繁盛，苗圃、花圃、药圃等广为发展。

晋代陶渊明独爱菊，在江西故里建菊圃，培育了“九华菊”新品种。晋代有了嫁接花木的记载。

南北朝时期，经济继续繁荣，梁代梁元帝建湘东苑，南朝宋元帝整修都城建康（南京）桑泊（玄武湖），都需要苗圃备苗植树。

北魏人贾思勰在《齐民要术》各论中讲述了七十多个树种的种子贮藏，整地治畦，处理种子，浸种催芽，播种、扦插、嫁接、管理等。

三、苗圃发展时期

唐朝“贞观之治”、“开元盛世”，使唐朝达到经济、文化全盛发展时期，推动了花卉、官苑、私苑、寺庙园林、游览名胜地的发展。

唐代有两大赏梅中心（杭州、成都）和牡丹圣地（西安）。西安、成都的百花潭、浣花溪为民间种植花木的集中地，苗圃、花圃、花园得到很大发展，并出现了像宋单父之类的花师，技术高超，尤其擅长牡丹嫁接，可使牡丹发生十多个变异，新品种选育达到空前发展。

北宋结束了五代十国分裂割据局面，社会稳定，工农业兴旺，商业繁荣，经济发达，文化艺术蒸蒸日上，推动了花卉园林的发展，大兴栽花造园之风，以北宋之东京（开封）、西京（洛阳），南宋之临安（杭州）、平江（苏州）为最。

宋徽宗时期大兴土木，修建私家园林，植物类型多样，南北各地植物品种繁多，园林绿化工程规模前所未有，作为园林建设基础的苗圃也随之空前发展。宋朝是古代花卉园艺发展的鼎盛时期。

五代时期，有好多城市出现了花市，如城都、临安（杭州）、杭州寿安坊、钱塘江西北的马塍和西胜。五代和宋朝时苗圃、花圃、花园已很繁盛。

宋代一批花圃、苗圃的专著的出现，体现了该时期园林植物与园艺技术的发展成就。如欧阳修的《洛阳牡丹记》、陆游的《天彭牡丹谱》、范成大的《范村梅谱》和《范村菊谱》、李德裕的《平泉山居草木记》、张兹的《梅品》、周必大的《唐昌主蕊辨证》等，而且他们自己设有园圃，这些花圃、苗圃为花卉当时的园林建设起到很大作用。

宋代苏颂著《本草图经》中有“圃人欲其花之诡异，皆秋冬移接，培以壤土，至春盛开其状百变”之说。宋代刘蒙著《菊谱》则运用“选择和培育”之法，可收大花重瓣“变态百出”之效。有了利用播种、嫁接、选择育种等手段培育新品种的介绍。《洛阳花木记》（宋代，周师厚著）、《百菊集谱》（宋代，史铸著）中均有花木繁育技术方法描述。

四、苗圃成熟时期

明代中期，经济发展，造园栽花之风渐盛，花卉开始商品化，进入国民经济领域，民间种花为业者增多，利用“选择及培育”新品种者增多。明代园艺学家、花卉名家大量增加，所以苗圃、花圃的著作比宋代增多，而且多向着苗圃学形式方向发展，如周文华著《汝南圃史》是一部比较系统完整的苗圃学，分育苗总论及各论，讲述了整个育苗技术过程，并编制了苗圃工作月令，根据树种及季节时宜的变化，制订了每月苗圃工作项目、先后次序及工作要点。各论中，阐明了花木、果品植物的形态、特性及繁育方法。此时期其他相关书籍有《花史左编》（明代，王路著）、《月季新谱》（明代，陈继儒著）、《桐谱》（明代，宋陈素著）、《学圃杂疏》（明代，王世徽著）、《培花奥诀剥》（明代，绍吴散人知伯氏著）、《灌园史》（明代，陈诗教著）、《遵生八钱》（明代，高赚著）。以上书中都讲述了苗木的繁殖技术方法。

清代帝王大兴土木，建造承德避暑山庄、圆明园，而南方各地花卉也渐兴盛。清代宫中陈列鲜花，宫府邸宅第皆拥有花匠而四时养花。有开设花场，以养花为业，住宅相送，入市叫卖，或列置求售，成为时尚。乾隆时上海、广州等大城市开设多处花园、苗圃以种花为业，清朝末期好多花园、花圃种植晚香玉、唐菖蒲、菊花、草花切花上市。清代观花、养花、摆花成为时尚，花卉生产日渐兴盛，专业户增多，从而促进了苗圃、花圃、花园的发展。苗圃方面的著作也超过历代。

《花镜》是我国清代园艺学家陈淏子著，是我国历史上第一部最全面系统的园艺苗圃学著作。他总结了中国古代劳动人民花木繁育栽培经验及个人研究实践成果，汇集成书，内容十分丰实。《花镜》中苗圃育苗十八法，包括了苗木繁育的全部内容及主要过程。如“辨花性情法”，按照树种的生物学特性，因地制宜地安排种植地方及种植方法。“接换神奇法”和“过贴巧合法”中阐明了高接、根接（地接）、皮接、枝接、芽接、搭接（桥接）、靠接等方法。已知“树以皮行汁”，树皮是运输营养物质的器官，嫁接时要“使皮骨相对”才能使砧穗水分养分疏通，实为嫁接成活的关键。“分栽有时法”和“移花转垛法”，即因时制宜地安排植树时间，掌握“移树无时，莫教树知，多留宿土”。移大树时，提前一年在树周围挖沟断根，施肥填土灌水，使多生须根，待一年后再打坨移栽。“扦插易生法”：选沃地浇水润地，整地治畦，细碎土壤。如月季扦插，发芽前剪插穗，下端马耳形，以签插孔，穗插入穴中，浇水浊实土壤，插后要“宜荫忌日”，搭荫棚遮蔽阳光。“下种及期法”：播种之地，要“地不厌高，土肥为上，锄不厌数，土松为良”。种前晒种，处理纯净，种粒小者，要浸种混土播种。“收种贮子法”，“须择其肥者收子，佳果须候其熟烂者收核，后则发生必茂，收取苞无病而壮满者”。硬核者，“当于墙南向阳处挖深坑，以牛马粪和土铺底，将核尖朝上排好，复以粪土盖之，春生芽后种之”。“浇灌得宜法”：要适时浇灌，“燥则润之，瘠则肥之”、“春夏浇灌力勤，秋冬浇灌怠弛”。“奎土可否法”：“植物以土为生，以肥为养”，必须改良土壤，培肥土壤，配制培养土，为植物生长创造条件。

在各论中制订了苗圃工作月历、每月苗圃工作项目及工作要点，使苗圃工作有计划循序而进、紊而不乱，并介绍了三百多种花木的形态、特性及繁育苗木技术管理方法。

清代的其他著作中也都讲述了花木的繁育技术管理方法。如《倦圃莳植记》（清代，曹溶著）、《花庸月令》（清代，徐石磷著）、《老圃良言》（清代，巢鸣盛著）等。

民国时期“相”关著作有李驹1935年编著的《苗圃学》，全面系统地总结了我国古代育苗技术经验，并吸收了西方苗圃的一些内容。其他著作有《种兰法》、《种蔷薇法》、《花卉园艺学》、《木本花卉栽培法》、《艺园概要》、《苗圃经营》等。

第三节　我国园林苗圃的现状与发展趋势

我国园林苗圃的发展是伴随着我国的改革开放和经济的快速发展而发展的。经济快速发展，大规模的城市建设与房地产开发，带动了绿化苗木业迅猛发展，苗圃面积快速增加。根据数据统计，2013年我国花卉种植面积122.71万公顷，比2012年的112.03万公顷增加9.54%；销售总额1288.11亿元，比2012年的1207.71亿元上涨6.66%，增量主要来自食药用植物、观赏苗木、盆栽植物类。在我国花卉种植面积中观赏苗木约占50%。浙江、江苏、河南三个省花卉总面积领跑全国，主要基于观赏苗木的规模化发展。浙江省2013年观赏苗木生产面积12.90万公顷，占其总面积的88.81%；江苏省观赏苗木生产面积11.70万公顷，占该省花卉总面积的82.58%；河南省观赏苗木生产面积8.51万公顷，占花卉总面积的72.08%。可见，苗圃在我国花卉产业中占的地位和发展速度。

一、目前我国苗圃业发展中的问题

我国苗圃生产具有悠久的历史，多年来一直沿用传统的露天苗圃栽培方式，大多品种单一，规模小，生产技术相对落后，苗木质量不稳定，产品供应季节短，生产周期长，生产率低。目前我国园林绿化苗木的生产水平远远跟不上发展需要，主要表现在如下几个方面。

1. 生产技术落后

生产技术是苗圃生产的核心，直接影响产品的竞争能力、产品质量水平及经济效益。特别是许多苗圃生产的品种多为老的品种，沿用传统的生产方式，现代化的修根、灌溉施肥、化学除草、容器栽培等新技术没有得到推广与应用。造成产品质量不高，资源浪费，人工费居高不下等问题，直接威胁着苗圃的生存。

2. 机械化水平低

机械化是产业发展的趋势。机械化决定着产品的标准化水平和产品的质量高低，在人工成本逐渐增加的趋势下，机械化是提高竞争力的重要措施。目前我国苗圃生产各个环节中基本靠人工完成。苗木移栽、枝条修剪、根系修剪、苗木起挖、储藏等机械尚未投入开发和应用，制约着苗木生产的发展。

3. 生产标准化水平低

到目前为止，我国对苗木生产、销售、规划设计等尚未有统一的标准，直接制约着产业的提升，苗木质量难以保证。

二、苗圃业发展机遇

我国目前面临着生态环境和生存质量改善的双重挑战，为苗圃业的再次快速发展带来了机遇。总的看来，有以下几个方面的表现：

①“城镇化建设”的机遇。“十八大”报告首次将“推进城镇化”纳入实现现代化国家的重要部署。我国2012年的城市化率为52.6%，发达国家的城市化率普遍超过70%。若要赶上发达国家，预计至少需要十到二十年的时间。城镇化进程对花卉苗木的巨大需求，为苗

圃发展提供了后劲。

②“美丽中国”的机遇。把“生态文明建设”提升到国家建设和发展总布局的高度，中国将由过去的经济建设、政治建设、文化建设、社会建设“四位一体”，变成“五位一体”，努力建设“美丽中国”。“美丽中国”这个“蛋糕”是全国性的，而不是局部性的，是较长久的，而非短期的一次性建设。因此，未来中国花木产业将会有更加具体的政策支撑、更加有力的政府支持以及更加充裕的资金保证。苗圃为生态文明建设、美丽乡村建设提供绿化苗木生产支撑，是生态文明建设、美丽乡村建设的基础。

③ 环境建设的生态化追求对花木产业提出了要求。屋顶绿化和湿地保护成为热点，花木产业应该在发展屋顶绿化植物和湿地植物方面有所作为。

④ 生活园艺化对花木的需求。目前我国花卉园艺数量很多，但高端产品稀少，而居民生活质量提高对园艺产品精致需求对花卉园艺产业提出了更高的要求。我国花卉园艺产品的品质和附加值的提升空间很大，从业者需要紧跟潮流，把握时机。

三、我国苗圃业发展趋势

1.良种化、基质化、容器化

要适应现代化建设的需要，不仅要求数量上具有优势，而且在质量上要高、要精、要新、要有自己的特色。苗圃业的发展要跟上时代发展的步伐，需要大批新优植物材料，更需要在繁殖技术、引种驯化、栽植养护、植物保护及大树移植等方面的先进技术。苗圃应不断地更新观念、更新技术，借助现代化先进机械和设备提高育苗水平。

选择国家、地方审定或经过实践检验的良种是苗圃生产的发展趋势。目前行业过于关注少数几个种类，如速生、彩叶树种等，对于黄连木、红果冬青、文冠果、苦楝、元宝枫、乌桕、枫香等有潜力的乡土树种关注不够，也很少有人再从这些种类中选育良种，使用的还是老树种。

我国绿化建设更强调植物多样性、群落性和生态性。因此功能性树种将会受到重视。包括：①抗旱、节水、少病虫害、抗污染的具有环保内涵的乡土植物；②耐旱、抗寒、耐热、抗盐碱等抗逆性强，有防护效果，能在立地条件较差的地区绿化的树种；③面向特殊绿化空间的抗性强、生长慢、低维护的树种；④满足新农村建设需要，兼具生态效益的经济林树种。

种苗生产、容器苗生产中需要解决的关键问题是无土基质的开发。基质是现代苗圃生产的核心技术与产品。

空气修根容器、化学控根容器、束根容器、双容器栽培是苗圃生产中的新技术，是苗圃生产的发展趋势。

2.机械化、设施化和自动化

在北美，园林植物的栽培养护和修剪、绑扎、起苗、移栽以及容器苗木的上盆、换盆都可以通过园林机械来完成。这样做不仅能保证苗木的质量和标准化程度，还可极大地提高苗圃的生产效率。

设施化是降低成本、提高效率的有效措施。比如苗圃里安装一套灌溉设备，随时可以浇灌，而且可以根据天气和苗木生长情况“按需供给”，比传统的大水漫灌更科学合理。现在一些地区长期干旱的天气越来越频繁，有了灌溉设施后，通过抽取地下水，可有效避免旱灾。

没有设施化就没有真正的标准化。现在越来越多的苗圃提出或正在实施标准化生产，但这只是“粗线条”的标准化。原因很简单，在生产过程中人为因素的影响太大了，比如土地肥力不均、树坑大小不一、修剪工人手法各异等，都会对树木生长造成不同的影响。要想进一步提高标准化程度，就需要大量使用各类机械、设施，减少因人工操作产生的差异。

3. 专业化、规模化、标准化、网络化

专业化最重要的两点是科学化和精细化。当前我国苗木行业进入门槛低，苗木质量参差不齐，很多人的经营方法和理念上仍存在不少问题，即专业化不够，缺乏专业知识，精细化管理不足。现在尽管有的苗圃面积很大，但技术力量和销售力量都很薄弱。同时，专业化的药、肥、除草剂等也很缺乏，仍沿用传统大田作物的生产方式。苗木进入商品化生产以后，特别是随着市场经济的不断深入，生产者逐步放弃了“小而全、小而散”的传统生产方式，开始向专业化和规模化方向发展。

园林植物生产先进的国家都有由相应协会制定的比较规范的园林苗圃苗木质量标准，而且随着园林植物品种的增加，标准也在不断地完善和更新，以适应园林苗圃生产和销售的需要。按照标准来进行苗木生产和培育将是苗圃业的一个发展趋势。

网络化的重要性体现在行业各产业环节的衔接上。产销脱节、设计施工用苗不协调，是园林花木行业多年的痼疾，病因就在于各产业间缺少“桥梁”。还有很多大苗圃销售难的问题，也是因为产销间缺乏好的平台，作为一股主要销售力量的花木经纪人也多是区域性的，尚未形成全国性网络。互联网是苗木销售网络化的重要类型，将越来越多地应用到苗圃产业中。

4. 多功能化

苗圃由生产型向多功能型转变。多功能苗圃是集科研、生产、科普教育和休闲于一体的综合性园林生态景区。将住宿、会务、户外拓展、野炊等配套设施也同时建设完成，为人们提供休闲游憩的空间，成为一种新的有待开发的旅游资源。其所生产的苗木主要以本地新、优和特色品种为主，同时适当引进和驯化外来新优品种，加大资金和科研力量的投入力度。多功能苗圃是以苗木生产为基础，依据景观生态学和游憩学的相关理论，运用景区规划和园林设计的理念，展示“春花夏荫秋实”的季相景观，营造集苗木生产、技术示范、科普教育、休闲观光为一体的生态休闲观光苗圃，达到花卉苗木生产和游憩观光共同发展的有机结合。苗圃由单一生产性向多功能型转变是未来苗圃发展的一个趋势。

第四节　园林苗圃学的内容与任务

园林苗圃学是研究论述园林苗木的培育理论和生产技术的一门应用科学。

园林苗圃学内容主要包括园林苗圃的规划与建设、园林树木的种实生产、苗木的播种繁殖和营养繁殖、园林树木的大苗培育、园林苗木质量评价与出圃、容器育苗技术、常见园林树木的繁殖与培育以及园林苗圃病虫害防治等。

园林苗圃学主要任务可归纳为如下几个方面：

① 根据城市园林绿化的发展需要和自然环境条件特点，研究园林苗圃的特点及其合理布局，进行园林苗圃的规划设计。

② 论述园林树木的结实规律，了解园林树木结实的生理基础，为种实的采集、加工、贮藏、运输及其种实品质的检验提供理论依据和具体的技术措施。

③ 根据播种繁殖苗和营养繁殖苗的发育特点，阐明培育园林苗木的基本方法和技术要点。

④ 根据苗木的形态特征、生理生态及遗传学特性，评价园林苗木质量，提出苗木检疫、包装、运输的关键技术环节。

⑤ 结合苗木培育的理论和实际应用，简要介绍容器苗木培育的关键技术。

⑥ 介绍园林苗圃的病虫害及杂草防治原理及技术。

第一章

园林植物种苗生产基地规划与建设

园林植物种苗生产基地是按城镇建设总体规划要求，有计划地提供各类园林绿化苗木的种植基地。园林植物种苗生产基地是城镇绿地系统规划和城镇绿化建设的重要组成部分，是改善城市生态与人居环境的重要条件之一。随着我国经济的迅速发展，新型城镇化建设进程不断加快，各个城镇在绿化建设工作中，必须对园林植物种苗基地的数量、用地与布局作必要的规划。

第一节　基地选址

园林植物种苗基地用地的选择即选址，实际就是对种苗基地立地条件的选择。立地条件是综合解释存在于土壤、气候与位置之间的所有现象的一个概念。种苗基地的立地条件，一方面指它的地理位置，主要是指种苗基地所在的区位，以及区域范围内特定的经济与社会条件；而另一方面则包括了在基地的气象条件、土壤、水文、地形等自然因子。在当前市场经济发展环境下，立地条件还应该包括产品销售、建设管理成本等经营因素。只有统筹考虑区位、经营等因素的位置概念与气候、土壤等自然因素，才能正确评定一个场地对建立种苗基地的可行性。

选址合理的种苗生产基地将会很快取得良好的经济效益，但如果选址不当，迟早会增加苗木生产的运营成本，导致不必要的苗木损失，甚至影响到种苗基地的运营成败。

一、地理位置

优越的位置条件，有利于园林植物种苗生产基地的建设管理和效益提高，直接关系着种苗基地的生存和发展。种苗基地的位置选择因素包括区位条件、交通条件、劳动力市场、电力能源供应等。在地理条件好的地方建设园林种苗基地，可以充分利用社会力量，使用新技术，减少投入，降低经营成本，提高效益，保证种苗生产基地的持续经营。

1. 基地区位

园林植物种苗生产基地应选址在城镇近郊、交通便利之处，尽可能地接近苗木交易市场，就地育苗、就地供应，使育苗地的立地条件与绿化地基本相似，这样培育出来的苗木能很好地适应绿化地的环境条件，做到适地适树，就近出苗，缩短运输成本，提高苗木成活率，达到理想的绿化效果。但近年来，随着交通体系的不断完善，大型运输工具的运用，苗木生产基地距离城镇的距离也已经不是制约基地区位选择的最主要问题。

位于城市周边的园林植物种苗生产用地，作为城市绿地系统规划中的生产性绿地，其布局还要综合考虑城市绿地系统中近期建设与远期发展的结合，远期要建立的公园、植物园等绿地，均可在近期作为种苗生产基地。此外，为防止工业污染对苗木生长产生不良影响，园林种苗基地还应远离城市工业污染源。

2. 交通条件

种苗的运输距离和运输所需时间是影响苗木价格和成活率的重要因素。因此，种苗生产基地周边要求有比较方便的交通条件，优先选择靠近铁路、公路或水路的地方，以便于苗木的外运和材料物资的运入，避免因长途运输，增加种苗成本，降低苗木质量。种苗基地附近的道路应该是全天候良好的公路，没有峭壁悬崖以及限重的桥梁，保证大型卡车可以顺利通过。

在城镇附近设置种苗基地，交通一般相对方便，但还应该考虑在输通道路上有无空中障碍或低矮涵洞，如果存在这类问题，必须另选地点。位于乡村的苗木生产基地距离城市较远，为了方便快捷地运输苗木，应当选择在高速公路入口附近或等级较高的省道、国道附近，过于偏僻和路况不佳的乡村，不宜建设园林植物种苗生产基地（图1-1）。

3. 劳动力市场

种苗生产是劳动密集型行业，苗木的生产需要大量的劳动力参与生产管理、运输协调，办公支持和销售等。绿化适宜季节以及其他一些管理繁忙时段内，在一些种苗基地还可能短时间内需要大量的临时性工人。种苗基地所需劳动力的数量主要取决于种苗基地的面积大小、机械化程度、工作方式以及种植苗木的种类（图1-2）。

图1-1 种苗运输车辆，通常一次会运输较多苗木，对交通道路要求较高

图1-2 苗木移植机进行苗木移植作业，一定程度上减少了劳动力

种苗生产基地应该尽可能选址在靠近村镇的地方，以便有足够的劳动力供给，在春、秋季节苗木基地工作繁忙的时候，便于补充临时性的劳动力。如能在有关的科研单位、大专院校、林业站等附近地建立种苗基地，则可以借助相关力量培养大批有技术的劳动力，同时还可以推进新品种应用、先进技术的指导、采用机械化操作等措施。

4. 服务设施

种苗基地的选址还应该考虑周边区域的是否有便利的电力、通讯、灌溉等服务设施和一定基础的办公条件。

5. 其他因素

园林植物种苗基地属于农业用地范畴，但按照土地利用总体规划和相关法律要求，基本农田保护区内的土地不能作为种苗生产基地使用。种苗生产基地选址除了以上影响因素外，还应该综合考虑场地周边的土地利用现状和总体规划情况，为种苗生产基地未来的扩展预留足够的空间。如果在生产饱和、经营和销售趋于成熟后再考虑扩展基地，扩大种植面积，将会十分困难。

进行基地选址时还应该调查周边区域是否已经有类似的种苗生产基地存在，并与当地管理者、种苗基地的所有者等进行沟通，调查邻近区域种苗基地种植的品种及长势，将相关结果作为评价地理位置是否适合发展种苗业的依据。

土地价格也是需要考虑的重要因素。土地价格直接关系到苗木生产成本和利润。特别是生产常规苗木时，比起生产价格相对较高的珍稀苗木，土地价格更是需要考虑的因素。当然，土地价格与地理位置直接相关，在综合考虑销售市场、运输成本、劳动力成本等因素的基础上，评价当地的土地市场价格更为合理。

二、自然环境

种苗基地选址的自然条件主要包括基地及周边区域的气象、土壤、水文、地形等自然环境条件。

1. 气象条件

地域性气象条件通常是不可改变的，因此，园林种苗生产基地不能设在气象条件极端恶劣的地域，而应选择气象条件比较稳定、灾害性天气很少发生的地区。

① 温度　尽量不要选择在会有极热或者极冷天气状况的地区建设种苗生产基地。极端温度可能会导致植物不能萌发、幼苗死亡等，影响苗木的生产质量。

② 降水　最好不要选择降雨量过高的地区建设大规模的种苗生产基地。春天雨量过大可能延迟土壤改良剂等的施用，或者影响到绿肥的覆盖以及种苗的播种时间，影响到苗木的生长发育；夏季大量而频繁的降雨则可能会导致洪水发生，造成水土流失或者土壤硬化，同样会引起种苗死亡；如果暴雨发生在冬季则可能会破坏土壤的结构，导致洪水或土壤侵蚀。在降雨量较大地区建设种苗生产基地，良好的排水系统也是十分必要的。

③ 大风　如果区域内常常大风频发，特别每年有干热风，应尽量避免在该区建设种苗生产基地。大风会影响到基地灌溉以及农药使用的均匀性，并可能导致表层土壤被吹走，吹散苗床上的覆盖或塑膜。部分地区的大风影响也可以通过地形的选择来调整，以及种植防护林带等方法予以降低。

2. 土壤条件

土壤对于种苗生产而言可能是最重要的因素，种苗生长所需的水分和养分主要来源于土壤，植物根系生长所需要的氧气、温度也来源于土壤。因此，土壤对园林苗木的生长，尤其是对苗木根系的生长影响很大，选择适宜苗木生长的土壤，是建立种苗基地、培育优良苗木必备条件之一。通常，土壤的肥沃度、含水量等特性可以通过基地管理予以改善，但如果土壤本身不适宜种苗生长，需要通过大量置换或者土壤修复，显然是昂贵和不切实际的。

基地的土壤状况可以通过当地农业部门的土壤调查资料获得，如果没有相应的资料，则需要建设者对基地土壤进行测定，以决定基地是否适合种苗生产。

① 土壤质地　土壤质地类型包括沙质土、壤土、黏质土，大多数植物可以在不同的土壤中生存。沙质壤土或者是排水良好的黏质壤土中有团粒结构，土壤通气性好，有利于土壤微生物的活动和有机质的分解，土壤肥力高，十分利于苗木生长。过分黏重的土壤通气性和排水都不良，雨后泥泞，易板结，过于干旱则易龟裂，不仅耕作困难，而且冬季苗木冻拔现象严重，有碍苗木根系的生长。过于沙质的土壤疏松、肥力低、保水力差，夏季表土高温易灼伤幼苗，移植时土球易松散，也不适宜苗木生产。

② 土壤深度　评价一个场地的土壤状况不仅仅局限于地表的土壤状况，深层的土壤对苗木的生长有重要影响。一般而言，土层厚度不低于60cm，且排水良好的土壤对种苗生产最为有利。此外，作为种苗生产用地的土壤多数情况下要求土层厚度1.2m之内不能有硬盘层（不透水层），地表以下40cm内不能有石块，否则石块的去除费用会较高，并且会影响到土壤的耕作。

③ 土壤酸碱度　对于大多数种苗而言，适宜的土壤酸碱性通常以中性、微酸性为好，

pH值多在5.0～6.0之间。pH值低的土壤营养物质相对较少，而土壤pH值高则可能会导致植物病虫害的发生，因此重盐碱地及过分酸性土壤，均不宜选作种苗生产基地。土壤pH值可以通过在土壤中添加含硫的添加剂，或者注入含磷酸或硫酸的灌溉用水进行改善。

容器栽植的苗木不需要特意考虑基地的土壤特性，因为容器苗木通常使用的是混合基质，与地下土壤关系不大。但排水性差、易泥泞的土壤，会影响苗木操作机械的使用。

3. 水文条件

园林植物种苗在培育过程中必须有充足的水分供应，因此水源和地下水位对于种苗基地的选择也是十分重要的条件。

① 灌溉水源　种苗基地的灌溉水源可分为天然水源（地表水）和地下水源两大类。将基地设在靠近河流、湖泊、池塘、水库等附近，修建引水设施灌溉苗木，是十分理想的选择。这些天然水源水质好，有利于种苗的生长，也有利于使用喷灌、滴灌等现代灌溉技术，如能自流灌溉则更可降低育苗成本。但利用天然水源应注意监测这些水源是否受到污染以及污染的程度如何，避免水质污染对苗木生长产生不良影响。此外，利用天然水源必须考虑到基地用水的摄入量，需要设置相应的提水泵站，并在径流期间保护和维护河道与驳岸，以确保水源的最大的承载能力。天然水源一般通过开放沟渠进入种苗基地，如果基地内没有设置相应的灌溉用水存储设施，水量将不能得到很好的保证。此外，靠近天然水系的苗木基地还需要综合考虑水的排放，农药、肥料等都可能会对水体造成污染，灌溉用水或雨水径流应该经过处理后才能再进入水体。

在无地表水源的地点建立种苗生产基地时，则应选择地下水源充足、可以打井提水灌溉的地方作为种苗基地。基地选择时应对地下水的提取和泵送能力进行分析，以确保有足够的用水量。

② 地下水位　种苗基地的地下水位高低对于苗木的生长也具有重要的影响。地下水位过高，土壤的通透性差，根系生长不良，地上部分易发生徒长现象，而秋季停止生长也易受冻害。地下水位过低，土壤易干旱，必须增加灌溉次数及灌水量，势必会提高育苗成本。最合适的地下水位一般为沙土1.0～1.5m，沙壤土2.5m左右，黏性土壤4.0m左右。

③ 水质条件　化学污染物会随降水、地表径流等形式通过灌溉系统流入生产基地，并在土壤内沉淀积累，最终影响到苗木的生长。地下水中如果矿物质如钙或硼等较多，或者河流、湖泊和沟渠中有较多的无机污染物，也会对基地土壤造成损害。由于以上污染物质的存在，苗木基地在选址时都需要进行灌溉用水的水质评估，并根据环境条件对水体进行净化处理才能利用到苗木灌溉中。此外，来自湖泊、河流的水体还可能会带入受到污染的杂草种子或者各种病菌，如果浓度较高，且不进行任何处理的话，可能会导致种苗基地内杂草丛生，病菌感染种苗的根系和叶子，导致病虫害发生，增加管理的难度。

4. 地形条件

① 地形及排水　园林植物种苗生产基地应首先选择建在地势较高的开阔平坦地带，便于机械耕作和灌溉，也有利于排水防涝。适宜的地形坡度应在2.0%～5.0%之间，过于平整不利于排水，坡度大于5.0%则可能造成水土流失，降低土壤肥力，不便于机耕与灌溉。南方多雨地区，如果土壤是黏质土或者雨后变得泥泞的土壤，则5.0%的排水坡度也是可取的。对于容器种苗基地来说，超过5.0%的坡度对于容器会产生影响，成排的容器需要根据地形线排列，容器之间的草径可以减少地表径流。

如果坡度超过5.0%，且土壤较黏，可采用梯田种植方式。地势低洼、风口、寒流汇集或者昼夜温差大的地形区域，容易产生苗木冻害、风害、日灼等灾害，影响苗木生产，不宜选作种苗生产基地。

② 坡向要求 在地形起伏大的地区，坡向的不同直接影响光照、温度、水分和土层的厚薄等，对苗木的生产影响很大。阳坡面光照时间长，光照强度大，温度高，昼夜温差大，湿度小，土层较薄，有利于培育阳性树种苗木，苗木的光合作用强，营养物质积累多，生长快、质量好；阴坡情况相反，日照短，温度相对较低，适宜培育阴性树种苗木或较耐阴的苗木。

我国地域辽阔，气候差别很大，栽培的苗木种类也不尽相同，可依据不同地区的自然条件和育苗要求选择适宜的坡向。北方地区冬季寒冷，且多西北风，最好选择背风向阳的东南坡中下部作为种苗地，对苗木顺利越冬有益。南方地区温暖湿润，常以东南和东北坡作为种苗地，而南坡和西南坡光照强烈，夏季高温持续时间长，对幼苗生长影响较大。山地种苗基地包括不同坡向的育苗地时，可根据所育苗木生态习性的不同，进行合理安排。如在北坡培育耐寒、喜阴的苗木种类，而在南坡培育耐旱、喜光的苗木种类，既能够减轻不利因素对苗木的危害，又有利于种苗正常生长发育。

5. 土地先前利用情况

基地以前的种植历史可能会对种苗基地的利用潜力产生较大的影响。由于先前的作物种植造成土壤酸碱度不在苗木生长适宜的范围内或者农药过度施用等造成土壤中有毒物质积累，都可能会对种苗生长造成伤害。任何的植物根系或者其他物质在栽植新的种苗之前都应该被清理干净。如果土壤中遗留有除草剂等也会对栽植的植物种苗生长造成影响。

在选择种苗基地时，还需要对土地进行专门的病虫害调查，如果基地先前种植的作物有较多的病虫害，则应该首先了解主要的病虫害种类，以及是否进行了相应的防治工作，并检查周边的植物感染病害和发生虫害情况。如果基地及周边区域病虫害曾严重发生，并且未能得到治理，则不宜在该地建立园林种苗基地，尤其对园林苗木有严重危害的地下害虫、蛀干害虫以及一些难以根除的病害须格外警惕。在病虫害严重又不易清除的地方建设种苗基地投入多、风险大。

另外，种苗基地是否生长着某些难以根除的灌木、杂草，也是需要考虑的问题，过多的灌木、杂草根系可能需要花费多年时间去清理、耕作。杂草不仅与苗木争夺水分、养分、空间，而且滋生病虫害。有资料称，大多数苗圃60%～70%的工作是用来清除杂草，可见杂草危害的严重性，如果不能有效控制苗圃杂草，对育苗工作将产生不利影响（图1-3）。

图1-3 种苗基地除草需要大量的劳动力

三、经营条件

从生产技术观点考虑，园林植物种苗基地应设在自然条件优越的地点，但同时也必须考虑苗木供应的区域和经营成本。将种苗基地设在苗木需求量大的区域范围内，往往具有较强的销售竞争优势，即使基地的自然条件不是十分优越，也可以通过销售优势加以弥补。

1. 市场影响

随着我国园林苗木市场的繁荣，市场经济规律在园林植物种苗生产基地布局中发挥了越来越重要的作用。目前，我国园林苗木基地的分布已呈现出区域性集中分布的特点，分别围绕我国三大经济圈，即北京与渤海湾地区、上海与长江三角洲地区、珠江三角洲地区，形成了北方、东部和南方三大产区，其他地区比例很小。三大经济圈内经济的飞速发展，使得各城市有能力投入大量资金到城市绿化建设中，城市建设的快速发展带动了苗木市场的繁荣及苗木基地的发展。因此，经济发展与市场变化对园林种苗基地布局的调节已成为一种趋势，如何在合理规划布局当地种苗基地的同时统筹与兼顾异地资源，也成了城镇园林建设部门今后在园林种苗基地建设中必须面对的课题。

2. 经营成本

种苗基地的经营成本需要管理者及团队成员从土地的租赁成本、基地建设成本和后期的管理成本等多方面进行评估，综合考虑种苗基地生产运营的各类影响因素。一块未被完全利用的土地，可能最初的土地租赁成本会较低，但需要在后期进行土地整理，土壤改良、病虫害防治等工作，管理费用会比较大，造成最终经营总成本可能更多。相对而言，一个已经被开发、有一定种植基础的土地最初可能会花费相对较多的土地租赁费用，但在后续建设和管理中可能仅仅需要进行一些局部的改进，可能总的成本会相对较低。

3. 市场调查

苗木基地建立前的市场调查，是运用科学的方法和手段，系统地、有目的地收集、分析和研究有关市场上苗木的产供销数据和资料，并依据其如实反映的市场情况，提出结论和建议，作为建立种苗基地、制订苗木生产与营销决策等种苗基地发展计划的依据。调查的内容包括：

① 市场环境调查　主要是对种苗基地所能辐射范围内的市场环境的政治、经济、文化等方面的调查，包括对国家产业发展形势与需求发展的动态，以及政府的鼓励政策、区域规划、城市发展对某些苗木类型的偏爱和规避传统等。

② 市场需求调查　主要是对市场某类苗木的最大和最小需求量，现有和潜在需求量，不同地域的销售良机和销售潜力等进行调查。

③ 苗木产品调查　主要调查消费者的消费水平和消费习惯，消费者对苗木质量、规格和功能等方面的评价反应。

④ 苗木价格调查　主要包括消费者对苗木价格的反应，对传统老苗木品种价格和新苗木品种价格如何定位等。

⑤ 竞争对手的调查　主要调查竞争对手的数量、分布及其基本情况，竞争对手的竞争能力，竞争对手的苗木特性分析等。

四、组建选址专业团队

种苗基地的选址和建立需要大量资本的投入。为了更好地规避市场风险，保证基地从选址到规划，再到生产经营的全过程得以顺利的实施，结合市场需求和区域环境特色，构建一个复合型的团队负责项目的选址和规划是最好的方法。一个科学合理的项目团队应至少包括以下成员中的三个以上：①富有经验的种苗基地（企业）管理者；②土地规划专家；③造林专家；④土壤专家；⑤植物病虫害专家；⑥土木工程师；⑦水土保持专家；项目团队成员必须能够将他们的不同背景和个人专长结合起来，并应对所开发的土地具有深厚的感情。团队组成的多元化让基地的选址或后期种苗基地管理变得更为科学，通过团队成员对每个潜在基地的详尽实地调查，结合各项影响因素进行综合的优劣分析，最终选定合适的种苗基地。

对于现代的园林种苗生产而言，没有任何的土地条件是完全符合理想选址要求的，基地的选址不可避免地需要在某些方面予以妥协，因此，团队成员首先应该建立一个拟建基地的选址标准，然后从气候、土壤、水文、地形、先前的土地利用、土地成本、交通区位等关键因素进行综合评估，选择评价最高的土地。此外，团队还应该制定符合经济社会发展实际的种苗基地行动计划，为未来的发展和基地扩张做好准备。详尽的选址规划是生产优质苗木的重要前提条件。

第二节　基地规划

一、种苗生产基地分类

1. 按照面积分类

园林植物种苗生产基地按照面积的大小，可划分为大型、中型和小型种苗生产基地。大型种苗生产基地面积在20hm^{2}以上，中型种苗基地面积为7～20hm^2，小型种苗基地面积为7hm^{2}以下。

2. 按照位置分类

按照园林植物种苗基地所在位置可划分为城市生产绿地和乡村种苗生产基地。

（1）城市生产绿地

城市生产绿地位于市区或郊区，能够就近供应所在城市绿化用苗，运输方便且苗木适应性强，成活率高，适宜生产珍贵的和不耐移植的苗木，以及露地花卉和节日摆放用盆花。

（2）乡村种苗生产基地

乡村种苗生产基地是随着城市土地资源紧缺和城市绿化建设迅速发展而形成的，现已成为供应城市绿化苗木的重要来源。由于土地成本和劳动力成本低，适宜生产城市绿化用量较大的苗木，如绿篱苗木、花灌木大苗、行道树大苗等。

3. 按照经营期限分类

按照园林植物种苗基地经营期限可划分为固定种苗基地和临时性种苗基地。

（1）固定种苗基地

固定种苗基地规划建设使用年限通常在10年以上，面积较大，生产苗木种类较多，机械化程度较高，设施先进。

（2）临时性种苗基地

临时性种苗基地通常是在接受大批量育苗合同订单，需要扩大育苗生产用地面积时设置的基地。经营期限仅限于完成合同任务，以后往往不再继续生产经营园林苗木。

临时性种苗基地可以充分利用土地，就地育苗。既节省用地又可熟化土壤，改良环境为将来改建成公园、植物园等创造有利条件。同时在这些种苗基地培育出的大苗，可直接应用于将来的建园，而且苗木适应性强，生长好，成活率高。

4. 按照功能性质分类

（1）纯生产性种苗基地

该类种苗基地是以获得经济效益为主的城市园林绿化植物繁殖和培育基地。主要任务是有计划地培育出园林绿化、美化所需要的乔木、灌木、花卉、草坪以及地被等各种类型的苗木。按照基地育苗种类可划分为专类种苗基地和综合性种苗基地。

① 专类种苗基地　专类种苗基地面积较小，生产苗木种类单一。有的只培育一种或少数几种要求特殊培育措施的苗木，如专门生产果树嫁接苗、月季嫁接苗等；有的专门从事某一类

苗木生产，如针叶树苗木、棕榈苗木等；有的专门利用组织培养技术生产组培苗等（图1-4）。

图1-4　生产银杏种苗的专类基地

② 综合性种苗基地　综合种苗基地多为大、中型苗圃，生产的苗木种类齐全，规格多样化，设施先进，生产技术和管理水平较高，经营期限长，技术力量强，往往将引种试验与开发工作纳入其生产经营范围。

（2）以生态效益为主的种苗基地

该类种苗基地通常位于城市外围，占地面积大，营造乔灌草相结合的群落结构，以改善城市生态环境为主要目的，如上海及各大城市的环城生态林带建设。

（3）综合功能型种苗生产基地

近年来，随着观光农业的兴起，生产性绿地的景观价值越发受到人们的重视，在可能的条件，种苗基地不仅应具有生产性质，同时也应该满足人们游览、休闲的需要，基地可以作为一个科普基地激发园艺爱好者亲手操作的兴趣，还可以通过品花尝果等系列活动传播园艺学、植物学方面的知识。将种苗基地的生产功能与休闲功能结合的规划思路，已逐步为社会所认识。

二、种苗生产基地布局

园林植物种苗基地是专门培育园林绿化苗木的基地，有计划地建立种苗基地，对基地数量、位置、面积进行科学规划是发展城镇园林绿化事业的前提条件。

大城市通常在市郊设立多个园林种苗生产基地。设立基地时应考虑设在城市不同的方位，以便就近供应城市绿化需要。中、小城市主要考虑在城市绿化重点发展的方位设立园林种苗基地。按照城市绿地系统规划要求，城市园林种苗生产基地总面积应占城区面积的2%～3%。按一个城区面积1000hm^2的城市计算，建设园林种苗基地的总面积应大于20hm^2。如果设立一个大型种苗基地，即可基本满足城市绿化用苗需要。如果设立2～3个中型种苗基地，则应分散设于城市郊区的不同方位。

在一定的区域内，如果城市种苗基地不能满足城市绿化需求，可考虑发展乡村种苗基地。在乡村建立园林种苗基地，最好相对集中，即形成综合性的园林苗木生产基地。这样对于资金利用、技术推广和产品销售十分有利。

三、种苗生产基地规划

园林苗木的产量、质量以及成本投入等都与种苗基地所在地的环境条件密切相关。在建立园林植物种苗生产基地时，需要组织专业的团队对基地的各种环境条件进行全面调查、综合分析，归纳说明其主要的特点，结合基地类型、规模以及培育苗木的特性，对种苗基地区划、育苗技术以及相关内容提出可行的方案，具体以规划说明书的形式提交，在经过相关的论证与批准后，作为种苗基地建设的依据。

1. 规划准备工作

种苗生产基地的规划准备工作是指根据上级部门或委托单位对拟建园林种苗基地的要求与种苗基地的任务，规划团队进行有关自然、经济与技术条件、资料与图表的收集，地形地貌踏查及调查方案确定，为种苗基地的规划与设计奠定基础。

（1）组建专业团队

如同基地的选址，种苗基地的规划与管理同样需要专业团队的主持参与，除了原有的团队成员，还需要有电气工程师、机械工程师、建筑与结构工程师以及土壤、灌溉、排水等专业人员的参与。

（2）踏勘及测绘

规划团队成员须会同施工和经营人员到已选定的基地范围内进行实地踏勘和调查访问工作，概括了解基地的现状、历史、地形、地权、地界、土壤、植被、水源、交通、病虫害以及周边的环境，并提出规划的初步意见。

在现场勘查时，要以基地的地形图作为重要依据和基本材料。如果没有土地规划部门提供的地形图，则需要团队成员亲自进行测量并绘制，地形图的比例一般为1：500～1：2000，等高距为20～50cm。与基地规划直接有关的山、丘、河、湖、井、道路、房屋、坟墓等地形、地物应尽量绘入图中。

（3）土壤调查

根据种苗基地的自然地形、地势现状，选定典型区域的土壤进行分析评价。土壤调查时分别挖取土壤剖面，观察和记载土层厚度、组成、酸碱度（pH值）、地下水位等，必要时可分层采样进行分析，弄清基地内土壤的种类、分布、肥力状况和土壤改良的途径，并在地形图上绘出土壤分布图，以便合理利用土地。

（4）气象资料的收集

收集掌握当地气象资料不仅是进行基地规划设计的需要，也是进行种苗生产管理的需要，育苗地设置的方位、防护林的配置、排灌系统的设计等都需要气象资料做依据，需要收集的气候资料包括：

① 年、月、日平均气温，绝对、最高、最低日气温，土表层最高、最低温度，日照时数及日照率，日平均气温稳定通过10℃的初终期及初终期间的累积温度、日平均气温稳定通过0℃的初终期。

② 年、月、日平均降水量，最大降水量，降水时数及其分布，最长连续降水日数及降水量和最长连续无降水量日数，空气相对湿度。

③ 风力、平均风速、主风方向、各月各风向最大风速、频率、风日数。

④ 降雪与积雪日数及初终期和最大积雪深度，霜日数及初终期，雾凇日数及一次最长连续时数，雹日数及沙暴，雷暴日数，冻土层深度，最大冻土层深度及地中10cm和20cm处结冻与解冻日期，土表最高温度等。

⑤ 当地小气候情况。

2. 基地功能区划

种苗基地的形状最好是矩形或者其他规则形状，以减少基地围栏的长度和从一个场地到另一个场地的时间。

为了合理布局，充分利用土地，便于生产管理，园林植物种苗基地，应进行统一规划，分区安排，以利于后期的管理运营。一个完整的种苗生产基地包括生产用地和辅助用地两部分，应遵守国家林业局有关规定。

① 生产用地面积计算　生产用地一般占基地总面积的75%～85%。生产用地面积的计算，主要依据苗木的种类、数量、规格要求、生长年限、育苗方式以及轮作、单位面积的产量等因素。具体计算公式如下：

$$S=\frac{NA}{n}\times\frac{B}{C}$$

式中　S ——某树种所需的育苗生产用地面积，hm^2；

N ——该树种的计划年产量，株/a；

A ——该树种的培育年限，a；

B ——轮作区的区数；

C ——该树种每年育苗所占轮作的区数；

n ——该树种单位面积产苗量，株/hm^2。

由于土地紧缺，我国一般不采用轮作制，而是以换茬为主，故B/C通常不作计算。上式计算结果是理论数字，实际生产中，一般增加3%～5%的损耗。

② 辅助用地面积计算　种苗基地的辅助用地的总面积不得超过苗圃总面积的20%～25%；一般大型种苗基地的辅助用地占总面积的15%～20%；中、小型种苗基地占18%～25%。

3.生产用地规划

生产用地主要包括播种繁殖区、营养繁殖区、苗木移植区、大苗培育区、采种母树区、引种驯化区、设施育苗区等，有些综合性种苗生产基地还设有标本区、果苗区等。

① 播种繁殖区　为培育播种苗而设置的生产区。播种育苗的技术要求较高，管理精细，投入人力较多，且植物幼苗对不良环境条件反应敏感，所以应选择生产用地中自然条件和经营条件最好的区域作为播种繁殖区。播种繁殖区应靠近管理区，地势应较高而平坦，坡度小于2°；接近水源，灌溉方便；土质优良，深厚肥沃；背风向阳，便于防霜冻；如是坡地，则应选择自然条件最好的坡向（图1-5）。

② 营养繁殖区　为培育扦插、嫁接、压条、分株等营养繁殖苗而设置的生产区。营养繁殖的技术要求也较高，并需要精细管理，一般要求选择条件较好的地段作为营养繁殖区。培育硬枝扦插苗时，要求土层深厚，土质疏松而湿润。培育嫁接苗时，需要先培育砧木播种苗，所以应当选择与播种繁殖区相当的自然条件好的地段。压条和分株育苗的繁殖系数低，育苗数量较少，不需要占用较大面积的土地，所以通常利用零星分散的地块育苗。嫩枝扦插育苗需要插床、荫棚等设施，可将其设置在设施育苗区。繁殖区包括有性繁殖区、无性繁殖区、保护地栽培区（图1-6）。

图1-5　种苗生产基地营养播种繁殖区

图1-6　中山杉扦插繁殖区

③ 苗木移植区　由播种繁殖区和营养繁殖区中繁殖出来的苗木，需要进一步培养成较大的苗木时，则应移入苗木移植区进行培育。依培育规格要求和苗木生长速度的不同，往往每隔2～3年还要再移植几次，逐渐扩大株距、行距，增加营养面积。苗木移植区要求靠近繁殖区、大苗区，地块整齐、面积较大，土壤条件中等。

由于不同苗木种类具有不同的生态习性，对一些喜湿润土壤的苗木种类，可设在低湿的地段，而不耐水湿的苗木则应该设在较高且土壤深厚的地段。裸根移植的苗木，可以选择土质疏松的地段栽植，而需要带土球移植的苗木，则不能移植在砂质土质的地段。

④ 大苗培育区　用于培育根系发达、有一定树形、规格较大、可直接用于绿化的大苗而设置的生产区。大苗培育区特点是株行距大，占地面积大，培育的苗木大，规格高，根系发达，大苗的抗逆性较强，对土壤要求不太严格，但以土层深厚、地下水位较低的整齐地块为宜。为了出苗时运输方便，最好能设在靠近苗圃的主干道或在大苗区靠近出口处建立苗木假植区和发苗站，以利苗木外运。为了起苗包装操作方便，应尽可能加大株行距，以防起苗影响其他苗木的生长（图1-7、图1-8）。

图1-7　德国某种苗基地内整齐的大苗

图1-8　美国某种苗基地内整齐的大苗

⑤ 采种母树区　为获得优良的种子、插条、接穗等繁殖材料而设置的生产区。采种母树区不需要很大的面积和整齐的地块，大多是利用一些零散地块，以及防护林带和沟、渠、路的旁边等处栽植。

⑥ 引种驯化区（试验区）　本区用于栽植从外地引进的园林植物新品种，目的是观察其生长、繁殖、栽培情况，从中选育出适合本地区栽培的新品种，进而推广。该区在现代园林苗圃建设中占有重要位置，占育苗面积2%～3%，对土壤、水源等条件要求较严，并要配备专业人员管理。此区可单独设立试验区或引种区，或二者相结合，引种驯化区应安排在环境条件最好的地区，靠近管理区便于观察研究记录。

⑦ 设施育苗区　为利用温室、荫棚等设施进行育苗而设置的生产区，设施建设费用较大，但生产效率和经济效益较高。设施育苗区应设在管理区附近，地势平坦，要求用水、用电方便，排水良好（图1-9）。

4.辅助用地规划

辅助用地又称非生产用地，是为种苗生产服务所占用的土地，主要包括道路系统、排灌系统、防护林带、管理区建筑用房、各种场地等用地（图1-10）。

（1）道路系统

种苗生产基地的道路系统主要从保证运输车辆、耕作机具、作业人员的正常通行考虑，合理设置道路系统及其路面宽度。道路系统包括一级路、二级路、三级路和环路。

图1-9　红花槭良种温室育苗

图1-10　种苗基地道路系统

一级路也称主干道，一般布置在连接大门、仓库、种植大区之间，贯穿全园，与出入口、建筑群相连，能够允许通行载重汽车和大型耕作机具。通常设置1条或相互垂直的2条，设计路面宽度一般为6～8m，标高高于作业区20cm。

二级路也称副道、支道，是一级路通达各作业区的分支道路，应能通行载重汽车和大型耕作机具。通常与一级路垂直，根据作业区的划分设置多条，设计路面宽度一般为4m，标高高于耕作区10cm。

三级路也称步道、作业道，是作业人员进入作业区的道路，与二级路垂直，设计路面宽度一般为2m。

环路也称环道，设在苗圃四周防护林带内侧，供机动车辆回转通行使用，设计路面宽度一般为4～6m。

在设计道路时，要在保证管理和运输方便的前提下，尽量做到少占用土地。中小型基地可以考虑不设二级路，但主路不可过窄。

（2）灌溉系统

种苗生产基地必须有完善的灌溉系统，以保证苗木对水分的需求。灌溉系统包括水源、提水设备、引水设施三部分。其中，水源主要有地表水（天然水）和地下水两类。提水设备一般均使用水泵，选择水泵规格型号时，应根据灌溉面积和用水量确定。

引水设施原则上与道路相伴而设，分渠道引水和管道引水两种。渠道引水特点是土渠流速慢、渗水快、蒸发量大、占地多，引水时需要经常注意管护和维修，不能节约用水。现多采用水泥槽作水渠，既节水又经久耐用。水渠分三级：一级渠道是永久性大渠道，一般顶宽1.5～2.5m；二级渠道一般顶宽1.0～1.5m；三级渠道（毛渠）是临时性小水渠，一般宽度为1.0m左右。一级、二级渠道水槽底部应高出地面。三级渠道应平于或略低于地面，以免将活沙冲入畦中，埋没幼苗。各级渠道的设置常与各级道路相配合，渠道方向与耕作区方向一致，各级渠道相互垂直。渠道还应有一定的坡降，保证水流速度。一般坡降在0.1°～0.4°，水渠边坡一般采用45°为宜。

管道引水是将水源通过埋入地下的管道引入苗圃作业区进行灌溉的形式，通过管道引水可实施喷灌、滴灌、渗灌等节水灌溉技术。管道引水不占用土地，也便于田间机械作业。喷灌、滴灌、渗灌等灌溉方式比地面灌溉节水效果显著，灌溉效果好，节省劳力，工作效率高，能够减少对土壤结构的破坏，保持土壤原有的疏松状态，避免地表径流和水分的深层渗漏。虽然投资较大，但在水资源匮乏地区以管道引水，采用节水灌溉技术应是苗圃灌溉的发展方向（图1-11）。

图1-11　种苗基地喷灌

（3）排水系统

排水系统对于地势低、地下水位高、降水量多而且集中的地区非常重要。种苗地排水系统主要由大小不同的排水沟组成，排水沟常分为明沟和暗沟两种，目前多采用明沟排水。

排水沟的宽度、深度、位置应根据种苗地的地形、土质、雨量、出水口的位置等因素综合决定，并且保证雨后尽快排除积水，同时要尽量占用较少的土地。排水沟的边坡与灌水渠的角度相同，但落差应大一些，一般为3/1000～6/1000。一般大排水沟应设在种苗地最低处，直接通入河、湖或市区排水系统；中小排水沟通常设在路旁；作业区的小排水沟与园区步道相结合。在地形、坡向一致时，排水沟和灌溉渠往往各居道路一侧，形成沟、路、渠并列的合理设置，既利于排灌，又区划整齐。排水沟与路、渠相交处应设涵洞或桥梁。大排水沟一般宽1m以上，深0.5～1m；作业区内小排水沟宽0.3～1m，深0.3～0.6m。有的种苗地为防止外水进入，排除内水，在基地四周设置较深而宽的截水沟，以起到防止外水入侵、排除内水和防止小动物及害虫侵入的作用，效果较好。

（4）防护林带

设置防护林带是为了避免苗木遭受风沙危害，降低风速，减少地面蒸发及苗木蒸腾，防止水土流失，创造适宜苗木生长的小气候条件。防护林带的规格依种苗地的大小和风害程度而定。小型种苗地与主风方向垂直设置一条防护林带；中型种苗地在四周都设防护林带；大型种苗地除四周设置主防护林带外，在内部干道和支道两侧或一侧设辅助防护林带。

林带结构以乔木、灌木混交的疏透式为宜，既可减低风速又不因过分紧密而形成回流。林带宽度和密度依苗圃面积、气候条件、土壤和树种特性而定，一般主林带宽8～10m，株距1～1.5m，行距1.5～2m；辅助林带由2～4行乔木组成，株行距根据树木品种而定。林带的树种选择，应尽量就地取材，选用当地适应性强、生长迅速、树冠高大、寿命较长的乡土树种，亦可结合采种、采穗母树和有一定经济价值的树种如建材、蜜源、油料、绿肥等，以增加收益，便利生产。为了加强生产基地的防护，防止人们穿行和畜类窜入，可在林带外围种植带刺的或萌芽力强的灌木，减少对苗木的危害。

（5）管理区建筑用地

基地建成后，经营时间长，是一个较为完整的生产单位，因此，必须建设必要的管理用房等。管理区房屋建筑主要包括行政办公室、员工宿舍、食堂、存贮仓库、种子贮藏室、工具房、车库、商店等；生产场地主要包括晒场、堆肥场等。管理区应设在交通方便，地势高燥、土壤条件较差的地方。中、小型种苗基地的管理区一般选择在靠近基地出入口的地方。大型种苗基地为管理方便，可将管理区设在种苗基地中央，靠近一级道路交汇处的位置。堆肥场等则应设在较隐蔽但便于运输的地方。

5.规划图纸绘制及说明书

（1）基地的规划设计

① 任务书阶段　规划人员充分了解委托人的具体要求，有哪些愿望，对设计所要求内容，如基地的具体位置、界限、面积；育苗的种类、数量、规格、苗木供应范围；基地的灌溉方式；基地必需的建筑、设施、设备；管理的组织机构、工作人员编制等；同时应有各种有关的基础图纸资料，如现状平面图、地形图、土壤类型分布图、植被分布图等，以及其它有关的经营条件、自然条件、当地经济发展状况资料等。

这些内容往往是整个规划的根本依据，从中可以确定哪些值得深入细致地调查和分析，哪些只要做一般的了解。在任务书阶段很少用到图面，常用以文字说明为主的文件。

② 基地调查和分析阶段　掌握了任务书阶段的内容之后，对基地进行再一次的现场勘查，收集与基地有关的资料，补充并完善前期准备工作中不完整的内容，对整个基地及环境状况进行综合分析。收集来的资料和分析的结果应尽量用图面、表格或图解的方式表示。

通常用基地资料图记录调查的内容，用基地分析图表示分析的结果。这些图常用徒手线条勾绘，图面应简洁、醒目、说明问题，图中常用各种标记符，并配以简要的文字说明或解释。

③ 规划方案阶段　该阶段工作主要进行种苗基地的功能分区，结合基地条件、植物种类等确定各个功能区的平面位置或布局，保证基地功能合理，尽量利用基地条件，使诸项内容各得其所。以地形图为底图，在图上绘出主要道路、渠道、排水沟、防护林带、建筑物、生产设施构筑物等。根据基地的自然条件和机械化条件，确定作业区的面积、长度、宽度、方向。根据种苗生产的育苗任务，计算各树种育苗需占用的生产用地面积，设置好各类育苗区。这样形成的种苗基地的规划方案图，经多方征求意见，进行修改，确定正式规划方案，即可绘制详细规划图（图1-12）。

图1-12　某种苗基地规划方案平面图

④ 详细设计阶段　正式设计图的绘制应按照地形图的比例尺，将道路、沟渠、林带、作业区、建筑区等按比例绘制在图上，排灌方向用箭头表示。规划方案完成后应协同委托方

共同商议，然后根据商量结果对方案进行修改和调整。一旦方案定下来后，就要全面地对整个方案进行各方面详细的规划，包括确定每个功能区（育苗区）及作业区的准确形状、尺寸，完成总平面图定稿，绘制各专项（包括道路系统、灌溉排水、建筑布局等）总图以及各局部建筑、道路、沟渠等详细的平、立面图。根据需要，绘制体现整体场地面貌的鸟瞰图等。

在图纸上应列有图例、比例尺、指北针等，各功能区应编号，以便说明各育苗区的位置。

⑤ 施工图阶段　施工图阶段是将设计与施工连接起来的环节。根据所设计的详细图纸方案，结合各工种的要求分别绘制出施工平面图、沟渠施工图、道路施工图、建筑施工图等能具体、准确地指导生产基地施工的各种图面，这些图面应能清楚、准确地表示出各项设计内容的尺寸、位置、形状、材料、种类、数量、色彩以及构造和结构（图1-13）。

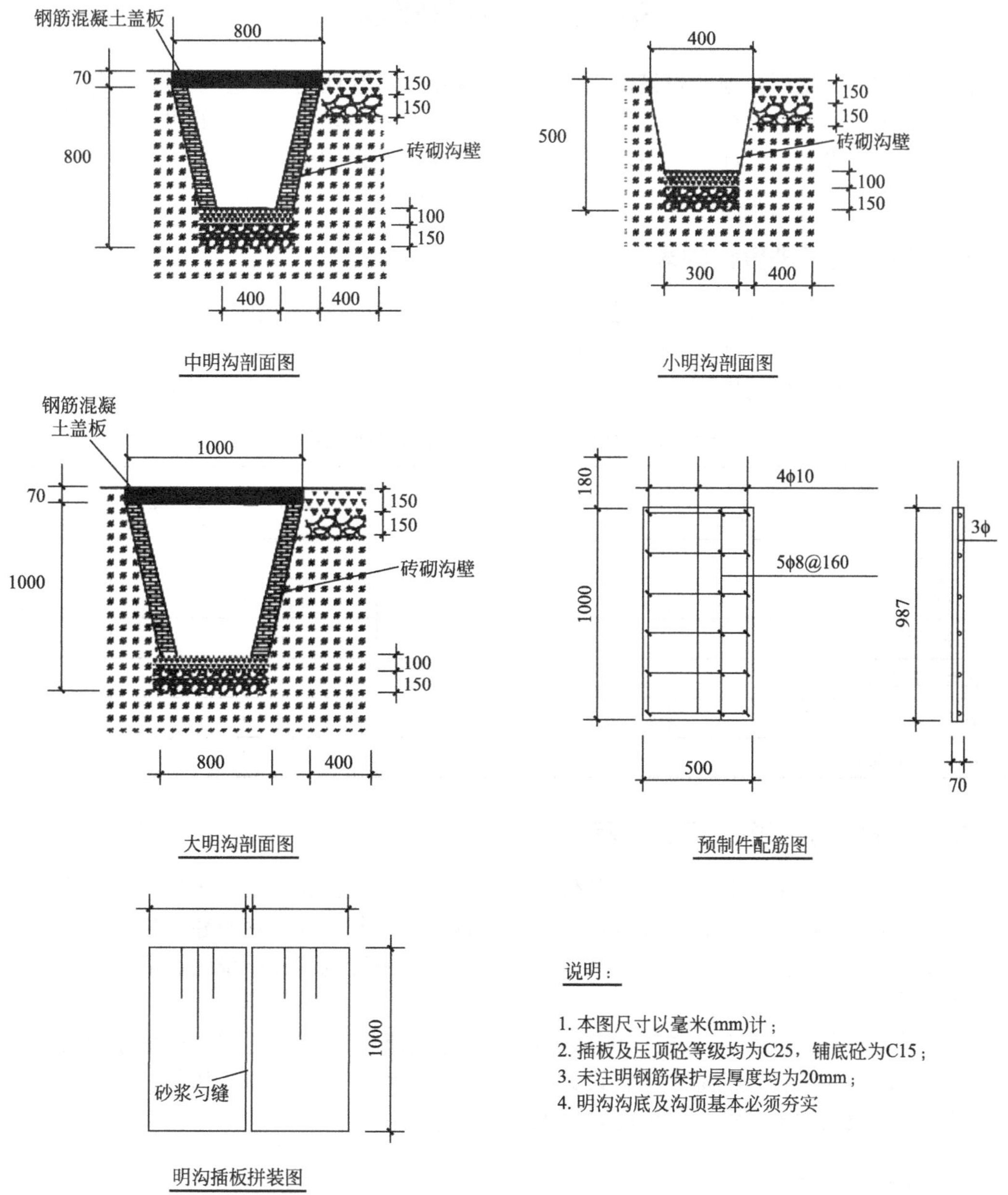

图1-13　某种苗基地水泥明沟施工图（单位：mm）

（2）**规划设计说明书**

设计说明书是园林种苗基地规划设计的文字材料，它与设计图是园林植物种苗生产基地规划设计中两个不可缺少的组成部分。图纸上表达不出的内容，都必须在说明书中加以阐述。说明书一般分为总论和设计两部分进行编写。

总论：主要叙述该地区的经营条件和自然条件，并分析其对育苗工作的有利和不利因素以及相应的改造措施。

设计部分：种苗基地的面积计算、区划说明，耕作区的大小、各育苗区的配置、道路系统的设计、排灌系统的设计、防护林带的设计、育苗技术设计、建园的投资和苗木成本计算。

第三节　基地建设

园林植物种苗生产基地的建设，主要指兴建种苗生产基地的一些基本建设工作。主要项目有各类房屋、温室、大棚建设，道路、排水、灌水渠的修建，水、电的引入，土地平整和防护林带及防护设施的修建。其中，房屋建设和水电、通讯的引入工作量大，独立性强，要在其他项目施工前修建完成。

一、编制施工进度计划表

在进行园林植物种苗生产基地建设之前，管理团队应该首先制定一个详尽的施工计划。较为常用的方法是建立一个严格的进度计划表，用以协调和指导现场的施工进度和其他状况。客观的目标和正确的展望对于一个园林植物种苗基地的建设来说至关重要（表1-1）。

表1-1　某园林植物种苗生产基地施工建设进度表

阶段＼时间	××××年××月	项目下达后第1～2月	3～6月	7～8月	9～22月	23～24月
编写可研报告	—					
项目前期准备工作		—				
基础设施建设工作			—			
生产配套设施建设工作				—		
种苗种植工作					—	
进行项目验收相关工作						—

二、建筑、水、电、通讯工程

水、电、通讯是搞好基建的先行条件，应最先安装引入。为了节约土地，办公用房、宿舍、仓库、车库、机具库、种子库等最好集中于管理区一起兴建，尽量建成楼房。组培室一般建在管理区内。温室虽然是占用生产用地，但其建设施工也应先于道路、灌溉等其它建设项目进行。

种苗基地的供电工程应该根据电源条件、用电负荷和供电方式，本着充分利用地方电源、节约能源、经济合理的原则进行设计。电力电讯管线一般都与城市管线相连接，偏远地区、用电量比较大的大型种苗基地可以设置小型发电机供电。

三、道路工程

种苗基地道路施工前，先在设计图上选择两个明显的地物或两个已知点，定出一级路的实际位置，再以一级路的中心线为基线，进行道路系统的定点、放线工作，然后方可修建。道路路面有很多种，如土路、石子路、灰渣路、柏油路、水泥路等，可根据具体情况进行修建。一般种苗基地的道路主要为土路或石子路，施工时由路两侧取土填于路中，形成中间高、两侧低的抛物线形路面，路面应用机械压实，两侧取土处应修成整齐的排水沟。其他种类的路也应修成中间高的抛物线形路面。

四、灌溉工程施工

渠道修建时，先打机井安装水泵，或泵引河水。引水渠道的修建最重要的是使渠道落差均匀，符合设计要求，为此要用水准仪精确测量，并在打桩后认真标记。如果修筑明渠，则按设计要求，依渠道的高度、顶宽、底宽和边坡进行填土、分层、踏实，筑成土堤。当达到设计高度时，再在坝顶开渠，夯实即成。在沙质土地区，水渠的底部和两侧要用二级土或三合土加固，以防渗水。

为了节约用水，现大都采用水泥渠作灌水渠，修建的方法是：先用修土渠的方法，按设计要求修成土渠，然后再在土渠沟中向周边、下挖一定厚度的土出来，挖的土厚与水泥渠厚相同，在沟中放上钢筋网，浇筑水泥，做成水泥渠。

喷灌等节水灌溉工程的施工，必须在专业技术人员的指导下，严格按照设计要求进行，并应在通过调试能够正常运行后再投入使用。

五、排水工程施工

排水工程一般先挖向外排水的总排水沟，中排水沟与道路两侧的边沟相结合，与修路同时挖掘而成，作业区内的小排水沟可结合整地进行挖掘，还可利用略低于地面的步道来代替。为了防止边坡坍塌，堵塞排水沟，可在排水沟挖好后，种植一些簸箕柳、紫穗槐、柽柳等护坡树种。要注意排水沟的坡降和边坡都要符合设计要求。

六、防护林工程施工

一般在房屋、道路、渠、排水沟竣工后，立即营建防护林，以保证开园后尽早起到防护作用。根据树种的习性和环境条件，可采用种植树苗、埋干、插条或埋根等方法，但最好是能使用大苗栽植，能尽早起到防风作用，做到乔灌木相结合。树种的选择，栽植的株距、行距均应按设计要求进行，同时应呈“品”字形交错栽植，栽后要注意及时灌水，并注意经常养护，以保证成活。

七、土地整理工程施工

种苗基地地形坡度不大者，可在路、沟、渠修成后结合土地翻耕进行平整，或在基地投入使用后结合耕种和苗木出苗等，逐年进行平整，这样可节省种苗基地建设施工的投资，也不会造成原有表层土壤的破坏。坡度过大时必须修筑梯田，这是山地种苗基地的主要工作项目，应提早进行施工。地形总体平整但局部不平者，按整个基地总坡度进行削高填低，整成具有一定坡度的种苗地。

在基地中如有盐碱土、沙土、黏土时，应进行必要的土壤改良。对盐碱地可采取开沟排水，引淡水冲盐碱。对轻度盐碱地可采取多施有机肥料，及时中耕除草等措施改良。对沙土或黏土应采用掺黏或掺沙等措施改良。对重黏土则应用混沙、深耕、多施有机肥料、种植绿肥和开沟排水等措施进行改良。对城市废墟或城市撂荒地改良，应除去耕作层中的砖、石、木片、石灰等建筑废弃物，然后进行客土、平整、翻耕、施肥、育苗。

第四节　生态观光

近年来，园林种苗基地产业快速发展，竞争日益激烈。然而在同时，观光农业正以惊人的速度发展为一种新型的产业模式。在世界上一些种苗业发达的地区，一些思维活跃的经营者就借鉴了这种观光农业的发展经验，开始对种苗基地进行改造，逐步改变经营内容和方向。根据地理优势开拓观光旅游休闲园区的形式，开始成为种苗行业的一个新经济增长点，使种苗行业又多了一条创新发展之路。

图1-14　生态观光型种苗基地景观

传统意义的种苗基地是纯生产性绿地，正是基于这样的认识，一直以来，种苗基地的规划及设计流于粗放，作为生产性绿地的种苗基地，较少具备观赏及游览的价值。近年来，生产性绿地的观光游览价值越来越受到人们的重视，许多经营多年的基地已经形成了丰富而持续的四季景观，初步具备了转型为观光园区的条件。一般而言，规模小的基地可以发展成为“农家乐”模式，规模大的则可以通过景点规划、游步道设置、配套餐饮服务等发展为综合性的生态旅游观光园区（图1-14）。

生态观光型的种苗基地可以有以下几种形式。

一、综合性观光种苗基地

位于乡村的园林植物种苗基地，利用乡村的小溪、树林、草原等自然风光，经营的内容主要涉及乡村野游、观赏花卉、风光旅游、乡村食堂、种植、养殖等，另设露营区、小木屋、餐饮、戏水区、体能锻炼及各种游憩设施等，可为旅游者提供综合性观光和服务。观光者可在基地内尝试乡村田园生活，学习植物栽培，修剪技术，了解植物的生长规律，自己动手，锄地、施肥、浇水，进行种苗管理。

二、体验式观光种苗基地

这种种苗基地一般位于城市的近郊，主要是开放简易的花卉基地、种苗基地等，游客可以自己亲手种花、浇水、赏花、除草等，充分享受田园生活的乐趣。在日本，采用高级的农业栽培技术育出一些名、优、特、新的花卉品种非常普遍。在观光性种苗基地里向人们展示种苗业高科技和优质植物品种，一方面既可以开阔旅游者的眼界；另一方面又可以发挥现代农业的教育、宣传功能。

三、教育观光种苗基地

利用种苗基地环境和花卉、树木资源，将其改成学校的户外教育基地，作为学校课堂教学的延伸和体验书本知识的场所。种苗基地中所栽植的树木、花卉以及配备的设施极具有教育内涵，所以教育类的种苗基地以接待学生实践、修学旅行为主。

近年来，各地赏花经济兴盛，种苗基地亦可以通过调整苗木结构，打造不同季节的花海景观，充分发挥自身的优势，与其他类型旅游景区形成差异化经营。

第二章

园林植物种子、加工与储藏

第一节　园林植物种子生理

种子在外观上处于静止状态，然而其内部蕴含生机活力。种子生理就是研究种子形成、发育、成熟、采后、加工、贮藏、休眠与萌发以至成苗的一系列生理特性和规律，使之为园林植物生产与应用提供理论指导。

一、种子的发育生理

植物经开花、传粉和受精后，雌蕊发生一系列变化，胚珠发育成种子，子房发育成果实，直到种子和果实成熟，才真正完成了整个有性生殖过程。因此，种子的发育是植物有性生殖的最后阶段，而这一阶段也是种子产量和质量形成的关键时期。

1.种子的形成

被子植物的双受精完成以后，一般说来，花被和雄蕊首先凋谢，柱头和花柱也随之萎缩，只有子房继续生长发育。在子房的胚珠里面，受精卵逐渐发育成胚，受精的极核逐渐发育成胚乳。

（1）胚的发育

不同植物的胚，发育的过程大体相同。荠菜的受精卵经过短暂的休眠以后，就开始进行有丝分裂。在第一次分裂形成的两个细胞中，靠近珠孔的一个叫做基细胞，另一个叫做顶细胞。顶细胞经过多次分裂，形成球状胚体。基细胞经过几次分裂，形成一列细胞，构成胚柄。胚柄可以从周围组织中吸收并运送营养物质，供球状胚体发育。研究表明，胚柄还能产生一些激素类的物质，促进胚体的发育。在胚体发育完成后，胚柄就退化消失了。

由于球状胚体顶端两侧的细胞分裂速度比较快，就形成了两个突起，这两个突起逐渐发育成两片子叶。两片子叶之间的一些细胞发育成胚芽，胚体基部的一些细胞发育成胚根，而胚芽与胚根之间的细胞则形成胚轴。这样，子叶、胚芽、胚轴和胚根就构成了荠菜的胚。

（2）胚乳的发育

受精的极核不经过休眠，就开始进行有丝分裂，经过多次分裂形成大量的胚乳细胞。这些胚乳细胞构成了胚乳。

多数双子叶植物在胚和胚乳发育的过程中，胚乳逐渐被胚吸收，营养物质储存在子叶里，这样就形成了无胚乳种子，如大豆、花生和黄瓜等。多数单子叶植物在胚和胚乳发育的过程中，胚乳不被胚吸收，这样就形成了有胚乳的种子，如小麦和玉米等。

在胚和胚乳发育的同时，珠被发育成种皮。这样，整个胚珠就发育成种子。与此同时，子房壁发育成果皮，整个子房就发育成果实。

果实和种子成熟以后，便从母体上脱落下来。如果遇到合适的环境条件，种子就会萌发并长成幼苗（有些植物的种子需要经过一段时间的休眠才能萌发）。

2.种子发育过程的物质转化

种胚具有发育成为植物所需遗传信息的雏形，种胚在发育过程中的细微变化，可以引起植株形态结构的显著差异。母体年龄大小、着生位置高低、阳光和温度等外界条件，都对种子发育有重大影响。在禾本科植物种子的发育中，贮藏物质的积累，胚乳占70%，糊粉层占20%，盾片等只占10%。淀粉粒可分A、B两种类型：A型淀粉粒在整个发育时期都能合成淀粉，而B型的只在种子成熟末期才能合成淀粉。种子形成的晚期，糖类不断下降，脂肪相应提高，表明脂肪是由糖类转变而来。

由于种子的各种蛋白的多肽组成成分不同，可以运用电泳等分析技术，辨别出不同的品种。

3.种子败育

胚珠能顺利地通过双受精过程，但却不能发育成具有发芽能力的正常种子，这种现象称为种子败育。种子败育如果发生在种子发育的早期，由于干物质未来得及积累，幼小的胚珠将干缩为极小的一点而使果实成为空壳；如果败育发生在种子发育的稍后期，则有可能形成有缺陷的种子。败育种子无正常的发芽能力，因而没有应用价值。

种子败育是一个很普遍的现象，在许多种子生产中都能发生。杂交育种中种子败育的现象更为严重。如果种子败育的比率高，会给种子生产和作物产量带来损失。

引起种子败育的原因很多，有内在因素，也有外界环境条件的影响，一般可归纳为以下几种情况。

（1）生理不协调

在远缘杂交中，有时受精虽然能够完成。但由于生理不协调，种子常不能正常发育。生理不协调可分为三种情况：一是胚和胚乳发育都不正常而使种子早期夭折；二是胚乳可能发育正常但胚不正常，导致产生无胚种子；三是胚开始发育正常，但由于胚乳发育不正常，发育中的胚尤其是原胚因得不到胚乳的养分而停止发育或解体。在某些杂种后代中常表现为育性很低，有的虽能形成种子却往往不能正常发育和成熟，也多是由于这种原因。

（2）受病虫危害

种子在发育过程中常易遭受病、虫危害，有些是直接危害，如虫吃掉种子的重要部分或病菌寄生其中，有些则属间接危害，如病、虫的分泌物使胚部中毒死亡等，这些都能造成种子败育。

（3）营养缺乏

种子在发育过程中，需要从植株吸取大量营养物质。如果植株由于自身或外界条件的影响导致营养缺乏，或者物质转运受阻，都能引起种子的败育。在栽培条件不好的地方，这种情况经常发生。例如植株遭受病虫危害或机械损伤，营养器官被损，或土壤贫瘠，肥水缺乏，或是气温不适，水涝湿害，盐碱过度，环境污染等。总之，凡是能引起植株营养物质缺乏或运输障碍的一切因素，都可能使种子由于营养物质缺乏而败育。种子败育多发生在果穗的顶部、基部等营养弱势部位，表明营养缺乏乃是种子败育的重要原因。

（4）恶劣环境条件影响

有些极为恶劣的环境条件如冰冻、高温、有毒药剂等，能直接使发育中的种子受伤致死。

造成种子败育的原因很复杂，除上述之外，还有许多因素，如激素调控失调、植物固有的遗传差异等，都有待进一步研究、探索。防止种子败育的措施要视其败育的原因而定。如果败育是由于生理不协调所致，可利用胚离体培养的方法，以得到珍贵的杂交种；若为病、虫危害，应及早防病治虫。如果是由于营养缺乏引起，则应改善栽培条件，加强肥水管理，使营养生长和生殖生长协调发展，以获得种子高产。此外，还应有目的地选育遗传上败育率低、抗逆性强的品种。种子败育除了有对生产不利的一面外，还有可利用的一面，即有些杂种后代，其种子可育性低，易败育。但其营养体生长繁茂，营养器官品质好，而人们所需要的正是这种营养体，将这样的品种用于生产，将能大大提高经济效益，例如三倍体植株的选育和推广。

二、种子的休眠生理

种子休眠是指具有生活力的种子处于适宜的发芽条件下，仍不正常发芽的现象称为种子的休眠（seed dormancy）。种子休眠是植物界的一种客观现象，这对植物的种族生存和人类的生产实践是有重要意义的。

1.种子休眠的原因

引起种子休眠的原因很多，有的属于种子本身构造方面的原因，有的属于代谢方面的，有因胚本身的发育状况不同所致。各种休眠原因不是孤立地发生作用，而是互相联系互相影响共同控制着种子的休眠。

（1）种皮效应

① 种皮不透水　如豆科植物的硬实。如蜀葵、三色旋花、月光花、三色牵牛、紫云英、羽扇豆、香豌豆等，脐部特性与透水性密切相关，控制水分，当种子在潮湿条件下，水分不能进入，当处于干燥条件下，放出水汽。一些种类的植物种子，由于种皮不透水不透气，使水分和空气不能进入种子内部，用温水浸种时，种子也难以吸水膨胀，种子始终处于休眠状态，这样的种子称硬实。可用刻伤种皮的方法打破休眠。

② 种皮不透气　有些植物的种子，水分虽能进入种皮，但气体却难以进入，在含水量高的情况下，气体更难进入潮湿的种皮，又由于种子含水量高，呼吸旺盛，消耗O_2放出CO_2，前者（O_2）不能进入，后者（CO_2）不能排出，阻碍气体交换，影响种子内部的生物化学变化和胚的生长，禾本科植物和棉子等种子的休眠，主要是这一原因造成的。

③ 种皮的机械约束作用　如核桃、杏、桃、李、杨梅、椰子、泽泻、荠属、独行菜等由于种皮的机械约束力作用，使种胚不能向外生长，种子长期处于吸胀饱和状态，直至种皮得到干燥时，细胞壁胶体性质发生变化后，才能萌发。有些种子的种皮坚韧、致密、或表面具有革质或蜡质，往往容易限制种子的萌发而成为种子休眠的原因。

（2）抑制发芽物质存在

有些植物的果皮、胚乳、或胚部含有抑制发芽的物质存在，如酚类物质、氨、乙烯、氰化氢、有机酸等。研究证明，主要的抑制物质是脱落酸（ABA）。在胚内的脱落酸含量和休眠的深度成正比。在休眠的种子中脱落酸的含量很高，随着休眠的解除，脱落酸的水平逐渐下降。如红松种皮含有单宁，约5.5%，抑制种子发芽。另据报导，杨树种皮中有脱落酸存在，影响种子的萌发，在萌发前将种子浸泡在清水中，将脱落酸溶出后种子就能萌发。

（3）胚需要后熟

① 生理后熟　种子的胚在还未完全成熟时，在适宜的条件下，即使剥去种（果）皮，也不能萌发。这类种子一般需要在低温和潮湿的条件下经过几周至数月之后才能萌发生长。这种现象称生理后熟。如繁枝苋、菊、矮牵牛、香豌豆、四季樱草、三色堇、一品红、耧斗菜等，需将种子在低温下保存一定的时间后才能发芽。一般林木的种子在采收后要在低温潮湿的环境条件下经历一个冬季，到翌年春天才能发芽。

② 形态后熟　有些植物的种子如银杏、兰花、冬青的种子在采收时，种子已表现出成熟的形态特征，但其胚尚未分化完善，种胚还很小，需要在适宜的条件下继续完成器官分化（一般4～5个月的后熟期）的现象称为形态后熟。此类植物还有毛茛、水曲柳、白蜡树、野蔷薇、卫矛等。

2.打破种子休眠的方法

种子具有的休眠特性给农林业生产带来了诸多不便，探索解除种子休眠的方法在生产上具有很大的实践意义。在生产上，为了加快种子萌发和提高种子发芽率，常使用人工的办法来打破种子休眠。具体的方法则取决于种子休眠形成的原因。

对于种皮透性不好而产生休眠的种子，可用机械摩擦、加温和强酸处理方法，以破损种皮，增加种皮的透气和透水能力，如刺槐、合欢、皂角种子；对由于胚引起休眠的种子，则常采用层积处理、变温处理、植物激素处理等方法，如山核桃、苹果、山楂种子；对需要低温才能后熟的种子，可用赤霉素处理；对由于有抑制物质的存在而引起休眠的种子，一般可用水浸泡、冲洗、高温等方法来除去抑制物质，促进发芽。

三、种子的发芽生理

1.种子活力——发芽的生理基础

种子活力的定义是指在广泛的田间条件（包括适宜和不适宜条件）下，影响种子迅速、均匀出苗和长成正常幼苗的潜在能力的特性，总称为活力。简言之，是指种子的健壮度。一般将种子的三磷酸腺苷（ATP）水平作为衡量种子活力、测定杂种优势的生化指标。

2.影响种子活力的因素

种子活力水平的高低主要由遗传因子（内因）和外界因素（外因）决定的，遗传因子决定种子活力实现的可能性，而外界条件决定种子活力遗传表达的现实性。

（1）内因

植物的遗传特性（基因型）对种子和幼苗的活力有明显影响。种子发育期间的环境条件和种子贮藏条件都对种子活力产生很大影响。种子的形成、成熟度、采种后的调制、贮藏过程、播前处理等因素错综复杂地以直接或间接的方式影响着种子活力的变化，从而造成种子活力的差异。研究还表明，种子活力与种子脱氢酶活性、过氧化物酶活性、超氧化物歧化酶（SOD）活性及呼吸水平等呈显著相关性。罗成荣等对柏木种子活力研究表明，4种内含物（蛋白质、氨基酸、还原糖、淀粉）对种子活力影响显著，而且种子脱氢酶活性和过氧化物酶活性与种子活力呈显著正相关。邢广萍研究表明刺槐种子的电导率值与生活力呈负相关，与种子的活力亦呈负相关。杜宏鹏等报道，酸性磷酸酶的活性与枫香种子活力呈正相关。

（2）外因

影响种子活力的外因包括温度、气候、雨量、土壤质量、酸度、微量元素、作业方法、贮藏环境、播种前处理等。采种期对柏木等种子活力影响显著，而水分含量是影响林木种子活力最重要的因素，在室内自然条件下或人工干燥条件下，随着种实含水量降低，显著降低其发芽率和活力，若降至20%以下，则完全丧失活力。

四、种子老化及劣变生理

一般认为种子老化开始于种子生理成熟时，在老化过程中，种子内部发生一系列的生理生化变化，种子的各种功能，结构受到损害，其损害的程度随时间延长而逐渐增大，从而导致种子质量下降，如活力、生活力、贮藏能力、田间建植率和植株生产性能等，甚至丧失活力。将这些变化可归纳为生理变化、生化变化和细胞内超显微结构的变化三方面。

1.生理变化

种子生理变化是指种子萌发和种苗生长方面的变化，这些变化包括：种子颜色的改变，萌发缓慢，萌发力下降，在萌发中对不良条件的适应力减弱，对不良贮藏条件的忍受力下降，对辐射处理高度敏感，种苗生长缓慢等 。一般来讲，这些变化常是种子老化程度的体现，然而这些变化往往出现于种子老化的后期，因生理过程是生化反应和细胞内微结构完整性的综合体现，当种子出现这类变化时，种子的老化已发展到了相当严重的程度，因此它们是种子老化的反映而不是老化的原因。

2. 生化变化

生化变化是指发生于种子内部生化反应和过程上的变化，这类变化包括酶活性、呼吸作用、合成能力、贮藏物质、有毒物质含量等方面的变化。

（1）酶活性变化

种子老化过程中酶的活性发生变化，研究最多的是氧化还原酶（如过氧化氢酶、过氧化物酶、超氧化物歧化酶、脱氢酶、抗坏血酸氧化酶等）和水解酶（如淀粉酶、蛋白质酶和脂肪酶等）。

（2）呼吸作用的破坏

在种子老化过程中，呼吸减弱，细胞线粒体数目减少，ATP能量降低，从而导致幼苗生长下降。种子老化时耗氧量减少，线粒体超微结构和膜完整性受损，膜上结合的呼吸链功能受损。

（3）合成能力的变化

当种子发生老化时，合成生物大分子的能力下降。种子老化时往往表现为蛋白质合成能力和核酸含量及合成能力下降。种子萌发时利用贮藏物质合成新的大分子化合物，主要为蛋白质和核酸等，在合成过程中需要能量供应，而新合成的大分子则具有生物活性与功能。有研究证明，种子吸水初期就开始合成新的大分子，该过程早于根芽的生长，可见种子萌发时合成能力与种子质量劣变有关。当种子发生劣变时，合成能力下降。

（4）贮藏物质的变化

在种子老化过程中，种子贮藏物质如可溶性糖、蛋白质等经历了一个动态变化的过程。可溶性糖是种子的主要呼吸底物，蛋白质为种子萌发和幼苗生长提供氮素，对种子萌发与胚的生长有着重要的作用，它们都是随着老化的增加而下降的；与种子劣变有关的另一变化是酸度的增加。

（5）有毒物质的积累

脂肪氧化的中间产物如丙二醛（MDA）和过氧化物，可引起明显的损害和毒害作用。种子在发生老化时，胚乳所产生的代谢产物（毒质）能抑制年幼的胚生长与萌发，且这种老化作用有累加趋势。张兆英等报道，当种子老化时，细胞及胚乳的内含物可能受氧化及游离根的攻击而分解，部分分解后的物质是对某些生理作用有毒性的，毒质的积累使正常的生理活动受到抑制，最终导致死亡。例如种子无氧呼吸产生的酒精和二氧化碳，蛋白质分解产生的胺类物质，以及脂类氧化分解过程中产生的丙二醛都对种子有严重的毒害作用。

3. 细胞内超显微结构的变化

种子劣变、活力丧失的一个普遍现象是细胞膜完整性的丧失。种子老化时膜结构完整性的丧失，引起吸涨种子电解质的渗漏，细胞渗漏物质的多少通过种子浸出液的电导率来反映，高活力的种子浸出液电导率值低，反之则高。同时，自由基可通过对贮藏的脂质的膜系统破坏，引起脂肪酸降解，而产生挥发性醛类化合物，例如乙烷、戊烷和丁醇等小分子碳化物。这类挥发性气体可对种子幼苗产生伤害，并可加速种子老化。

第二节　园林植物种子筛选与处理

种子筛选与处理是指从收获到播种前利用先进的工程技术手段、专业化的设备和设施，根据种子的生物特性和物理特性，对种子所采取的各种处理。目前应用的主要加工程序包括种子基本清选、精选分级，种子脱绒和种子包衣，机械打磨等过程，以获得颗粒大小均匀一致、饱满健壮、符合质量标准的优质商品种子。

一、种子筛选

1.种子清选

基本清选是种子加工过程中必不可少的工序，其目的是清除混入种子中的茎、叶、穗和破碎种子的碎片、其他作物种子、杂草种子、泥沙、石块、空瘪粒等掺杂物，以提高种子纯净度，并为种子安全干燥和包装贮藏做好准备。基本清选主要根据种子大小和密度两项物理性质进行分离，有时也根据种子形状进行分离，可采用风筛清选机进行，适当的筛选和空气吹扬是基本清选获得满意结果的关键。

（1）风选

适用于中小粒种子，利用风、簸箕或簸扬机净种。少量种子可用簸箕扬去杂物。

（2）筛选

用不同大小孔径的筛子，将大于、小于种子的夹杂物除去，再用其他方法将与种子大小等同的杂物除去。筛选可以清除一部分小粒的杂质，还可以用不同筛孔的筛子把不同大小的种粒分级。由于种子的大小不同，种子的发芽出苗能力不同，幼苗的生长势也不同。种子分级播种，即把大小一致的种子分别播种，可保证幼苗发芽出苗整齐，生长势一致，便于管理。实践证明，在同一来源的种子中，种子粒越大越重者，幼苗越健壮，苗木的质量越好。将同级的种子进行播种，出苗的速度整齐一致，苗木的生长发育均匀，分化现象少。不合格率降低，对生产的意义很大。分级工作通常与净种同时进行，亦可采用风选、筛选及粒选方法等进行。

（3）水选

一般用于大而重的种子，如栎类、豆科植物的种子，利用水的浮力，使杂物及空瘪种子漂出，饱满的种子留于下面。水选一般用盐水或黄泥水。把漂浮在上面的瘪粒和杂质捞出。水选后可进行浸种。水选后不能曝晒，要阴干。水选的时间不宜过长。

2.种子精选分级

种子精选分级主要是指在基本清选后再按种子长度、宽度、厚度、比重等进行分类的工序，其目的是剔除混入的其它作物或其它品种种子及不饱满的、虫蛀或劣变的种子，以提高种子的精度级别和利用率，可提高纯度、发芽率和种子活力等。

3.种子脱绒

有一些种子表面附着短绒，影响种皮的透性，延缓或阻碍种子吸水和发芽，短绒中容易携带病虫，而且散落性差影响播种均匀，因而成为种子萌发、幼苗生长的阻力。以棉花种子为例，棉花种子的脱绒有机械脱绒和硫酸脱绒两种。机械脱绒可用脱绒机进行，机械脱绒比较简单方便，在机械脱绒下，可打破种子休眠，促进种子发芽。

二、种子消毒

适宜的种子消毒可以提高种子发芽率，出苗整齐，促苗生长，缩短育苗期限，提高种苗的产量和质量。种子消毒常用杀菌剂、杀虫剂及杀菌与杀虫混剂处理等，可以防治系统性病害的传播流行，预防烂种贮藏性病害和土传性病害，促进发芽。

1.物理消毒法

种子消毒的方法有物理法如日光曝晒、紫外光照射、温汤浸种等。日光曝晒仅适于那些在日光曝晒下不易丧失发芽率的种子。温汤浸种一般水温为40～45℃左右，浸种1天。该方法适于黑松、侧柏、苦楝、油松、落叶松等。

2.化学消毒法

为了防治种传病害、虫害，化学消毒是十分必要的。目前用于花卉及林木浸种处理的化学药剂有氰胍甲汞、醋酸甲氧乙汞、高锰酸钾、多菌灵、福美双、硫酸亚铁、硫酸铜、退菌特等。药剂浸种可以处理花卉的种子、球茎及根系等，对防治种传、土传病害和系统性病害有良好的效果。

三、种子处理和包衣技术

一般的种子处理是指播前对种子的预处理，广义的种子处理不仅是播种前，而是指对种子一生的整个过程中，即包括从种胚的形成、发育到种子成熟收获、加工调制的种子生产过程以及贮藏前及贮藏中直至播种前及播种过程中，人为施加于种子的各种处理。 简言之，凡是在种子一生中任何时期人为施加的各种处理方法均称为种子处理。诸如种子包衣等均可归入种子处理范畴。

1.种子处理

（1）种子处理的目的

种子处理的目的：一是提高种子活力，加速萌发与生长，增强种苗抗逆力；二是破除休眠，促进萌发，提高种用质量；三是改善种子萌发出苗条件，提供各种营养，提高成苗、壮苗率；四是抑制或杀除种传或土传病虫害，防治萌发出苗过程中病、虫、杂草等的危害。

（2）普通种子处理方法

种子处理的方法很多，包括用化学物质、生物因素及物理方法等。处理方法不同，其作用和效果也不尽相同。主要方法有以下几种。

① 温汤浸种　温汤浸种是根据种子的耐热能力常比病菌耐热能力强的特点，用较高温度杀死种子表面和潜伏在种子内部的病菌，并兼有促进种子萌发的作用。进行温汤浸种，应根据各种作物种子的生理特点，严格掌握浸种温度和时间。

② 药剂处理　不同作物的种子上所带病菌不同，处理时应合理选用药物，用药剂浸种或拌种防治病虫，要严格掌握药剂浓度和处理时间。随着内吸杀菌剂的迅速发展，种子消毒的效果和作用大大提高，通过种子处理，不仅可以防治种子内部带菌的病害，而且为防治地上部病害开辟了条新的途径。

③ 生长调节剂处理种子　一般通过休眠期的作物种子，在一定的水分、温度和空气条件下就可以萌发。但由于种种因素的干扰，往往影响种子的发芽，而植物生长调节剂正是通过激发种子内部的酶活性和某些内源激素来抵御这种干扰，促进种子发芽、生根，达到苗齐苗壮。

2.种子包衣技术

目前种子包衣方法主要分为两类：

① 种子丸化（seed pelleting）　这是指利用黏着剂，将杀菌剂、杀虫剂、染料、填充剂等非种子物质黏着在种子外面。通常做成在大小和形状上没有明显差异的球形单粒种子单位。这种包衣方法主要适用小粒花卉种子，如四季海棠、矮牵牛等种子，以利精量播种。因为这种包衣方法在包衣时，加入了填充剂等惰性材料，所以种子的体积和重量都有增加，千粒重也随着增加（图2-1～图2-4）。

② 种子包膜（seed film coating）　这是指利用成膜剂，将杀菌剂、杀虫剂、微肥、染料等非种子物质包裹在种子外面，形成一层薄膜，经包膜后，成为基本上保持原来种子形状的

种子单位。但其大小和重量的变化范围，因种衣剂类型有所变化。一般这种包衣方法适用大粒和中粒种子（图2-5）。

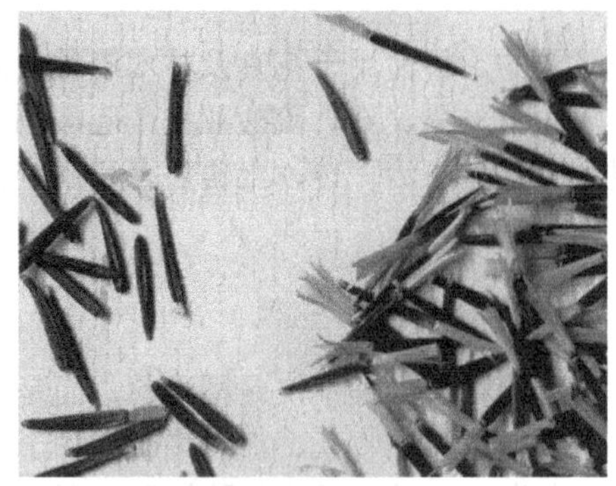
图2-1　孔雀草种子（去尾与不去尾）
（葛红英，2003）

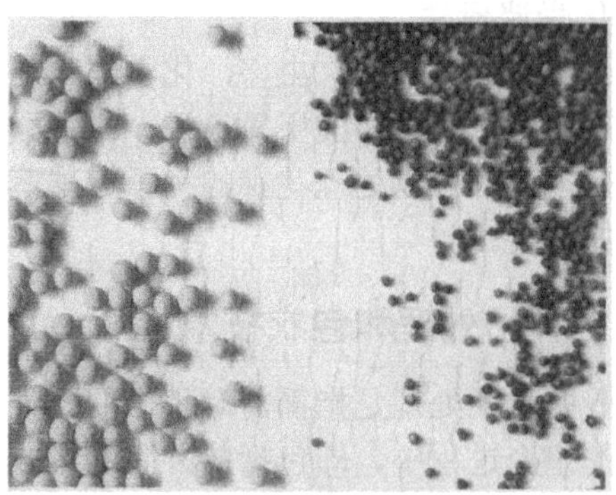
图2-2　矮牵牛包衣与不包衣种子
（葛红英，2003）

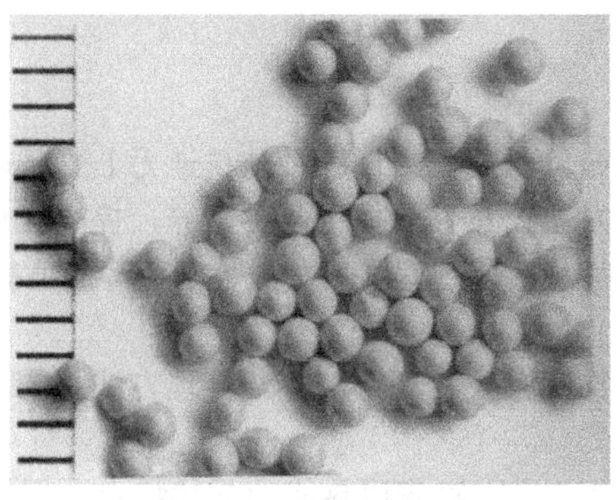
图2-3　四季海棠丸粒化种子
（葛红英，2003）

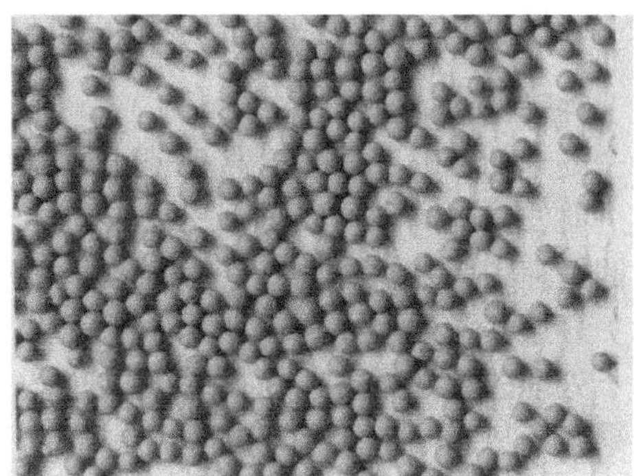
图2-4　六倍利多粒种子包衣
（葛红英，2003）

图2-5　天竺葵种子包膜（葛红英，2003）

四、种子包装

1.种子包装的意义

对清选干燥和精选分级等加工后的种子，加以合理包装，可防止种子混杂、病虫害感染、吸湿回潮，减缓种子劣变，提高种子商品特性，保持种子旺盛活力，保证安全贮藏运输同时便于销售。

2. 种子包装的要求

① 防湿包装的种子必须达到包装所要求的种子含水量和净度等标准，确保种子在包装容器内，在贮藏和运输过程中不变质，保持原有质量和活力。

② 包装容器必须防湿、清洁、无毒、不易破裂、重量轻。种子是一个活的生物有机体，如不防湿包装，在高湿条件下种子会吸湿回潮，有毒气体会伤害种子，而导致种子丧失生活力。

③ 按不同要求确定包装数量。应按不同种类、苗床或大田播种量，不同生产面积等因素，确定适合包装数量，以利使用或方便销售。

④ 有较长保存期限。保存时间长，则要求包装种子水分更低，包装材料好。

⑤ 包装种子贮藏条件。在低湿干燥气候地区，则要求包装条件较低，而在潮湿温暖地区，则要求严格。

⑥ 包装容器外面应加印或粘贴标签纸。写明作物和品种名称、采种年月、种子质量指标资料和高产栽培技术要点等，并最好印上醒目的作物或种子图案，引起种植者的兴趣，以使良种得到较好的销售。

3. 包装材料的种类和性质

目前应用比较普遍的包装材料主要有麻袋、多层纸袋、铁皮罐、聚乙烯铝箔复合袋及聚乙烯袋等。用黄红麻制成的麻袋强度好，透湿容易，可以重复使用，适宜大量种子的包装，但防湿、防虫和防鼠性能差。

金属罐如果封口得当，可以绝对防止受潮，并隔绝气体，防光、防淹水、防有害烟气、防虫、防鼠性能好，并适于高速自动包装和封口，是较适合的少量种子包装容器。

聚乙烯和聚氯乙烯等为多孔型塑料，不能完全防湿。用这种材料所制成的袋和容器，密封在里面的干燥种子会慢慢地吸湿，因此其厚度在0.1mm以上是必要的。但这种防湿包装只有1年左右的有效期。

4. 包装标签

国外种子相关法规要求在种子包装容器上必须附有标签。标签上的内容主要包括种子公司名称、种子名称、种子净度、发芽率、异作物和杂草种子含量、种子处理方法和种子净重或粒数等项目。我国种子工程和种子产业化要求挂牌包装，以加强种子质量管理。

种子标签可挂在麻袋上，或贴在金属容器、纸板箱的外面，也可直接印制在塑料袋、铝锚复合袋及金属容器上，图文醒目，以吸引顾客选购。

5. 包装种子的保存

虽然包装好的种子已具备一定防湿、防虫或防鼠等性能，但仍然会受到高温和潮湿环境的影响加速劣变，所以包好的种子仍须存放在防湿、防虫、防鼠、干燥低温的仓库或场所。按种子种类、种和品种的种子袋分开堆垛。为了便于进行适当通风，种子袋堆垛之间应留有适当的空间。还须做好防火和检查等管理工作，确保已包装种子的安全保存，真正发挥种子包装的优越性。

第三节　园林植物种子储藏

一、种子的贮藏

1. 采收时间

播种繁殖成败的关键在很大程度上决定于种子的生命力，它决定了播种后发芽率的多少和发芽势的强弱。种子的成熟度决定着种子的生命力，因而在采集前首先要鉴定种子的成熟度。种子的成熟有两个指标，即生理成熟和形态成熟。

（1）生理成熟

生理成熟指种子的种胚已经发育成熟，种子内的营养物质积累已基本完成，种子已具有发芽能力。这时的种子含水量较高，种子内的营养物质还处于易溶状态，种皮尚未具备保护种子的能力，这时采收的种子易干瘪，难贮藏，发芽率低。达到生理成熟的种子，没有明显的外部形态标志。

（2）形态成熟

处于形态成熟的种子，往往具有一定的外观特征，种子的种皮变色、变硬，果实则变软、变色、有香味等。生产上多以形态成熟来做为种子成熟的标志，来确定采收时间。这时的种子内部的生化变化已经结束，营养物质的积累已停止并已转化为难溶于水的淀粉、蛋白质等，种子含水量降低，种子处于休眠状态，种皮坚硬，抗逆性增强，种子耐贮藏。

大多数种子生理成熟都是先于形态成熟，也有一些种子如银杏，虽然形态上已成熟，但没有发育完全，其内部的生化活动还在继续，需经过一定时间，种胚才逐渐成熟而具有发芽能力，即所谓后熟作用。大部分种子采收后，经一段后熟作用，可提高种子的质量，提高种子的发芽率。

采收各种种子，必须等到籽粒充分成熟后才能采收。对少数容易爆裂飞散的种子，如凤仙花、三色堇等；容易落入水中的睡莲种子及成熟后易散落的一串红种子等，或套袋、或提前采收以待后熟。在同一株上，应选择早开花枝条所结的种子，其中以生在主干或主枝上的种子为好，对于晚开的花朵及柔弱侧枝上花朵所结的种子，一般不宜留种。

2.采收后处理

种子采收后，往往带有一些杂质，如果皮、果肉、草籽等，不易贮藏，必须经过脱粒、净种、分级、干燥等步骤，才能符合贮藏、运输、商品化的要求。

（1）脱粒

对于干果类种子（如菊科花卉的种子）和球果类（如松柏）可用干燥脱粒法获得，对采收的干果和球果可用人工干燥法和自然干燥法获取种子。对于肉质果类（如茄科、仙人掌类果实）可采用水洗取种法，将果实浸入水中，用木棒冲捣使之与果肉分离，洗净后取出种子，干燥即可。

（2）净种

种子脱粒后，需要净种，清除杂质及瘪种，以提高种子的纯度，常用种子和杂质重量不同、体积不同或比重不同的原理，选用风选、筛选和水选等方法除去种子中含有的杂质。

（3）分级

种子经过净种处理后，应按种子的大小或轻重进行分级，分级用不同孔径的筛子进行筛选分级。对于同一批种子，种子越饱满，出苗率越高，幼苗就越健壮，且出苗整齐。

3.种子的干燥

干燥是种子贮藏工作中的关键性措施。实践证明，经过充分干燥的种子，可以使种子的生命活动大大减弱，使生理代谢作用进行得非常缓慢，从而能较长时期地保持种子的优良品质。不仅如此，在种子进行干燥降水的过程中，还可以促进种子的后熟作用，使种子在贮藏期间更加稳定。另外，还能起到杀虫和抑制微生物的作用。

（1）自然干燥法

这种方法简单、成本低，经济安全，一般情况下种子不易丧失活力，有时往往受到气候条件的限制。晾晒时选择晴朗天气，把种子平摊在晒场上，一般小粒种子厚度不宜超过

3cm，中粒和大粒种子不宜超过10cm。为提高干燥效果，一般每小时翻动一次，翻动要彻底，使底层的水分也能及时散发出去。晾晒干燥后的种子在冷却后应及时入库。

（2）红外线干燥

利用红外线穿透力较强的特点，加热干燥种子具有速度快、质量好等优点，而且成本低、省工省时。

二、种子的贮藏

1.种子的寿命

种子的寿命是指种子的生命力在一定环境条件下能保持的期限。当一个种子群体的发芽率降到50%左右时，那么从收获后到半数种子存活所经历的这段时间，就是该种子群体的寿命，也叫种子的半活期。

种子寿命长短的差异很大，其寿命主要取决于植物本身的遗传特性，还取决于种子形成、成熟过程与休眠贮藏等不同阶段。凡能影响种子新陈代谢过程的一切因素，如气候、土质、水分、肥料、病虫害、收获期，种子的干燥程度及贮藏的条件等，都可直接或间接影响种子生理状况和寿命的长短。

种子在适宜的条件下，其寿命在1年以内的，称为短寿命种子，如非洲菊只有6个月左右；在2～4年之内的称为中寿命种子，如菊花、天人菊；而在5年以上的称为长寿命种子，如满天星、桂竹香、荷花等。一般情况下，在热带及亚热带地区，种子生命力容易丧失，在北方寒冷高燥地区，寿命较长。

种子的寿命和农业生产上的利用年限是密切相关的。当种子的发芽率降到50%以下时，即使发芽表现正常，但实际上生活力衰退。播种成苗率不高或长成不正常的植株，生长势降低，最后影响花的数量及品质。所以经过长期贮藏后，如果发芽率降到50%以下时，不宜作为生产用种。表2-1是常见花坛花卉种子寿命（即有生活力的年限）。

2.贮藏方法

良好的种子贮藏环境是低温干燥，最大限度地降低种子的生理活动，减少种子内的有机物消耗，对于不同的种子采用不同的贮藏方法。

（1）干藏法

适合于含水量低的种子。常用的有普通干藏法和密封干藏法。普通干藏法适用大多数种子，贮藏时应充分干燥，然后装入种子袋中，放在阴凉、通风、干燥的地方，并根据贮藏的环境确定贮藏的地点。密封干藏法对于一些易丧失发芽力的种子（如鹤望兰、非洲菊）可采用密封干藏法贮藏，可将种子置于密闭的容器中，并加入干燥剂，如结合低温贮藏效果更佳，可有效延长种子寿命。

绝大多数草本植物的种子需要干藏，只有少数种类如石蒜属需要沙藏，芡实的种子需要水藏例外。木本植物需要干藏的种子主要有杜鹃花属、枫香属、山桐籽、山茉莉属、领春木属等植物的小粒种子和腊梅、白辛树属、喜树、重阳木属等植物。

（2）湿藏法

湿藏法适用于含水量较高的种子，多用于越冬贮藏，一般将种子与相当种子容量2～3倍湿沙混拌，保持一定湿度，放置在地窖或地下室内，这类方法可有效保持种子的活力，并具有催芽作用，如牡丹、芍药、玉兰、含笑等。另外，有些水生花卉的种子如王莲、睡莲的种子必须贮藏在水中才能保持其发芽力。

大多数木本植物的种子都适用于沙藏。

表2-1 常见花坛花卉种子寿命

花卉名称	拉丁名	寿命/年	花卉名称	拉丁名	寿命/年
蓍草	*Achillea millefolium*	2～3	向日葵	*Helianthus annuus*	3～4
千年菊	*Acrolinium* spp.	2～3	麦秆菊	*Helichrysum bracteatum*	2～3
藿香蓟	*Ageratum conyzoides*	2～3	矾根	*Heuchera sanguinea*	3
麦仙翁	*Agrostemma githago*	3～4	凤仙花	*Impatiens balsamina*	5～8
蜀葵	*Althaea rosea*	3～4	牵牛	*Ipomoea nil*	3
香雪球	*Alyssum maritimum*	3	鸢尾	*Iris tectorum*	2
雁来红	*Amaranthus tricolor*	4～5	地肤	*Kochia scoparia*	2
金鱼草	*Antirrhinum majus*	3～4	五色梅	*Lantana camara*	1
耧斗菜	*Aquiegia vulgaris*	2	香豌豆	*Lathyrus odoratus*	2
南芥菜	*Arabis alaschanica*	2～3	薰衣草	*Lavendula vera*	2
蚤缀	*Arenaria serpyllifolia*	2～3	蛇鞭菊	*Liatris spicata*	2
巴布豆	*Baptisia australis*	3～4	补血草	*Limonium aureum*	2～3
四季海棠	*Begonia fibrousrooted*	2～3	花亚麻	*Linum grandiflorum*	5
雏菊	*Bellis perennis*	2～3	六倍利	*Lobelia chinensis*	4
羽衣甘蓝	*Brassicaoleracea* ar.*acephala*	2	羽扇豆	*Lupinus micranthus*	4～5
布落华丽	*Browallia speciosa*	2～3	剪秋罗	*Lychnis senno*	3～4
蒲包花	*Calaeolaria herbeohybrida*	2～3	千屈菜	*Lythrum salicaria*	2
金盏菊	*Calendula officinalis*	3～4	紫罗兰	*Matthiola incana*	4
翠菊	*Callistephus chinensis*	2	甘菊	*Matricaria chamomilla*	2
风铃草	*Campanula medium*	3	猴面花	*Mimulus luteus*	4
长春花	*Catharanthus roseus*	2	勿忘草	*Mysostis sylvatica*	2～3
美人蕉	*Canna indica*	3～4	龙面花	*Nemesia strumosa*	2～3
鸡冠花	*Celosia cristata*	3～4	花烟草	*Nicotiana alata*	4～5
矢车菊	*Centayrea cyanus*	2～3	黑种草	*Nigella damascena*	3
桂竹香	*Cheiranthus cheiri*	5	虞美人	*Papaver rhoeas*	3～5
瓜叶菊	*Senecio cruentus*	3～4	矮牵牛	*Petunia hybrida*	3～5
醉蝶花	*Cleome spinosa*	2～3	福禄考	*Phlox drummondii*	1
山字草	*Clarkia elegans*	2～3	酸浆	*Physalis alkekengi*	4～5
波斯菊	*Cosmos bipinnatus*	3～4	桔梗	*Platycodon grandiflorus*	2～3
蛇目菊	*Coreopsis tinctoria*	3～4	半支莲	*Portulaca grandiflora*	3～4
火星花	*Crocosmia pottsii*	1	报春花	*Primula malacoides*	2～5
大丽花	*Dahlia pinnata*	5	除虫菊	*Pyrethrum cinerariaefolium*	4
飞燕草	*Delphinium ajacis*	1	茑萝	*Quamoclit pennata*	4～5
石竹	*Dianhtus chinensis*	3～5	一串红	*Salvia splendens*	1～4
毛地黄	*Digitalis purpurea*	2～3	轮锋菊	*Scabiosa atropurpurea*	2～3
异果菊	*Dimorphotheca sinuate*	2	万寿菊	*Tagetes erecta*	4
扁豆	*Dolichos lablab*	3	夏堇	*Torenia fournieri*	2～5
花菱草	*Eschscholzia californica*	2	金莲花	*Tropaeolum majus*	3～5
天人菊	*Gaillardia pulchella*	2	美女樱	*Verbena hybrida*	2
非洲菊	*Gerbera jamesonii*	1	三色堇	*Viola tricolor*	2
古代稀	*Godetia amoena*	3～4	百日草	*Zinnia elegans*	3
满天星	*Gypsophila elegans*	5	千日红	*Gomphrena globosa*	3～5

（3）其他贮藏方法

① 种子超低温贮藏　种子超低温贮藏是指利用液态氮（−196℃）为冷源，将种子等生物材料置于超低温下（−196℃），使其新陈代谢活动处于基本停止状态，而达到长期保持种子寿命的贮藏方法。在如此低温下，原生质、细胞、组织、器官或种子代谢过程基本停止并处于“生机暂停”的状态，大大减少或停止了与代谢有关的劣变，从而为“无限期”保存创造了条件。

入液氮保存的种子不需要特别干燥，只需确定适宜的含水量范围，一般收获后，常规干燥种子即可，也能省去种子的活力监测和繁殖更新，是一种省事、省工、省费用的种子低温保存新技术，适合于长期保存珍贵稀有种质。

② 种子超干贮藏　也称为超低含水量贮存，是指种子水分降至5% 以下，密封后在室温条件下或稍微降温的条件下贮存种子的一种方法。常用于种质资源保存和育种材料的保存。

种子超干贮存大大节省了制冷费用，节省能耗，有很大的经济意义和潜在的实用价值。由于种子超干贮存研究时间不长，其操作技术、适用作物、不同作物种子的超干含水量确切临界值，以及干燥损伤、吸胀损伤、遗传稳定性等诸多问题都有待于深入研究，以便使这一方法尽早付与实际应用。从目前情况看，实用技术的研究走在了基础理论研究的前面，因此，基础理论方面的原理探讨有待于深入。

第四节　种子的品质检验

种子检验的最终目的就是测定种子批次的种用价值，使劣质种子的威胁降低到最低限度，防止伪劣种子上市，确保并提高种子质量，促进农业生产的发展和产量的不断提高。

一、优良种子特征

种子是园林植物栽培的最基础材料，优良种子是园林植物栽培成功的重要保证，品质恶劣的种子常导致生产失败。种子的质量是由种性和种质两方面决定的。

① 发育充实大而重　充实而粒大的种子所含养分较多，具有较高的发芽势和发芽率。

② 富有活力　新采收的种子，其发芽率及发芽势均较高，所长出的幼苗，多半生长强健；陈旧的种子，发芽率及发芽势均较低。因而应充分了解不同种子的寿命，确保种子富有生活力。

③ 品种纯正　品种不纯正或品种混杂的种子，虽栽培管理周到，植株生长强健，也无法满足园林植物布置的一定要求，常使栽培工作全部失败。

④ 纯洁、纯净　种子中常混入植株器官的碎片，如核、叶、萼片、果缨以及石块尘土、杂草等夹杂物。这样，在播种时就不易算出准确的播种量。如混入杂草种子时，不仅增加除草工作，而且外来种子还带有引入新杂草种子的危险。

⑤ 无病虫害　种子是传播病害及虫害的重要媒介，种子上常附有各种病菌及虫卵，由引种地区传播至新的地区，因此种子检疫及检验制度的加强是杜绝病虫害从国外传入或在国内地区传播的保证。

二、种子品质检测

1.净度分析

净度分析是测定供检样品不同成分的重量百分率和样品混合物特性，并据此推测种子批的组成。分析时将试验样品分成三种成分：净种子、其他植物种子和杂质，并测定各成分的重量百分率。样品中的所有植物种子和各种杂质，尽可能加以鉴定。

为了便于操作，将其他植物种子的数目测定也归于净度分析项，它主要是用于测定种子批次中是否含有毒或有害种子，用供检样品中的其他植物种子数目来表示，如需鉴定，可按植物分类，鉴定到属。具体分析应符合净度分析的规定。

2.发芽试验

发芽试验是测定种子批的最大发芽潜力，据此可以比较不同种子批的质量，也可估测田间播种价值。发芽试验须用经净度分析后的净种子，在适宜水分和规定的发芽技术条件下进行试验，到幼苗适宜评价阶段后，按结果报告要求检查每个重复，并计数不同类型的幼苗。如需预处理的，应在报告上注明。具体试验方法应符合发芽试验的规定。

3.真实性和品种纯度鉴定

测定送验样品的种子真实性和品种纯度，据此推测种子批的种子真实性和品种纯度。真实性和品种纯度鉴定，可用种子、幼苗或植株。通常，把种子与标准样品的种子进行比较，或将幼苗和植株与同期邻近种植在同环境条件下的同发育阶段的标准样品的幼苗和植株进行比较。

当品种的鉴定性状比较一致时（如自花授粉作物），则对异作物、异品种的种子、幼苗或植株进行计数。当品种的鉴定性状一致性较差时（如异化授粉作物），则对明显的变异株进行计数，并作出总体评价。具体方法应符合真实性和品种纯度鉴定的规定。

4.水分测定

测定送检样品的种子水分，为种子安全贮藏、运输等提供依据。

种子水分测定，必须使种子水分中自由水和束缚水全部除去，同时要尽最大可能减少氧化、分解或其他挥发性物质的损失。具体方法应符合水分测定的规定。

5.其他项目检验

（1）生活力的生化（四唑）测定

在短期内急需了解种子发芽率或当某些样品在发芽末期尚有较多的休眠种子时，可应用生活力的生化法快速估测种子生活力。

生活力测定是应用2,3,5—三苯基氯化四氮唑（简称四唑，TTC）无色溶液作为一种指示剂，这种指示剂被种子活组织吸收后，接受活细胞脱氢酶中的氢，被还原成一种红色的、稳定的、不会扩散的和不溶于水的三苯甲臜。据此，可依据胚和胚乳组织的染色反应来区别有生活力和无生活力的种子。除完全染色的有生活力种子和完全不染色的无生活力种子之外，部分染色种子有无生活力，主要是根据胚和胚乳坏死组织的部位和面积大小来决定，染色颜色深度可判别组织是健全的，还是衰弱的或死亡的。

（2）重量测定（千粒重）

从净种子中取一定数量的种子，称其重量，计算其1000粒种子的重量，并换算成国家种子质量标准规定水分条件下的重量。

（3）种子健康测定

通过种子样品的健康测定，可推知种子批的健康状况，从而比较不同种子批的使用价值，同时可采取措施，弥补发芽试验的不足。根据送验者的要求，测定样品是否存在病原体、害虫，尽可能选用适宜的方法，估计受感染的种子数。已经处理过的种子批，应要求送验者说明处理方式和所用的化学药品。

6.容许误差

容许误差是检验检测结果是否准确、科学，是否符合检测要求的标准工具，是指同一测定项目两次检验结果间或同一试验重复间所容许的最大差距，超过此限度则足以引起对其结果准确性产生质疑，或认为是测定条件差异太大而引起的。

7.结果报告

种子检验结果单是按照GB/T 3543.1-3543.7 进行扦样与检测而获得检验结果的一种证书表格。

（1）签发结果报告单的条件

签发结果报告单的机构，除需要作好填报的检验事项外，还要该机构目前从事这项工作，并按GB/T 3543.1-3543.7的要求进行扦样检验。

（2）结果报告

检验项目结束后，检验结果应按GB/T 3543.1-3543.7 中的结果计算，和按结果报告的相关规定填报种子检验结果报告单（表2-2）。如果某些项目没有测定，而结果报告单上是空白的，那么应在这些空白格内填上“未检验”字样。

（3）完整的结果报告单须有的报告内容

签发站名称，扦样及封缄单位的名称，种子批的正式记号及印章；来样数量、代表数量；扦样日期；检验站收到样品日期；样品编号；检验项目；检验日期。结果报告单不得涂改（表2-2）。

表2-2　种子检验结果报告单

<table>
<tr><td>送验单位</td><td colspan="3"></td><td>产地</td><td colspan="2"></td></tr>
<tr><td>作物名称</td><td colspan="3"></td><td>代表数量</td><td colspan="2"></td></tr>
<tr><td>品种名称</td><td colspan="6"></td></tr>
<tr><td rowspan="3">净度分析</td><td>净种子/%</td><td colspan="3">其他植物种子/%</td><td colspan="2">杂质/%</td></tr>
<tr><td></td><td colspan="3"></td><td colspan="2"></td></tr>
<tr><td colspan="6">其他植物种子的种类和数目：
杂质的种类：</td></tr>
<tr><td rowspan="3">发芽试验</td><td>正常幼苗/%</td><td>硬实/%</td><td colspan="2">新鲜不发芽种子/%</td><td>不正常幼苗/%</td><td>死种子/%</td></tr>
<tr><td></td><td></td><td colspan="2"></td><td></td><td></td></tr>
<tr><td colspan="6">发芽床：________　温度：________　试验持续时间：________
发芽前处理和方法：________________________________</td></tr>
<tr><td>纯度</td><td colspan="6">试验方法：　　　　品种纯度：　　%　　　田间鉴定：</td></tr>
<tr><td>水分</td><td colspan="6"></td></tr>
<tr><td>其他测定项目</td><td colspan="6">生活力________　重量（千粒）______g
健康状况：</td></tr>
</table>

检验单位（盖章）：　　　　　　　　　　　　检验员（技术负责人）：　复核员：

填报日期：　　年　月　日

第五节　园林植物种子催芽

种子催芽是解除种子休眠和促进种子发芽的措施，通过催芽解除种子休眠，使种子适时出苗，出苗整齐，提高发芽率和提高成苗率，减少播量，提高苗木的产量和质量。

一、种子发芽的条件

1.水分

种子必须吸收一定量的水分才能萌发。水分是发芽的首要条件，只有有了水分，才能使种子膨胀，种皮破裂，使种子内的水解酶类激活，必须提供充足的水分，使种皮湿润，当种子吸水后，种仁内发生一系列化学变化，使种子内的营养物质从不溶解状态变为溶解状态，使淀粉、蛋白质在酶的作用下转化为糖和氨基酸，并被种子内的胚根、胚芽和子叶吸收利用而生长。

2.温度

温度对种子萌发的影响很大，种子内部的生理生化作用，是在一定的温度下进行的。种子萌发也有“三基点”温度、即最高温度、最低温度和最适温度。种子在最高温度和最低温度范围之外容易失去发芽力，过高温使种子变性，过低温度使种子遭受冻害。

种子内部营养物质的分解与转化过程，都需要一定的温度，每一种园林植物的种子，都有其生长发育的适温，这是该物种在进化演变过程中形成的一种生理要求。温度过低或过高，都会对种子造成伤害，甚至腐烂死亡。一般春播要求20～25℃，秋播要求15～20℃，热带为25～30℃。播种时，土壤的温度最好保持相对的稳定，变化幅度不宜太大，但一些仙人掌类植物适宜用大温差育苗。

① 变温处理种子　可以激发种子内水解酶的活性，有利于种子内营养物质的转化，使贮藏性物质转化为结构性物质；变温还可使种皮因胀缩而破裂，利于种子的气体交换，促进萌发。

② 变温处理种球　球茎类花卉用变温处理种球，可以促进球茎类花卉的花芽分化，可以促进根系发育健壮，茎叶生长健壮，还可以调控开花期。如唐菖蒲子球栽植前2天，用32℃水浸种，去掉漂浮球，然后用53～55℃的药液（100g苯菌特+180g克菌丹）浸种30min，用凉水冲洗10min至2～4℃备用；要使郁金香在12月开花，在6月收获后，置34℃条件下1周，然后放在17～20℃的条件下促进花芽分化，直到8月中、下旬，把温度改为7～9℃的条件下贮藏6周。

③ 变温处理植株的营养体　可以打破有些植物的生理休眠。如满天星（霞草）的自然花期为5～9月，在冬季的低温和短日照条件下，满天星的节间不伸长，呈莲座状生长，不能开花，可以通过低温（2～4℃）处理幼苗，可以在冬季及春节前上市。也可以通过低温配合长日照处理（每天给予16h的光照）。

④ 光照　光照条件也对种子的萌发产生一定的影响。

多数种子发芽时对光照不敏感，在光照充足或黑暗条件下均能正常发芽。而少数种子萌发对光非常敏感，需要在需光和黑暗条件下才能发芽。需光才能发芽的有：秋海棠、非洲菊、洋凤仙、洋桔梗、矮牵牛、报春花、金鱼草、莴苣、芹菜、胡萝卜等；要在黑暗的条件下才能发芽的有：仙客来、福禄考、长春花、苋菜、葱、韭菜等。

由于种子萌发所需的水分、氧气、温度等因素是互相联系、互相制约的，如温度可影响水分的吸收，水分可以影响氧气的供应等，所以要调节好水分、温度、氧气三者的关系，以保证种子正常的生理活动。

二、种子催芽的方法及技术

催芽是在浸种的基础上，人工控制适宜的温湿度和供应充足的氧气，使种子露嘴发芽的措施。

1.容易发芽的种子

万寿菊、羽叶茑萝、一些仙人掌类种子都很容易发芽，均可直接进行播种，也可用冷水、温水处理。冷水浸种（0～30℃）12～24h，温水浸种（30～40℃）6～12h，以缩短种子膨胀时间，加快出苗速度。

2.发芽困难的种子

一般的大粒种子发芽困难，如松籽、美人蕉、鹤望兰、荷花等，它们的种皮较厚且坚硬，吸水困难，对这些种子可在浸种前用刀刻伤种皮或磨破种皮。大量处理种子时可用稀硫酸浸泡，用前一定要做好实验，要掌握好时间，种皮刚一变软，立即用清水将种皮的硫酸冲洗干净，防止硫酸烧伤种胚。

3.发芽迟缓的种子

有些种子如珊瑚豆、文竹、君子兰、金银花等，它们出苗非常缓慢，在播种前应进行催芽。催芽前先用温水浸种，待种子膨胀后，平摊在纱布上，然后盖上湿纱布，放入恒温箱内，保持25～30℃的温度，每天用温水连同纱布冲洗1次，待种子萌动后立即播种。

4.需打破休眠的种子

有些种子在休眠时即使给予适宜的水分、温度、氧气等条件，也不能正常发芽，它们必须在低温下度过春化阶段才能发芽开花结果，如桃、杏、荷花、月季、杜鹃、白玉兰等。

对休眠的种子可采用低温层积处理，把花卉种子分层埋入湿润的素沙里，然后放在0～7℃环境下，层积时间因种类而异，一般在六个月左右。如杜鹃、榆叶梅需30～40天，海棠需50～60天，桃、李、梅等需70～90天，腊梅、白玉兰需三个月以上，红松等则在六个月以上。经层积处理后即可取出，筛去沙土，或直接播种，或催芽后再播。

（1）机械擦伤

主要用于种（果）皮不透水、不透气的硬实，通过擦伤种皮处理，改变了种皮的物理性质，增加种皮的透性。常用的工具有：锉刀、锤子、砂纸、石滚等。例如香豌豆在播种前用65℃的温水浸种（温汤浸种），大约有30%的硬实种子在温汤浸种后不吸胀，不发芽。解决的方法是用快刀逐粒划伤种皮（千粒重80g），操作时不要伤到种脐，刻伤后再浸入温水中1～2h即可。

（2）酸碱腐蚀处理

酸碱腐蚀是常用的增加种皮透性的化学方法，把具有坚硬种壳的种子浸在有腐蚀性的酸碱溶液中，经过短时间处理，可使种壳变薄增加透性。常用98%的浓硫酸和氢氧化钠。处理时间是关键，处理得当的种子的表皮为暗淡无光，但又无凸凹不平。95%的硫酸浸泡10～120min，少数种类可以浸泡6h以上；用10%氢氧化钠浸泡24h左右，浸泡后必须要用清水冲洗干净，以防对种胚萌发产生影响。

（3）浸种摧芽

浸种的关键技术首先为水温，可以根据种皮的厚薄，种子的含水量高低确定水温，硬实可采用逐次增温浸种的方法。种子和水的比例以1∶3为宜；浸种时间根据种子大小、内含物而定。一般种皮坚硬透水性差的种类时间可长些，并注意换水。

① 冷水浸种　要求1～2天换一次水，种子坚硬过大的，可用冷水浸种。浸种前可用开水烫种子，并不断搅拌，防止烫伤种子。苦楝浸种5～6天，核桃7～8天，刺槐2～3天，桑树0.5～1天。

② 热水浸种　一般水温在40～45℃时浸种一天，黑松可达白芽期，赤松达红芽，油松要经3～4天才能达红芽，落叶松要2天，侧柏要1天。在水温为60～70℃时，可先用开水，把种子倒入开水中，且边拌边倒，直到60～70℃时，如果搅拌10min温度还降不下来时，可以加凉水。经常检查，如果第二天种子仍为吸胀，可以把种子取出，用60～70℃水浸种。

③ 催芽　常用生豆芽法和混沙层积催芽法。

（4）层积催芽

层积催芽即在一定的时间里，把种子与湿润物混合或分层放置，促进其达到发芽程度的方法。通过层积催芽，可解除休眠；在层积催芽过程中，使种胚经历一个类似春化作用的阶段，为发芽做好准备；整个催芽过程，新陈代谢的总方向和过程与发芽是一致的。大多数林木的种子都需要一定的低温条件（0～10℃），适温2～5℃。

① 高温层积催芽　例如：香雪兰花原基是在种球萌发后才分化，因此休眠期的长短影响开花的时间，将挖起的种球贮藏在28～31℃的条件下经10～13周，栽植时就可以迅速出芽。贮藏在13℃的条件下出现蛹化球，休眠期可达8个月。银杏、冬青、浙贝母、棕榈、人参、毛茛等，可以在15～20℃下贮藏数周至数月。

② 低温（0～5℃）层积催芽　三叶草、苹果、梨等可用这种方法。种粒较大的种子如板栗、桃、核桃、红松等，将种子与湿沙混合分层埋藏于坑中，或混沙放于木箱中或花盆中埋于地下，坑中竖草把，以利通风，混沙量不少于种子的三倍；要经常检查，当有40%～50%的种子开始裂嘴时即可取出播种。如果种子还没有裂嘴时，则可将种子转移到室内温度高的地方沙藏，促进萌动后播种。

③ 变温层积催芽　唐菖蒲、郁金香、大丽花、美人蕉等的种球，可以用变温处理促进花芽分化。

三、种子发芽的过程

种子萌发涉及一系列的生理生化和形态上的变化，并受到周围环境条件的影响。根据一般规律，种子萌发过程可以分为3个阶段（图2-6）。

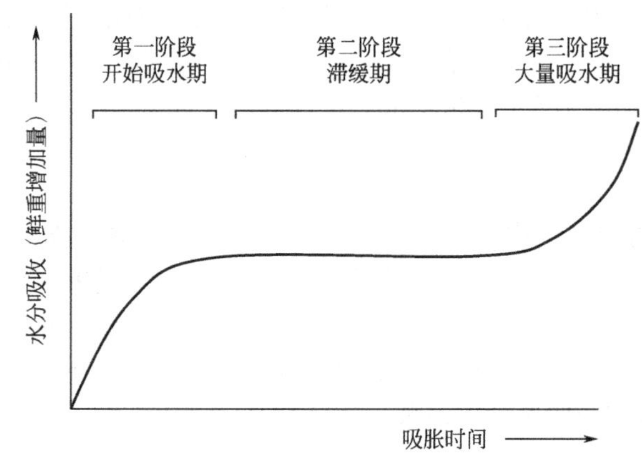

图2-6　种子萌发过程中水分吸收的典型模式（葛红英，2003）

1.吸胀

一般成熟种子在贮藏阶段的水分在8%～10%，在一定的温度、水分和气体等条件下则吸水膨胀，这是种子萌发的起始阶段。种子吸胀作用并非活细胞的一种生理现象，而使胶体吸水体积膨大的物理作用，与种子是否具有活力无很大关系，因此不能作为发芽开始的标志。种子吸胀能力的强弱，主要取决于种子的化学成分。

2.萌动

萌动是种子萌发的第二阶段。有活力的种子在最初吸胀的基础上，种子内部的代谢开始加强，转入一个新的生理状态。这一时期，在生物大分子、细胞器活化和修复基础上种胚细胞恢复生长。当种胚细胞体积过大伸展到一定程度，胚根尖端就突破种皮外伸，这一现象称为种子萌发。种子萌动在农业生产上俗称为“露白”或“露根”，表明胚部组织从种皮裂缝中开始显现出来的状况。种子从吸胀到萌动，其生理状态与休眠期间相比，起了显著的变化。胚部细胞的代谢机能趋向旺盛，而对外界环境条件的反应非常敏感。如遇到环境条件的急剧变化或各种理化因素的刺激，就可能引起生长发育失常或活力下降，会延长萌动时间，严重的会导致不能发芽。

3.发芽

种子萌动以后，种胚细胞开始或加速分裂和分化，生长速度显著加快，当胚根、胚芽伸出种皮并发育到一定程度，就称为发芽。种子处于这一时期，种胚的新陈代谢作用极为旺盛，种子发芽过程中所放出的能量是较多的，其中一部分热量散失到周围土壤或介质中；另一部分成为幼苗顶土和幼根入土的动力。如氧气供应不足，就会引起新陈代谢失调，因缺氧呼吸而产生乙醇，造成胚芽的窒息以至死亡。此外，不饱满的种子本身的营养物质较少，发芽时由于能力的不足而不能将叶子顶出土面，即使出土也是弱苗。

第三章

园林植物播种育苗

播种育苗也称播种繁殖，与种子繁殖、实生繁殖概念相近，同属有性繁殖范畴。播种育苗的原料是种子（含果实），一般情况下以种实量大且获得容易、育苗量大、种子易萌发、繁殖成本低、自然适宜种子繁殖的园林植物育苗为主。为了方便起见，把用于繁殖的材料——形态学上的种子及果实统称为种子或种实，本章以种子统称。园林植物传统上采用播种育苗为主，尤其一、二年生花卉，野生种为主的树木多以播种育苗为主要繁殖方式，是园林植物育苗的主要方式之一。因此，掌握播种育苗技术流程，了解不同植物种类育苗特点，保证育苗环境等环节，是提高出苗率、壮苗率，完成播种育苗工作的技术关键。

第一节　播种前种子的处理

种子经过处理可以促使种子早发芽，出苗整齐。由于园林植物种子在大小、形状、种皮厚度、休眠特点等差异较大，不同类型的种子应采用不同的处理方法。播种前应根据育苗计划做好种子基本特性检验，在确认其品质指标基础上，采取适宜的处理方法，提高种子发芽率、成苗率。

一、种子休眠

种子休眠是指种子由于内因或外界环境条件的影响，而不能立即萌芽的自然现象，是植物为了种的生存，在长期适应严酷环境中形成的一种特性。根据休眠程度，分为被迫休眠和自然休眠。

1. 被迫休眠

一些植物种子成熟后，由于种胚得不到发芽所需的水分、温度、氧气等环境条件而引起的休眠，一旦有了这些条件，就能正常发芽。这类休眠为浅休眠或短期休眠。如杨树、榆树、落叶松等。

2. 自然休眠

也称生理休眠、长期休眠或深休眠。一些植物的种子成熟后，即使给予一定发芽条件也不能正常发芽，需要经过较长时间或经过特殊处理才能发芽，如银杏、红松、金银忍冬、天女木兰、刺槐、相思树等。造成深休眠的原因很多，有的是由于种皮坚硬、致密或具有蜡层、油脂等，不易透水；有的种胚发育不全，需要后熟阶段才能发芽；有的种子外部或内含物有抑制发芽的物质；有的种子具备复杂的休眠机制，因此，有的植物休眠特性和打破休眠技术的研究仍在探索中。

二、种子寿命

种子的寿命是指种子的生命力在一定环境条件下能够保持的时间，多以群体寿命来表示，指一批正常成熟的种子从采收后到一半的种子还具有发芽能力所经历的时间，也称种子的半活期。种子寿命长短主要由植物自身遗传特性决定，同时也与种子成熟度、采收方法、贮藏条件等有关。园林植物的种子寿命差异较大，短的仅数小时，长的则几十年或更长。因不同植物种类差异，把种子寿命分为：短寿命种子、中寿命种子和长寿命种子（表3-1）。

表3-1 常见草本园林植物种子的保存年限

种子寿命/年	园林植物名称
＜1	福禄考、紫菀、非洲菊、射干、飞燕草、五色梅
1～2	报春花、花菱草、三色堇、美女樱、矢车菊、翠菊、蛇鞭菊、蓝刺头、天人菊、长春花、一串红、耧斗菜、泽兰、鸢尾、地肤、薰衣草、百合、千屈菜
2～3	蜀葵、牵牛、金鱼草、旱金莲、醉蝶花、香豌豆、虞美人、中国石竹、菊花、波斯菊、雏菊、万寿菊、麦秆菊、矢车菊、百日草、藿香蓟、风铃草、毛地黄、扁豆、勿忘我、桔梗
3～4	向日葵、桂竹香、蛇目菊、紫罗兰、百日草、矮牵牛、鸡冠花、金盏菊、半枝莲、乌头、美人蕉、古代稀、剪秋萝、猴面花、草本象牙红
4～5	三色苋、桂竹香、大丽花、霞草、花亚麻、羽扇豆、花烟草、酸浆、茑萝
5～6	观赏南瓜、凤仙花

注：摘自赵梁军《园林植物繁殖技术手册》。

① 短寿命种子　种子寿命在3年以内，主要成分为淀粉，易分解，寿命短。因保存时间及方式不同又可细分为三类：一类是保存期仅几天的，需要随采随播，多数是高温的夏季成熟类型，如报春、杨树、柳树等；一类是保存期达几个月的种子，水分含量高，需要保存在湿度较大的环境或采后秋播，失水后发芽力降低或失去，如栗、栎、银杏等；其余是保存期1～3年的种子，这类种子种皮保护较好，多数露地草花属于此类，保存条件好，可以延长寿命，如翠菊、虞美人、一串红、百日草等。

② 中寿命种子　种子寿命在3～15年，种子内主要成分是脂肪、蛋白质，如针叶树的种子，白皮松、红皮云杉、紫杉等的种子。

③ 长寿命种子　种子寿命在15年以上，种子含水量低，种皮紧密，以豆科植物为多，如刺槐、合欢等，以及种皮更为坚硬的莲类、美人蕉属、锦葵科植物等。

三、种子播前处理

种子播前处理有助于种子发芽，出苗整齐，提高出苗率。不同园林植物种子休眠特性、种皮厚度、贮存条件、发芽时间等存在差异，应根据种子特点采取相应的处理措施。生产中种子播前处理通常称为催芽处理，根据种子特点，打破种子休眠，加速种子萌动。

1.浸种处理（water soak）

水分是种子发芽的重要条件之一，通过清水浸种，可以软化种皮，使种子充分吸水膨胀，从水中取出，放温暖处催芽后播种。浸种的水温和时间因园林植物种子特点而不同，容易吸水的采用冷水浸种（0～30℃），浸种时间12～24h；种皮较厚，大型种子采用温水浸种（30～40℃），浸种时间6～12h；部分种皮结构特殊，需要高温及低温结合处理，先高温后低温，高温在45℃以上，也称热水浸种，高温时间根据种皮厚度而变，高温浸种时要不断搅拌，逐渐降温，二者区别及要点见表3-2。清水浸种期间应保持种子完全浸没水中，定期搅拌均匀，气温高于20℃环境下，应每隔12h更换一次清水。

2.物理处理

对于因种皮过厚或密实等障碍造成的种子不发芽，可根据情况采取刻伤、挫伤或打磨种

表3-2　温水浸种和热水浸种对比

温水浸种	热水浸种
将相当于种子5～10倍体积的清水煮开，放置3～5min，直至水温降至30～50℃，将种子放入温水中，继续浸泡12h，之后每隔12h换冷水一次，浸泡1～3天种子膨胀后，取出晾干种皮的水分	将相当于种子5～10倍体积的清水煮开稍加放置，至水温降至77～95℃，将种子放入热水中（77～95℃），再很快取出放入4～5倍的凉水中降温，将种子在冷水中继续浸泡12～24h，将已膨胀的种子取出，余下种子重复以上过程，直至大多数种子膨胀为止

皮等措施，主要处理外种皮，破伤种皮，不能伤及内种皮或胚，以改善水分及氧气透性进入种子内部为准。适用的种子有山楂、刺槐、皂角、木兰、油橄榄、厚朴、荷花、美人蕉等。

3.酸碱处理

对一些种皮覆有蜡质、过于坚硬、致密的种子，采用强酸或强碱物质腐蚀，改善种皮透性，有利于水分和氧气进入，从而破除休眠，促进种子发芽的措施。酸处理主要针对种皮具有蜡质或油脂层的种子，酸蚀时要掌握好浓度、时间，防止损伤种胚，处理后要用清水冲洗浸泡，去除酸对胚的危害。如用70%的硫酸处理种皮薄的种子，用95%浓硫酸处理种皮厚的种子，一般浸泡时间为10～30min。碱处理是采用碱性溶液或一些氧化剂、含氮化合物等，如氢氧化钠（浓度10%）、苏打水、次氯酸盐和过氧化物等处理樟树、槭树、乌桕、花楸等种子。浸泡时间长短依不同种子而定，浸后的种子必须用清水冲洗干净。

4.层积处理

将种子清洗干净，与含水分15%左右的河沙按1∶3体积比混合或分层放置，放置在0～10℃环境中贮藏1～4个月，期间应保持沙湿润，定期检查种子是否有霉变、发芽等现象，播种前置于高温环境中催芽，能有效解除休眠，提高种子发芽率。适合于发芽困难、深休眠、种子需要在湿度较大环境中储存的种子，如红松、核桃、银杏、射干、荷花、牡丹、芍药等。

5.其他处理

对于那些受激素抑制造成休眠的种子，可以采用赤霉素、6-BA、NAA、2，4-D等处理，改善激素平衡，解除休眠，促进发芽。一般经过清水浸种处理后采用激素处理效果好，处理时需要掌握激素浓度、处理时间等环节。此外，实验证明，采用X射线、激光、超声波、磁化水、红外线等方法处理种子，利于打破休眠，有促进种皮吸水透气的效果。

6.消毒处理

无论哪种种子，在处理前后、播种前都要进行种子杀菌消毒处理，防止杂菌侵染种胚，杀灭病虫害，防治种传、土传有害生物。常用高锰酸钾0.2%～0.5%溶液浸泡红松、樟子松、水曲柳、榆叶梅等种子，浸泡时间0.5～2h。对于不需浸种的草花种子，在干燥条件下药剂拌种处理，可有效防治苗期病虫害。经过其他方法处理的种子，可以结合其他方法或单独处理，要掌握好使用浓度、时间，防止药害。

第二节　常规种苗播种技术

一、播种时期

播种时期是指播种的所属季节和具体时间，因园林植物生长发育特性而定，因育苗目的而定，因育苗环境和设施条件而定。播种时期对苗木培育技术措施选择、苗木出售等影响较大。此外，播种时期也要与种子寿命、播前处理情况、外界环境条件等密切相关。如果环境适合一年四季均可播种，由于植物种类和生长发育规律不同，一般以春季播种为主，但具体时间应根据当地的土壤、气候条件以及种子特性来确定，草本类以春、夏播种为主，木本类园林植物以春、秋播种为多。多年生的草本、木本花卉一般春秋播，温室花卉的播种期常随所需的花期而定，没有严格的季节性。早春花期的瓜叶菊、报春类、蒲苞花一般秋播，其它的可春播。原产热带和亚热带的许多花卉，种子含水分多，生命力弱，经干燥或贮藏会使发芽力丧失，这类种子宜随采随播，如朱顶红、马蹄莲、君子兰等（表3-3）。

表3-3　常见园林植物播种适宜时期

名称	播种期	名称	播种期
半枝莲	4～5月	一串红	3～4月
三色堇	9月	紫茉莉	4～5月
万寿菊	3～4月	美女樱	4月或9月
金鱼草	9月	羽衣甘蓝	8月
金盏菊	9月	银杏	4～5月
虞美人	9～10月	红皮云杉	4～5月
凤仙花	3～5月	牡丹	8～9月
矮牵牛	4～5月	油松	4～5月
福禄考	3月或9月	白蜡	4～5月
雏菊	9～10月	紫丁香	4～5月
紫罗兰	9月	合欢	4～5月
波斯菊	9～10月	榆树	5～6月
千日红	4～5月	柳树	4～5月
鸡冠花	4～5月	栾树	3～4月

二、播种方法

园林植物播种育苗的方式因植物类别有所差异，园林树木多采用室外圃地育苗，园林花卉多采用室内育苗，草坪采用直播育苗建坪。

1.播种类型

根据播种床圃及育苗程序，又分为床播（地播）、盆播（容器播、盘播）、直播等类型。

① 床播　是指在苗圃地选择地势平坦、避风向阳、排水良好的地块，或室内专用的苗床进行播种的方法。首先做好苗床，苗床宽度在1m左右，根据需要调整宽度和长度；苗床高度分为高床（15～20cm）、平床（0～5cm）、低床（深5～15cm）（图3-1）。无论室内或室外应用，根据气候条件和播种物种选择播床类型。苗床需认真配制培养土，培养土应富含有机质，疏松、透气、细致、无毒无菌，厚度在15cm左右。苗床备好后，浇透底水，准备播种、覆盖材料。

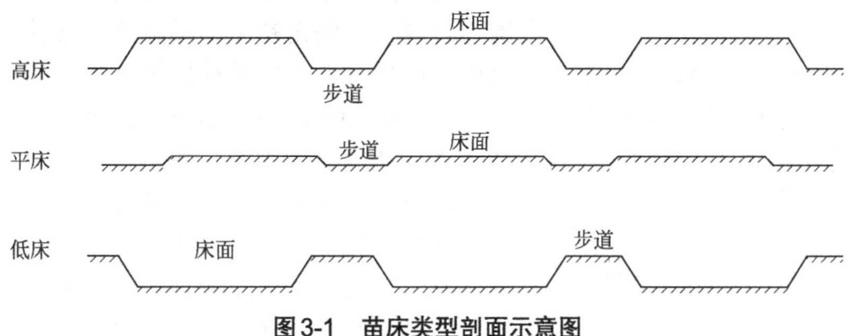

图3-1　苗床类型剖面示意图

② 盆播　选用花盆、花盘、木箱、育苗盘等容器进行播种的方法。适合管理精细、种子细小、播种量少或珍贵种子的花木，移动方便，利于调节环境条件。容器深度在10cm左右为好，提前配制好基质，基质要疏松透气，无菌无毒。播种前要做好消毒处理，覆盖土提前配制好备用。盆播的播种面不能过深，防止光照不足，尽量使播种面盖土后基本与盆沿接近，略低于1cm左右。

③ 直播　直播是将种子直接播种到应用地点而不再移栽的方法。主要适合露地花木，尤其宿根类草花、耐粗放管理的花木等。根据成株的大小确定播种密度，适当多播一些种子，出苗后间苗。直播出苗环境变化大，但出苗后生长健壮，适合直根类花卉、不耐移栽花卉，如：牵牛花、虞美人、高山积雪、翠菊、波斯菊、黑心菊、金光菊、紫茉莉、孔雀草、尾穗苋、观赏向日葵等，也适合榆树、核桃楸、蒙古栎等。苗圃生产中，垄作也常采用直播方式，培育生长较快的落叶乔木，如杨树、柳树、榆树等。

2.播种基质

也称育苗土或培养土，是供给苗木生长所需水分、养分和空气的基础，一般要求培养土疏松、肥沃、透气、保肥保水、无毒无菌、细致等条件。常规的以优质田土为材料，加入草炭、熟木屑、熟马粪、牛粪、腐叶土等有机物质，黏度大的田土应加入细沙或水洗过的粉炉灰等无机颗粒物，播种前对原材料及苗床土消毒处理。播种苗床厚度一般要求15～20cm，颗粒大小一致，颗粒直径在0.5cm以下，混拌均匀，床面平整，适度镇压或灌水沉实。

3.播种方法

以种子大小、幼苗生长习性和苗床类型，选择具体播种方法，一般播种方法分为撒播、条播、点播（图3-2）。

撒播　　条播　　点播

图3-2　播种方法示意图

① 撒播（broadcast）　适用于播种量较大的小粒种子，播种时将种子均匀撒在播种床面上，种粒过于细小的应拌沙或细土，分次均匀播撒。撒播可以充分利用土地，苗木分布较均匀，单位面积产苗量较高，但往往存在着用种量大、间苗费工、通风透光条件差、苗木易产生分化、抚育管理不便等缺点。在苗床上进行撒播时，为使播种均匀，播种前可将种子按苗床数等量分开，再依次播在相应苗床上，播时先将90%的种子播下，其余部分作添补用。撒播时不可离床面太高，以免种粒被风吹落床外或造成分布不均。为使种子与土壤接触，在播种前应将苗床表面适当压实，如土壤干燥，播种前适当浇水，使土壤湿润。

② 条播（drilling）　在苗床上按一定行距将种子均匀地播在播种沟内的方法。条播是苗木生产上应用较多的方法，适用于中、小粒种子。由于有一定的行距，苗木受光均匀，通风良好，在苗木生长过程中便于在行间进行土壤管理和苗木抚育和保护等作业，因此，苗木生

长健壮。由于单位面积苗木产量较撒播低，苗木质量高，用种量小，能节省种子，适于机械操作，节约劳力。条播的行距与播幅（播种沟的宽度），根据苗木的生长速度、根系特点、留床培育年限长短，以及管理水平而定。采用机械作业时，则要与所用机具相适应。通常采用单行条播，行距为20～25cm，播幅2～5cm。为了克服条播产苗量低的缺点，有些生长较缓慢的针叶树种，小粒种子可采用宽幅条播的方法，将播幅加宽到10～15cm，可以克服条播和撒播的缺点。手工操作时，播种行的方向一般与苗床短边平行，即进行横行条播，如果使用机械进行播种，则可与苗床长边平行，采用纵行条播。

③ 点播（spaced sowing） 按一定株行距将种子播在播种穴内的方法。主要适用于大粒种子，以及一些较珍贵且数量较少的园林植物，如银杏、核桃、七叶树、紫茉莉、牡丹、天女木兰等。点播方法成苗率高，在苗木生长过程中不用进行间苗。为了保证每株苗木有大致相同的营养面积，在播种时，种粒间距离应规范一致。点播的行距与株距，应根据树种特性和留床培育年限来决定，株距一般为6～15cm，行距20～35cm。播种时，种子应横放于播种沟中，且要使发芽孔朝同一方向，这样有利于种子发芽和幼苗出土，并使株距大体保持相等。

4.播种密度

苗木密度是单位面积（或单位长度）上苗木的数量，它对苗木的产量和质量起着重要的作用。苗木过密，每株苗木的营养面积小，苗木通风不好，光照不足，降低了苗木的光合作用，表现在苗木上为苗木细弱，叶量少，根系不发达，侧根少，干物质质量小，顶芽不饱满，易受病虫危害，移植成活率低等不良症状。同理当苗木过稀时，不仅不能保证单位面积的种苗产量，而且苗间空地过大，土地利用率低，易滋生杂草，增加土壤水分和氧分的消耗，给管理工作造成麻烦。因此，确定合理的苗木密度非常重要，合理的密度可以克服由于种苗过密或过稀出现的缺点，保证每株苗在生长发育健壮的基础上获得单位面积（或单位长度）上最大限度的产苗量，从而获得种苗的优质高产。

确定苗木密度要依据树种的生物学特性、生长的快慢、圃地的环境条件、育苗的年限以及育苗的技术要求等。此外要考虑育苗所使用的机器、机具的规格，来确定株行距。苗木密度的大小，取决于株行距，尤其是行距的大小。播种苗床一般行距为8～25cm，大田育苗一般为50～80cm。行距过小不利于通风透光，也不便于管理。

苗木适宜密度直接影响播种量，播种量是单位面积上播种的数量。播种量确定的原则，就是用最少的种子，达到最大的产苗量。播种量一定要计算准确，偏多会造成种子浪费，出苗过密，间苗费工，增加育苗成本；播种量太少，产苗量低。因此，为了掌握好播种量，要科学地计算。具体每种园林植物播种量与产苗量情况参见表3-4。

表3-4 常见园林树木播种量与产苗量

树种	100m^{2}播种量/kg	100m^{2}产苗量/株	播种方式
油松	10～12.5	10000～15000	高床撒播或垄播
白皮松	17.5～20	8000～10000	高床撒播或垄播
侧柏	2.0～2.5	3000～5000	高垄或低床条播
桧柏	2.5～3.0	3000～5000	低床条播
云杉	2.0～3.0	15000～20000	高床条播
银杏	7.5	1500～2000	低床条播或点播
紫椴	5.0～10	1200～1500	高垄或低床条播
榆叶梅	2.5～5.0	1200～1500	高垄或低床条播
国槐	2.5～5.0	1200～1500	高垄条播
刺槐	1.5～2.5	800～1000	高垄条播
合欢	2.0～2.5	1000～1200	高垄条播

续表

树种	100m² 播种量/kg	100m² 产苗量/株	播种方式
元宝枫	2.5 ～ 3.0	1200 ～ 1500	高垄条播
小叶白蜡	1.5 ～ 2.0	1200 ～ 1500	高垄条播
臭椿	1.5 ～ 2.5	600 ～ 800	高垄条播
香椿	0.5 ～ 1.0	1200 ～ 1500	高垄条播
茶条槭	1.5 ～ 2.0	1200 ～ 1500	高垄条播
栾树	5.0 ～ 7.5	1000 ～ 1200	高垄条播
青桐	3.0 ～ 5.0	1200 ～ 1500	高垄条播
山桃	10 ～ 12.5	1200 ～ 1500	高垄条播
山杏	10 ～ 12.5	1200 ～ 1500	高垄条播
海棠	1.5 ～ 2.0	1500 ～ 2000	高垄或低床两行条播
贴梗海棠	1.5 ～ 2.0	1200 ～ 1500	高垄或低床条播

计算播种量的依据为：

① 单位面积（或单位长度）的产苗量；

② 种子品质指标：种子纯度（净度）、千粒重、发芽势；

③ 种苗的损耗系数。

播种量可按下列公式计算：

$$X=C\times\frac{AW}{PG\times1000^2}$$

式中 X——单位长度（或单位面积）实际所需的播种量，kg；

A——单位长度（或面积）的产苗数；

W——千粒种子的重量，g；

P——净度；

G——发芽势；

1000^2——常数；

C——损耗系数。

C值因树种、圃地的环境条件及育苗的技术水平而异，同一树种，在不同条件下的具体数值可能不同，各地可通过试验来确定。C值的变化范围大致如下：

a. 用于大粒种子（千粒重在700g以上），$C=1$；

b. 用于中、小粒种子（千粒重为3～700g），$1<C<2$，如油松种子；

c. 用于小粒种子（千粒重在3g以下），$C=10\sim20$，如杨树种子。

例如，生产1年生油松播种苗1hm²，每平方米（m²）计划产苗量500株，种子纯度为95%，发芽率为90%，千粒重为37g，其所需种子量为：

$$每平方米播种量=\frac{500\times37}{0.95\times0.90\times1000}=0.0216\text{（kg）}$$

采用床播1hm²的有效作业面积约为6000m²，则1hm²地的播种量为：0.0216×6000=129.6（kg）。

这是计算出的理论数字，从生产实际出发应再加上一定的损耗，如C=1.5，则生产1hm²油松共需用种子200kg左右。

5. 覆土厚度

播种后应及时覆土，以免播种沟内的土壤和种子失水干燥。覆土材料对种子场圃发芽率有很大影响，土壤较疏松的圃地可以就地取材，用床土覆盖；土质黏重的床土，需要准备疏松的沙壤土、腐殖质土覆盖。小面积播种，可选用充分腐熟的马粪或草炭覆盖，不仅可保蓄水分，而且能提高地温，增加土壤肥力，有利于种子发芽、幼苗出土和生长。

开沟深度、播种深度或覆土厚度与种子发芽和幼苗出土有密切关系。覆土过薄，种子容易暴露，得不到发芽所需的水分，而且易受风吹、干旱、鸟、兽、虫等危害；而覆土过厚，则因土壤深层氧气缺乏，温度偏低，不利种子发芽，或者发芽后的幼苗出土困难。覆土厚度一般为种子厚度的2～3倍。在确定具体覆土厚度时，必须考虑种粒大小、发芽特性、当地的气候条件、圃地的土壤性质、播种季节、覆土材料和是否覆盖等条件。对于微小粒种子，如杨、柳、泡桐等采用拌沙或拌土播种，或撒播后覆盖薄层土，以见不到种子为准。杉木、马尾松等小粒种子以0.5～1.0cm为宜，樟树、枫杨等中粒种子为1.5～2.5cm。子叶出土的豆科树种以及针叶树种，覆土应较子叶不出土的树种薄些。此外，黏重的土壤由于机械阻力大，种子发芽出土比较困难，覆土应较疏松土壤薄一些，秋播的种子在土壤中时间较久，且土壤水分不易控制，种子易受鸟兽等害，覆土应比春播适当加厚。因为覆土厚度能调节幼苗出土时间，所以在晚霜危害严重地区，秋播时为了避免幼苗过早出土遭受霜害，覆土也应该适当厚些，管理细致的比无灌溉条件的可适当薄些。覆土不仅要厚度适当，而且要均匀一致，否则幼苗出土参差不齐，形成苗木分化，影响苗木产量和质量。

6.覆盖

覆盖是选用稻草、麦秆、芒萁、松针、腐熟马粪、锯木屑、稻壳、薄草帘等轻软材料，在播种床面上覆盖一层保护物的苗木生产工序。覆盖可减少蒸发，保蓄土壤水分，减少灌溉次数，并能防止土壤表面形成硬壳，抑制杂草生长，冬季有防冻害和鸟害的作用。播种小粒或细粒种子，覆土后应立即进行覆盖。大粒种子一般不必覆盖，但如果播后种子发芽缓慢，要很久才出土的也需覆盖。覆盖厚度取决于所用的材料、播种季节和当地气候条件，一般以似露不露床面为度。当幼苗开始出土时，覆盖物要及时分2～3次揭除，以免引起幼苗黄化或弯曲，形成所谓“高脚苗”。条播的可将覆盖物移至行间，以减少苗床水分蒸发和抑制杂草生长。如用谷壳、锯屑、松针等细碎的覆盖材料，对幼苗出土无妨碍的可不必揭除。为了避免幼苗不适应覆盖物揭除后的环境突变，揭除最好在阴天或傍晚进行。为了提高地温，减少水分蒸发，采用塑料薄膜覆盖逐渐成为流行的育苗覆盖形式，在覆盖过程中，要注意苗床土壤温度的变化，当土温超过28℃时要适当通风或在薄膜上覆盖草帘降温，在幼苗出齐后应立即撤除薄膜。

三、播种后幼苗管理

苗期管理是从播种后幼苗出土，一直到秋冬季苗木生长结束为止，对苗木及土壤进行的管理，一般包括浇水与排水、遮阴、间苗、截根、施肥、中耕、除草、病虫防治等工作。不同生长阶段技术措施的应用效果，对苗木的质量和产量有着直接的影响，因此必须要根据各时期苗木生长的特点，采用合适的技术措施，以便使苗木达到速生丰产的效果。

1.灌水与排水

在幼苗管理中灌水和排水是同等重要的，两者缺一不可。土壤水分在种子萌发和苗木生长发育的全过程中都具有重要的作用，土壤中有机物的分解速度与土壤水分有关；根系从土壤吸收矿质营养时，必须先溶于水；植物的蒸腾作用需要水；同时水分对根系生长的影响也很大，水分不足则苗根生长细长，水分适宜则吸收根多。因此水分是壮苗丰产的必要条件之一。特别是重黏土壤、地下水位高的地区、低洼地、盐碱地等，灌水和排水设备配套工程尤为重要。

（1）灌水

灌水与排水直接影响苗木的成活、生长和发育，灌水也称浇水、灌溉、给水、供水等，是培育苗木的重要环节。种子只有在适度湿润的土壤中才能发芽，因此播种地必须保持湿润，如果土壤干燥时，就应灌溉，特别是经过催芽的种子，更要及时浇水。

灌溉次数和灌溉水量需根据覆盖物的有无、树种、天气情况和覆土厚度来确定。有覆盖物的次数可少些，细小粒种子需少量、均匀、多次地进行灌溉，以保持土壤湿润状态，覆土厚、种粒大的不必常常灌溉。

不同的树种生物学特性不同，喜湿的树种如杨、柳树可多灌水。对同一树种，不同的生长时期需水量也不同，一般在出苗期和幼苗期需水量虽不多，但比较敏感，因此灌水量宜少但灌溉次数应多；在速生期，苗木茎叶急剧生长，茎叶的蒸腾量大，对水的吸收量也大，因此灌水量宜大且次数多；对生长后期的苗木，要减少灌水，控制水分，防止苗木徒长，促进木质化。

灌水采用侧方灌水、畦灌、喷灌、滴灌等方法。

① 侧方灌水　一般用于高床和高垄，水从侧面渗入床内或垄中。这种灌水方法不易使床面或垄面产生板结，灌水后土壤仍保持通透性能，有利于苗木出土和幼苗生长，灌水省工但耗水量大。

② 畦灌　也称漫灌，一般用于低床或平垄，灌水时要防止淹没苗木叶子。灌水操作简易，缺点是水渠占地多，灌水速度慢，灌后易造成土壤板结，用水量大，不易控制灌水量等。

③ 喷灌　采用水泵或高差增加水压，通过喷头把水喷射到苗木上的浇水方式，目前在苗圃应用较多。它的主要优点是省水、便于控制水量、工作效率高、灌溉均匀、节省劳力，不仅在地势平坦的地区可采用，在地形稍有不平的地方也可较均匀地进行喷灌。但要注意在播种区水滴应细小，防止将幼苗砸倒、根系冲出土面或泥土溅起，污染叶面，妨碍光合作用的进行。

④ 滴灌　通过管道把水滴到苗床上的给水方法。滴灌比喷灌的优点多，节水、不破坏土壤结构、土壤表层不结壳，利于种子发芽出苗。但因设备复杂，投资较高，在露天粗放管理苗圃中较少使用，适合精细管理的苗圃。

（2）排水

排水在育苗工作中与灌水有着同等的作用，不容忽视。排水主要指排除因大雨或暴雨造成的苗区积水，在地下水位偏低、盐碱地区，排水工作还有降低地下水位、减轻盐害或抑制盐分上升的作用。

排水工作应注意以下几个问题：

① 苗圃必须建立完整的排水系统，苗圃的每个作业区、每方地都应有排水沟，使沟沟相连，一直通到总排水沟，将积水全部排出圃地；

② 对不耐湿的品种，如臭椿、合欢、刺槐等可采用高垄或高床作业，在排水不畅的地块应增加田间排水沟；

③ 雨季到来之前应整修、清理排水沟，使水流畅通，雨季应有专人负责排水工作，及时疏通圃地内的积水，做到雨后田间不积水。

2.施肥

幼苗期施肥是保证苗木生长健壮的重要措施，施肥不当会引起苗木徒长、畸形等发育不良症状。要根据不同的树种，不同的生长期，确定所需的肥料种类和施肥量，做到具体问题，具体分析。

（1）选择合适的肥料的种类

苗圃使用的肥料多种多样，概括起来可分为有机肥料、无机肥料和生物肥料。

① 有机肥料　苗圃常用的有机肥有人粪尿、厩肥、堆肥、泥炭肥料、森林腐殖质肥料、

绿肥以及饼肥等。有机肥料能提供苗木所必需的营养元素，属于完全肥料，它肥效长，能改善土壤的理化性质，促进土壤微生物的活动，可发挥土壤的潜在肥力。

② 无机肥料　常用的无机肥料以氮肥、磷肥、钾肥三大类为主，此外还有铁、硼、硫等微量元素肥料。无机肥料易溶于水，肥效快，易于被苗木吸收利用。无机肥料的肥分单一，对土壤的改良作用远不如有机肥料。连年单纯地使用无机肥，易造成苗圃土壤板结、坚硬。有机肥为迟效性完全肥料，无机肥为速效性肥料，二者配合使用可取长补短，充分发挥肥效，提高土壤肥力，减少土质恶化。因此，有机肥与无机肥配合使用最佳。

某些新型肥料，如缓释肥、控释肥是把无机肥料进行包膜等方法处理过的肥料，能避免无机肥料的缺点，使养分缓慢释放的优点，减少了养分流失，养分供应时间长，但价格高，受土壤温度影响大。

③ 生物肥料　在土壤中有一些对植物生长有益的微生物，将其从土壤中分离出来，制成生物肥料，如细菌肥料（根瘤细菌、固氮细菌）、真菌肥料（菌根菌）以及能刺激植物生长并能增强抗病力的抗生菌等。

（2）施肥的时间和方法

施肥分施基肥和施追肥两种。

① 施基肥　一般在耕地前，将腐熟的有机肥料均匀地撒在圃地上，然后随耕地一起翻入土中。在肥料少时也可以在播种或作床前将肥料一起施入土中。施肥的深度一般为15～20cm。基肥通常以有机肥为主，也可适当地配合施用一些不易被固定的矿质肥料，如硫酸亚铁等。

② 施追肥　追肥分为土壤追肥和根外追肥两种，无论哪种方法都在苗木生长期间使用。土壤追肥可用水肥，如稀释的粪水，可在灌水时一起浇灌。如追施固态肥料，可制成复合球肥或单元素球肥，然后深施，挖穴或开沟均可，不要撒施。深施的球肥位置，一般应在树冠内，即正投影的范围内。

根外追肥，可用氮、磷、钾和微量元素，直接喷洒在苗木的茎叶上，是利用植物的叶片能吸收营养元素的特点，采用液肥喷雾的施肥方法。对需要量不大的微量元素和部分化肥采用根外追肥方法，效果较好，这样既减少了肥料流失，又可收到明显的效果。在根外追肥时，应注意选择合适的浓度。一般微量元素浓度采用0.1%～0.2%，化肥采用0.2%～0.5%。

3.中耕与除草

中耕与除草是苗床土壤管理及防除杂草危害的技术措施。

中耕是在苗木生长期间对土壤进行的浅层耕作。中耕可以疏松表土层，减少土壤水分的蒸发，促进土壤空气流通，有利于微生物的活动，提高土壤中有效养分的利用率，促进苗木生长。中耕和除草往往结合进行，这样可以取得双重的效果。中耕在苗期宜浅并要及时，每当灌溉或降雨后，当土壤表土稍干后就可以进行，以减少土壤水分的蒸发及避免土壤发生板结和龟裂。当苗木逐渐长大后，要根据苗木根系生长情况来确定中耕深度。

除草工作是在苗木抚育管理工作中工作量比重最大、时间最长、人力用得最多的一项工作。杂草是苗木的劲敌，同时杂草也是病虫害的根源。因此，要在苗圃生产中安排好这项工作，不要发生草荒而影响苗木正常生产。除草可以用人工除草、机械除草和化学除草，本着"除早、除小、除了"的原则，大力消灭杂草，现代化苗圃管理提倡使用化学除草剂来消灭杂草，但要先进行科学实验后，再大面积地推广使用，小面积或珍贵品种苗木，可以采用人工除草措施，保证苗床洁净。

4.病虫防治

防治苗木病虫害是苗圃多育苗、育好苗的一项重要工作。要贯彻"预防为主，综合防治”的方针，加强调查研究，搞好虫情调查和预测预报工作，创造有利于苗木生长、抑制病虫发生的环境条件。本着“治早、治小、治了”的原则，及时防治，并对进圃苗木加强植物检疫工作。

5.遮阴

幼苗期怕强光，需要人为调节光照强度，采取中午时段遮挡阳光的措施，为苗木创造荫凉的条件。遮阴可使日光不直接照射地面，因而能降低育苗地的地表温度，减少土壤水分的蒸发，以免幼苗遭受日灼伤害。

遮阴的方法：一般采用苇帘、竹帘或遮阳网等做材料，搭设荫棚，透光度以50%～80%为宜。荫棚高40～50cm，每天上午9:00至下午4:00左右进行放帘遮阴，其他时间或阴天可把帘子卷起。也可以采用在苗床上插松枝或间种等办法进行遮阴。

6.间苗和补苗

间苗和补苗是幼苗前期管理重要的植株调整措施。

① 间苗　苗木过密，导致通风、透光不好，每株苗木的营养面积小，苗木细弱，质量下降，易发生病虫害。因此，为了调整幼苗的疏密度，使苗木之间保持一定的距离，要对苗木进行间苗。间苗次数应依苗木的生长速度确定，一般间苗1～2次为好。间苗的时间宜早不宜迟。第一次间苗在苗高5cm时进行，一般把受病虫危害的、受机械损伤的、生长不正常的、密集在一起影响生长的幼苗去掉一部分，使苗间保持一定距离。第二次间苗与第一次间苗相隔10～20天，第二次间苗即为定苗。间苗的数量应按单位面积产苗量的指标进行留苗，其留苗数可比计划产苗量增加5%～15%，作为损耗系数，以保证产苗计划的完成，但留苗数不宜过多，以免降低苗木质量。间苗后要立即浇水，淤塞苗根孔隙。

② 补苗　补苗工作是补救缺苗断垄的一种措施。补苗时间越早越好，以减少对根系的损伤，早补不但成活率高，而且后期生长与原来苗木无显著差别。补苗工作可与间苗工作同时进行，最好选择阴天或傍晚进行，以减少日光的照射，防止萎蔫，必要时要进行遮阴，以保证成活。

第三节　移苗分栽

一、移苗分栽的意义

移苗分栽是指原床苗生长到一定时间或一定大小后，营养面积或空间不足，影响苗木的光照和水肥吸收，需要再分开栽的工作，也称移植、分苗、倒床等。通过移植，扩大了地上地下营养空间，促进苗木根系发达，地上部分生长健壮，具有良好苗干和匀称的苗冠。幼苗移植一般用于幼苗生长快的树种，如泡桐、桉树、梓树等，以及一些较为珍贵的树种或微小粒种子树种，需要采取分阶段育苗。一些苗木培育目标是大苗，如不经过移植，留床培育效果不好，根系生长过深，起苗伤根多，影响移栽成活。如果采用稀播，占地较多，管理费用高，增加育苗成本，因此，往往采取幼苗密播，之后分栽的措施。

二、移植季节

以春季移植为主，也可在雨季或秋季移植。春季移植以早春为好，一般在种苗开始生长之前，芽苗尚未展开前，移植容易成活，生长快。春季气温地温都在回升，苗木体内水分代谢平衡，有利于根系恢复。

春季移植时，应按各树种萌动先后决定移植的顺序，萌动早（如桂花、石楠，2月中旬已开萌动）应早移。萌动迟（如梧桐、合欢，4月初萌动）可适当晚移。一般原则为：针叶树早于阔叶树，落叶阔树叶早于常绿阔叶树。

温暖湿润的地区秋天也可移植，一般在9～10月，因为苗木在秋季地上部分停止生长以后，根系的生长尚能维持一段时间，一般可到10月下旬至11月上、中旬。秋季苗木移植以后，根系在当年就能得到恢复转入正常，到第二年早春，苗木很快转入正常的生长（不需根系恢复期），苗木的生长量比春季移植的大，同时秋季移植在人力安排上也可得到保证。

三、苗木移植技术

1.移植密度

移植的密度由株行距体现，而株行距的大小又取决于苗木的生长速度、苗木培育的年限、苗木冠幅的大小和根系生长特性、抚育苗木时所用的机具等因素。

一般原则为：阔叶树＞针叶树、生长快喜光树种＞生长慢耐阴树种，机械抚育＞人工抚育，培育年限长＞培育年限短。

园林大苗移植后在苗圃培育期间，要求枝叶不互相重叠。

阔叶树培育2～4年，株距0.6～0.8m，行距0.8～1m。

松柏类树种生长较慢，为了合理利用土地，促进侧须根的生长，可进行2～3次移植，最后一次移植根据树种生长速度决定株行距，一般在1m×1m，如龙柏、桧柏等。

2.移植前的准备

① 苗木分级　通过分级可以减少苗木移植后分化现象，便于苗木的经营管理，促使苗木生长均匀、整齐，使不同等级苗木分区栽植。通过分级，剔除过小及病虫机械损害的废苗。苗木分级的主要依据是苗木高度与地径，分级标准因树种和地区而异。

② 修剪　由于主根过长，栽植不方便，容易窝根，修去主根尖端，主根体留20～25cm；受病虫危害、机械损伤过长的根系及时剪除受损部分。为了提高移植成活率，对常绿阔叶树，如樟树，要修剪掉部分枝叶，减少水分蒸腾。对双杈树、病虫或机械损伤的枝条也应修剪。

3.移植操作要点

① 随起随栽，许多树木根系在阳光下暴晒，成活率急剧下降，不能立即栽植的尽量就近假植，保护根系及枝叶。

② 使根系舒展，严禁窝根，分层填土压实根系，使根系与土壤紧密接触。

③ 保持根系湿润，主根型树种沾泥浆护根保水。

④ 适当深栽，小苗比原根颈部深2～3cm，大苗可略深一些。

⑤ 栽后及时浇水，使根系与土壤密接，及时扶正苗木。

第四节　穴盘育苗技术

穴盘育苗技术始于20世纪50年代中期，70年代大规模应用于生产，特别在芬兰、瑞典、挪威以及美国、加拿大、澳大利亚、日本等国家迅速采用。穴盘育苗是主要以草炭、蛭石、珍珠岩的混合物为基质，以穴盘为育苗容器，采用精量播种机播种（或手工播种），一次性成苗的现代化育苗体系。穴盘育苗是目前国内外专业育苗公司采用的最重要的育苗手段，需要温室、大棚及环境控制设施的支持。穴盘苗在移植时，只要将穴盘苗从穴孔中拉出，就可以将其完好无损地移栽到较大的容器或栽植地，同裸根移栽的方法相比，穴盘苗移栽更快、更容易、成苗率更高。由于这种育苗方式选用的苗盘是分格室的，播种时一穴一粒，因此，成苗时一穴一株，并且成苗的根系与基质能够相互缠绕在一起，根呈上大底小的塞子形，因此，美国把利用这种方法培育的苗木称为“塞子苗”，日本称其为“框穴成型苗”，我国目前多称其为“穴盘苗”。我国穴盘育苗技术广泛应用于蔬菜、花卉、林木育苗，是当前种苗培育的重要措施。

穴盘育苗与常规育苗相比，育苗基质是经过消毒的各种轻体材料，需要有专门容器承载，环境条件需要有大棚温室支持，适用于单位播种量小且对种子质量要求高的品种，空间上占用场地较小，可以立体育苗，适合长途运输，移植不需特意根系护理，栽植快捷。常规育苗基质土壤为主，消毒灭菌很难彻底，基质承载容器多样，适合播种量大，且对种子质量要求不太严格，占用场地较大，只能平面育苗，运输成本高，栽植不便。

穴盘是一张盘上连接十几个甚至几百个大小一致、上大下小的锥形小钵，每个小钵称之为“穴”。穴与穴之间紧密连接，可达到最大的种植密度，节省温室、暖棚的基建投资和冬季采暖耗费。穴盘育苗成苗快速，种苗生命力强，操作上省事、省力，移苗时搬运和途中管理方便，脱盘即植，能保证不伤根系，定植后成活率高。

一般穴盘育苗生产的工艺流程：种子准备——基质准备——穴盘填料——穴盘播种——催芽——育苗间培养——炼苗——出圃。

一、穴盘育苗设施准备

1.温室条件

育苗的温室尽量选用功能较齐全，环境控制手段较多的温室，使穴盘苗有一个好的环境生长，见图3-3育苗室。

图3-3　育苗室

① 温度　一般要求冬季保温性能好，配加温设备，保持室内温度不低于12～18℃。夏季要有遮阴设备、通风及降温设备，防太阳直射、防高温，一般温室室温控制在25～28℃为好。

② 湿度　育苗期要注意喷水灌溉，保持较高湿度有利于幼苗生长，但基质湿度和空气相对湿度过高易使植株生长太快，不利于根系生长，一般保持基质的含水量在饱和持水量的60%～70%。

③ 光照　以25000～35000 lx为好。光照过强，会减少植物的同化作用而影响生长，并易造成叶片灼伤；而光照弱，幼苗徒长，生长瘦弱，分蘖减少，不利种苗健壮生长。

2.穴盘的选择

穴盘是工厂化种苗生产工艺中的一个重要器具。目前国内常用的规格有VFT288，VFT200、VFT72、VFT50、EPS200、EPS128、ESP288等，穴格容积7～70mL不等。选择穴盘规格则取决于育苗品种的适应性、所需种苗的大小、温室可用面积或种植规划、播种机类型等，需要兼顾生产效益与种苗质量。一般育大苗用穴数少的穴盘，育小苗则选用穴数多的穴盘。穴盘的规格多样，适用于观赏苗木育苗的有72、150、128、288、392穴等类型，深度从4～20cm不等，直径在5～15cm范围内。穴盘孔数的选用与育苗品种、计划育苗的大小规格有关，一般育大苗用穴数少的穴盘，穴盘要求加厚、加高，以适应苗木的生产。而穴盘长宽一般为540mm×280mm，育苗穴盘多为塑料制品，形状有圆形、方形或六角形等。为了降低育苗成本，穴盘尽量回收，并在下一次使用前进行清洗消毒。

不同穴盘生产商所设计的穴盘规格各有特色，见图3-4。例如同样是128个穴孔的穴盘，不同品牌的穴盘的穴孔间距离、穴孔的大小、深度、穴孔底部的排水孔、穴孔斜面的倾斜度、穴孔的形状、孔壁的厚度、穴盘的质地和整个盘面的大小等都会不一样。穴盘苗的生长受穴盘容积的影响较大，穴盘的输送格大，有利于种苗的生长，但生产的成本相应较高；反之，生产的成本低，但营养面积小，不利于种苗生长。种苗的生长与穴盘的形状关系不大，但穴盘的颜色会影响到苗根部的温度。白色的聚苯泡沫盘反光性较好，多用于夏季和秋季提早育苗，可减少小苗根部热量积聚；而冬季和春季应选择吸光性好的黑色育苗盘。在生产中应根据育苗的季节从生产管理、经济效益、苗木特性和生长发育及生产的具体要求和指标等方面加以综合考虑，选择孔穴大小适中、颜色适宜的穴盘。

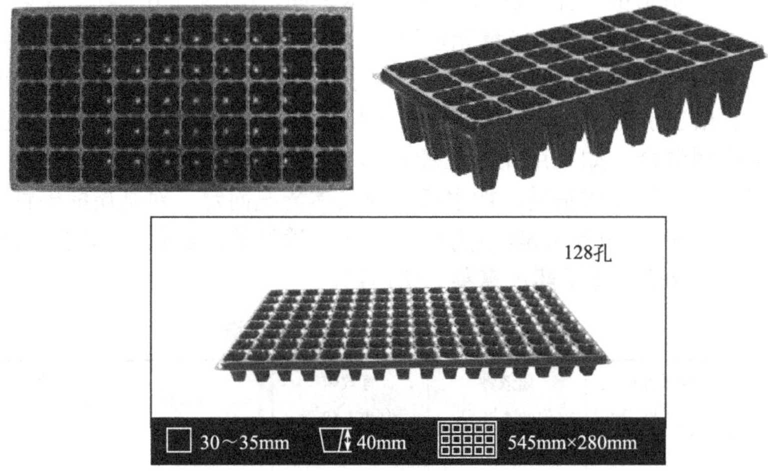

图3-4　育苗穴盘

3.播种机具选择

穴盘育苗的播种由播种生产线来完成，播种生产线一般由混料设备、填料设备、打孔设备、播种设备、覆土设备及喷水设备组成。播种机是播种生产线的核心，其他的设备应根据播种机的类型进行选配。目前市场上的播种机有手动的、半自动的、全自动的、高速的、低速的等，价格相差很大。目前机械播种机可分成4种类型：真空模板播种机、真空支管播种机、电子眼播种机、气瓶式播种机或滚筒式播种机，见图3-5。

图3-5　播种机

育苗单位应根据穴盘规格及数量、育苗品种类型及数量、播种机的使用率、温室规模、未来的育苗规模、现有的经济条件等进行综合考虑后选型。播种生产线设备应调整精确，使每穴的基质填充量、压实程度、打孔深度、播种粒数、覆土厚度、浇水量基本一致，提高播种的发芽率，使种子尽量接近穴孔中央，这样生产出来的穴盘苗才能达到整齐一致。生产中根据种子的大小确定播种的深度，大粒种子（瓜类等）一般播种深度1cm左右，小粒种子（矮牵牛等）播种时只需打0.2～0.3cm的浅孔，将种子播下，不需覆盖。

二、基质准备

1.基质配制

穴盘育苗基质应具备良好的透气性与保水性，且比重较轻，基质的pH值也要符合植物的要求。比重大、黏性大的基质透气性差，不便于搬运、运输和脱盘，因而不宜在穴盘育苗中使用。目前，泥炭、蛭石、珍珠岩、椰糠等轻基质已在穴盘育苗中被普遍应用；此外，适合穴盘育苗应用的基质还有砻糠灰、煤渣、锯屑、树皮、麦秸、甘蔗渣、酒渣、废弃中药渣等。基质可以是单一的，也可以两种或数种按比例混合，配制成理想的混合基质；土壤也可与轻基质按比例配合使用。

穴盘基质质量应从物理和化学两方面特性进行评价。基质的物理特性主要有保水力（WHC）、孔隙度（AP）、阳离子交换量（CEC），穴盘育苗主要采用轻型基质，如草炭、蛭石、珍珠岩等。基质的化学特性主要从pH值和可溶性盐含量两方面测定，见表3-5。对于大多数作物，好的基质初始pH值的范围在5.5～5.8之间，pH大于6.5会造成某些微量元素缺乏和钙过量，pH小于5.5造成某些微量元素过量。基质初始的可溶性盐的含量和浓度应低于0.75mmhos/cm（1∶2稀释法），低于此值，有利于种子的萌发和控制苗的早期徒长，基质中无初始值，需加相当于50mg/kg氮的低NH_4^+无机肥料。在配制基质时，可根据育苗需要将几种基质按一定比例混合，如采用泥炭土和蛭石（2∶1）混合料时，一般播种前含水量为30%～40%。对于不同配比的基质，加水量应视具体情况而定。对基质酸碱性的要求，一般针叶树pH值为5.5～6.0，阔叶树pH值为6.0～7.0。播种前，还需对基质进行消毒，即采用高温消毒和蒸汽消毒或采用化学药剂熏蒸方法消毒。

表3-5　几种基质的主要化学指标

基质	全氮含量/$(g \cdot kg^{-1})$	速效钾/$(mg \cdot kg^{-1})$	有效磷/$(mg \cdot kg^{-1})$	pH值	交换性盐基含量（CEC）/$(cmol \cdot kg^{-1})$
土壤	0.67	469.3	24.0	6.93	33.5
蛭石	0.49	523.6	2.3	7.85	317.7
珍珠岩	0.24	1066.2	6.2	7.83	43.5
炉灰渣	0.14	21.7	1.6	8.00	202.6
石英砂	0.04	0	0.6	7.56	25.8
1∶1(珍珠岩∶蛭石)	0.35	772.3	5.0	7.85	181.8

2.基质填充

穴盘基质的紧实度对发芽及根系影响较大，穴盘基质应轻轻填充，各穴孔填充的程度要一致，然后刷去多余的基质，可通过手工或机器完成，基质不要堆积太紧，穴盘不要整齐重叠放置，防止底部的穴盘基质压实。此外，基质的含水量也是重要影响因素，基质的湿度不低于50%，最好在50%～70%之间。

三、穴盘苗播种

穴盘苗的规范化生产，也需要花卉、林木种子业朝着优化和精加工种子的方向发展，以适应机械播种或增加移栽幼苗的数量。目前，穴盘苗种植者订购的种子类型有：精选种子、前萌动种子、丸粒化和包衣化种子、预催芽种子等。

1.播种期确定

根据品种的生物学特性和用花日期，确定播种期。比如矮牵牛，“五一”供花，需要在前1年的12月下旬播种；而国庆节供花的，需要在6月下旬播种。另外，在依据生物学特性的基础上，还要考虑育苗环境对花期的影响，例如冬季温室育苗生育期就要比夏季育苗时间长，同样冬季温室育苗，温度高生育期就相对短。此外，播种密度大，生育期就相对长；光照弱，生育期也相对长。

2.播种流程

穴盘填料与播种的操作流程为：混料——填料——打孔穴——籽实点播——覆盖基质——喷淋水至基质湿透。

3.基质填料

第一，将基质进行处理，少加些水，保证基质有一定的湿润度，然后进行搅拌、松散，这样可以很方便地装入穴盘，也便于浇水，也可避免填料的基质太干、浇水后发生填料不足的现象。第二，保证填充量。穴盘填好料后，在盘料面上用手指轻按，如果一按一个坑，说明基质填得不够充分，要继续填加一些，保证基质层面处于一个合理程度。第三，填料要均匀，否则会出现穴盘内的基质干湿不一致，造成种子发芽时间不一以及种苗生长不整齐的后果。第四，对穴孔中的基质略施镇压，但不要过度压实。播种深浅要相关无几，压实程度、覆盖厚度等都很接近。填料与播种可手工操作也可使用穴盘专用填料与播种设备——穴盘精量播种机一次性完成。

4.种子准备

为保证穴盘育苗的效果，在播种前应先对种子进行精选和生活力检测，发芽率低的不宜用于穴盘育苗。否则造成穴盘空穴率高，会使育苗效果大打折扣。对于颗粒细小、种粒大小差异较大或形状不规则、流动性差的种子应先对其进行丸化处理，以达到使用穴盘精量播种机播种的要求。特别是颗粒细小的种子，即使采用手工播种也应先进行丸化处理。种子丸化是一项为适应精细播种需要而产生的农业高新技术，是用特制的丸化材料通过机械加工，制成表面光滑、大小均匀、颗粒增大的丸（粒）化种子。

5.播种操作

播种可以采用机械播种或人工播种，但是无论采用哪种方式，都要求种子播于穴孔中央，且每孔1粒。播种后立即覆盖，可以用蛭石覆盖，覆盖厚度以完全覆盖种子为宜，小粒种子（比如矮牵牛）可以不覆盖。

四、穴盘苗管理

1.生长阶段划分

穴盘苗生长分为4个阶段，第一阶段是从播种到胚根出现，第二阶段是从胚根出现到子叶展开，第三阶段是从子叶展开至全部真叶长出，第四阶段是为运输或短期存放而进行的炼苗过程。把穴盘生产过程分为不同的阶段是因为每一个发展阶段对环境和种植条件的要求都是不同的。穴盘生产的最关键时期是第一、第二阶段，合称发芽阶段，对于穴盘生产的成败至关重要。第三、第四阶段合称生长阶段，是保证苗木指标的关键。

2.穴盘育苗水分控制

水质是影响穴盘苗质量的重要因素之一，评价水质的主要指标有pH和EC。穴盘育苗水质评价标准Na和Cl是灌溉水中含量最高的非养分元素，若过量（＞60mg/L），对穴盘生产就会造成危害，即使灌溉水中某些元素的含量很低，也会对植物体产生毒害现象，建议进行水质纯化处理。应使用水质洁净的江、河、湖水或井水，pH值适合苗木的要求。在幼苗时期，1天浇水2次，早晨1次，下午1次。夏季期间，气温较高，要特别注意防止干旱，及时浇水。至秋末开始控制浇水量，促进苗木木质化，增强苗木的抗性。

3.育苗室光温湿度控制

穴盘从播种生产线出来后，应立即送到催芽室内上架。催芽室内必须具备补光和温度调控设备，以满足各类品种在发芽阶段光照和温度的需求，催芽室内处于相对高温环境，一般温度在25～30℃，相对湿度95%以上，不同的品种略有差异。催芽时间大约3～5天，有60%～70%种子的胚根在基质中呈钩状时即可移到育苗室。

夏季气候热，大棚内气温相对较高，这期间要保证阴凉防止暴晒，定时通风，经常喷水以控制大棚内的温度不致过高。冬季育苗要做好保温工作，在北方温室或大棚内应有加温设备。

夏季要特别注意遮阴防晒，即使是喜光树种在幼苗期也常常需要适当遮光，冬季则应尽量多接受日光。

4.施肥管理

穴盘育苗的施肥通常是将含有一定比例的N、P、K养分的混合肥料，按1∶200配成水溶液，通过灌水系统进行喷施或灌根。根据苗木各个生长期的不同要求，不断调整N、P、K比例和施用量，以达到最佳效果。

幼苗生长期间，每7～15天施肥1次，初期施用量宜少，随苗木生长逐渐加大施肥量。至秋末停施氮肥，以施用磷钾肥为主，以促进苗木木质化，增强苗木的抗性。

5.病虫害防治

工厂化育苗高度密集，穴盘苗的许多病虫害是由于浇水过多、通风不良，温室温度高、使用的化学试剂不合适、没有防虫网、杂草过多等因素造成的。

气温较高，地温也高的季节，若基质湿度太大，很容易发生病虫害。应根据病虫害种类及时防治，并交替使用防治药物，做到以防为主综合防治，“治早、治小、治了”。

6.炼苗

将穴盘苗放在炼苗区，在第一周每天上午10点至下午2点左右阳光较热时适当遮阴，控制灌水量和次数，促进容器内根系生长，在此期间，喷施3次0.1%磷酸二氢钾，严格控制水分，等苗木叶色深绿、茎干健壮时，可分级包装、集装出苗，即形成商业化穴盘苗。出圃前4～5天不再浇水，在炼苗过程中，可挪动穴盘进行重新排列或截断伸出容器外的根系，促使穴盘苗在穴盘内形成良好根团。

图3-6　穴盘苗根坨

7.出圃

从穴盘中起苗应与移栽时间相衔接，做到随起、随运、随栽植。起苗时要防止根团破碎，应用起苗器起苗，严禁用手提苗茎，见图3-6。出圃苗必须根系发达，已形成良好根团，种苗长势好，色泽正常，无机械损伤，充分木质化，无病虫害。从穴盘中起出的种苗放入放有泡沫塑料的包装箱中整齐摆放，每箱放的株数以叶片相互搭接为宜，并在包装明显处附以种苗标签，标明数量、方向和高度等。在搬运过程中要轻拿轻放，长距离运输时采用厢式运输车，层间用轻质压缩板将包装箱隔开，防止包装箱变形影响苗木质量。

第四章

园林植物扦插繁殖

第一节　扦插成活原理

一、插穗繁殖的概念和意义

扦插繁殖（cutting）是利用植物营养器官具有再生的能力，将根、茎（枝）、叶等的一部分，在一定的环境条件下插入土、沙或其它基质中，使其生根发芽成为一个完整新植株的繁殖方法。经过剪截用于直接扦插的部分叫插穗，用扦插繁殖所得的苗木称为扦插苗。

扦插繁殖简便易行，材料充足，可进行大量育苗和多季育苗；像其他营养繁殖一样成苗快、开花结实早，并且可以保持母本的优良性状；不存在嫁接繁殖中砧木影响接穗的问题。因此，这种繁殖方法已经成为园林植物、特别是不结实或结实稀少、名贵园林植物的主要繁殖手段之一。但是，扦插繁殖在管理上要求比较精细，因插条脱离母体，必须给予适合的温度、湿度等环境条件才能成活，对一些要求较高的树种，还需采用必要的措施如遮阴、喷雾、搭塑料棚等才能保证成活，管理费工，扦插苗根系分布较浅，抗风、抗寒、抗旱能力较弱，寿命也较短。

二、插穗生根的类型

植物插穗的生根，由于没有固定的着生位置，所以称为不定根。扦插成活的关键是不定根的形成，而不定根发源于一些分生组织的细胞群中，这些分生组织的发源部位有很大差异，随植物种类而异。根据不定根形成的部位可分为三种类型：一种是皮部生根型，即以皮部生根为主，从插条周身皮部的皮孔、节（芽）等处发出很多不定根，皮部生根数占总根量的70%以上，如红瑞木、金银花、柳树等。第二种是愈伤组织生根型，即以愈伤组织生根为主，从基部愈伤组织（或愈合组织），或从愈伤组织相邻近的茎节上发出很多不定根。愈伤组织生根数占总根量的70%以上，如银杏、雪松、黑松、金钱松、水杉、悬铃木等。这两种生根类型，其生根机理是不同的，从而在生根难易程度上也不相同。第三种是综合生根型，即根系的来源有皮部生根，也有愈伤组织生根，而且愈伤组织生根与皮部生根的数量相差较小。

1.皮部生根型

这是一种易生根的类型。属于此种类型的植物在正常情况下，在枝条的形成层部位能够形成许多特殊的薄壁细胞群，为根原始体。根原始体多位于髓射线与形成层的交叉点上，由于形成层进行细胞分裂，向外分化成钝圆锥形的根原始体、侵入韧皮部，通向皮孔。在根原始体向外发育过程中，与其相连的髓射线也逐渐增粗，穿过木质部通向髓部，从髓细胞中取得营养物质（图4-1）。当扦插枝条的根原始体形成后，在适宜的温度、湿度条件下，经过很短的时间，就能从皮孔中萌发出不定根。因此，这种皮部生根迅速，扦插容易成活，如杨树、柳树等。

2. 愈伤组织生根型

植物组织在局部受伤时，具有恢复生机、保护伤口、形成愈伤组织的能力。此种生根型的插条，其不定根的形成要通过愈伤组织的分化来完成。首先，在插穗下切口的表面形成半透明、具有明显细胞核的薄壁细胞群，即为初生愈伤组织。初生愈伤组织细胞继续分化，逐渐形成和插穗相应组织发生联系的木质部、韧皮部和形成层等组织。最后充分愈合，在适宜的温度、湿度条件下，从愈伤组织中分化出根（图4-2）。

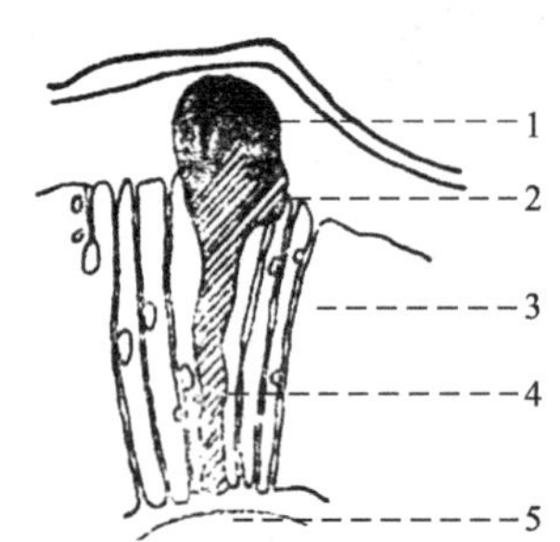

图4-1　珍珠梅茎根原始体构造
（俞玖，1997）
1—根原始体；2—韧皮部；3—木质部；
4—髓射线；5—髓

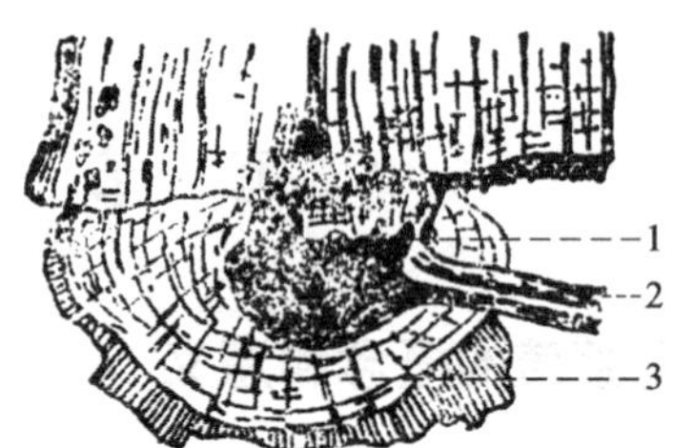

图4-2　杨树插条基部不定根位置纵断面
（俞玖，1997）
1—吸水的细胞节；2—根的输导系统；
3—愈合组织

此类生根型植物生根的先决条件是愈伤组织的形成，即先长出愈伤组织后再进行根的分化，与皮部生根型相比，所需时间长，且愈伤组织能否进一步分化形成不定根系还要看外界环境因素和激素水平。所以凡是扦插成活较难、生根较慢的树种，其生根类型大多是愈伤组织生根，如悬铃木、雪松、桧柏等。

3. 综合生根型

有些植物的生根类型并不限于一种，几种生根类型并存于一种植物上，即综合生根型。例如黑杨、葡萄、夹竹桃、金边女贞、石楠等，皮部生根型和愈伤组织生根型全具有，这样的植物就易生根。而只具一种生根型的植物，尤其如愈伤组织生根型，生根则具有局限性。

对生根类型的划分也有其他的观点，中国林业科学院王涛研究员根据扦插时（主要是枝插）不定根生成的部位，将其分为皮部生根型、潜伏不定根原基生根型、侧芽（或潜伏芽）基部分生组织生根型及愈伤组织生根型四种。

三、扦插生根的生理基础

我国植物栽培上使用扦插方法已有两千多年的历史，随着科学研究的发展，很多专家学者做了大量的工作，从不同角度提出很多看法，并以此用来指导扦插实践，取得了一定的效果。现将这些观点简单归纳如下。

1. 生长素与生长促进物质

这种观点认为植物扦插生根，愈伤组织的形成都是受生长素控制和调节的，与细胞分裂素和脱落酸也有一定的关系。枝条本身所合成的生长素可以促进根系的形成，其主要是在枝条幼嫩的芽和叶上合成，然后向基部运行，参与根系的形成。生产实践证明，人们利用植物嫩枝进行扦插繁殖，其内源生长素含量高，细胞分生能力强，扦插容易成活。葡萄插穗本身不存在潜伏根原基，当葡萄插穗带叶扦插后，其根系非常发达，如果事先把芽和叶摘除掉，生根能力就会受到显著的影响，或者根本不生根，说明影响插穗生根有重要物质，这就是植物的叶和芽能合成天然生长素和其他生根的有效物质，并经过韧皮部向下运输至插穗基部，这表明有一个由顶部至基部的极性运输，同时也说明插穗基部是促进根形成最活跃的地方。

在生长素中，已经发现的有生长素a、生长素b和吲哚乙酸（IAA）。由此为人类利用植物内源生长素与人工合成外源生长素来促进插穗基部不定根的形成提供了依据。目前，在生产上使用的有吲哚丁酸（IBA）、吲哚乙酸（IAA）、萘乙酸（NAA）、萘乙酰胺（NAD）及广谱生根剂ABT、HL-43等，用这些生长素处理插穗基部后提高了生根率，而且也缩短了生根时间。

此外，许多试验和生产实践也证实，生长素不是唯一促进插条生根的物质，尤其对于难生根的植物往往难以达到预期效果。这表明除生长素外，还必须有另一类特殊物质辅助，才能导致不定根的发生，但单独使用这类物质，对插条生根没有影响，只有与生长素结合，才能有效地促进生根，这种物质即为生根辅助因子或生长促进物质。生长促进物质对插条生根的影响越来越多地受到科研工作者的重视，已有研究证明生根促进物质是吲哚与酚类物质的化合物，生长素在酚类物质的辅助下，通过植物体内酶的作用，就能更有效地促进生根。

2.生长抑制剂

生长抑制剂是植物体内一种对生根有妨碍作用的物质，这种物质是植物体内生长激素的拮抗物质。很多研究证实：在一些生根植物体内，确实存在较高的生根抑制剂，而且不同树种、不同年龄阶段、不同采条时间以及枝条的不同部位，抑制物质含量都不同。一般来讲，生命周期中老龄树抑制物质含量高（由此可以说明老龄树插条难以成活的原因之一是插条内抑制物质含量较高），而在树木年生长周期中休眠期含量最高，硬枝扦插靠近梢部的插穗又比基部的插穗抑制物含量高。因此，生产实际中，为了提高生根率，我们可采取相应的措施，如流水洗脱、低温处理、黑暗处理等，使抑制物质发生转化后，再进行扦插，以利于生根。如板栗、毛白杨等，可用“浸水催根法”提高生根率。

3.枝条营养物质

插条的成活与其体内养分状况密切相关，尤其是含碳化合物与含氮化合物的含量及两者之间的比例对成活有一定的影响。一般来说C/N比高，也就是植物体内碳水化合物含量高，而含氮化合物含量相对低时，对插条不定根的诱导比较有利。插穗营养充分，不仅可以促进根原基的形成，而且对地上部分增长也有促进作用。实践证明，对插条进行碳水化合物和氮的补充，可促进生根。如在插穗下切口处用糖液浸泡或在插穗上喷洒氮素如尿素，能明显增加不定根的数量，而且母树年龄大的用尿素溶液喷洒后效果更加明显。但外源补充的营养液浓度要控制，补充碳水化合物，易引起切口腐烂，应加以注意。

4.植物发育状况

由于年代、个体发育和生理代谢三种造成母树生长势衰老的原因，植物插条生根的能力也随着母树年龄的增长而减弱。植物在幼龄期易产生不定根，年龄越大生根越困难。根据这一特点，很多科研工作者对母树在生理上“返老还童”做了大量工作，探索出许多延缓母树衰老、促进插条生根的途径。

（1）绿篱化采穗

将准备采条的母树进行强剪，不使其向上生长。

（2）连续扦插繁殖

将扦插成活苗木的枝条再行扦插，连续扦插2～3次，可以使新枝生根能力迅速提高，生根率可提高40%～50%。

（3）连续嫁接繁殖

利用幼龄砧木健壮、年轻的条件把采自老龄母树上的接穗嫁接到幼龄砧木上，反复连续嫁接2～3次，使其“返老还童”，然后再采其枝条进行扦插。

（4）用茎基部萌芽条作插穗

将具有萌生能力的老龄树干锯断，使其产生新的萌条，再用新的萌芽枝做插条进行扦插。

以上措施在促进植物发育、促进扦插生根的能力上已经取得一定的效果，特别是在一些稀有、珍贵植物及难繁殖的植物上效果比较显著。

5.茎的解剖构造

植物插条生根的难易与枝茎的解剖构造也有着密切的关系。如果插穗皮层中有一层、二层或多层的纤维细胞构成的环状厚壁组织时，生根就困难；如果皮层中没有或有不连续的厚壁组织时，生根就比较容易。因此，扦插育苗时应先了解枝条皮层的解剖结构，进而采取割破皮层的方法，破坏其环状厚壁组织而促进生根。如湖北林科所将油橄榄插条纵向划破，提高了扦插成活率。

6.植物细胞的极性

植物的任何器官，甚至一个细胞，都具有极性。形态学上的上端和下端具有不同的生理反应。一段枝条，无论按何种方位放置，即使是倒置，它总是在原有的远轴端抽梢，近轴端生根。根插则在远轴端生根，近轴端产生不定芽。因此，扦插时要注意不要把插穗的上下端插反。

第二节　影响插穗生根的因素

在插条生根过程中，不定根的形成是一个复杂的生理过程。影响因素不同，成活状况也不同，即便是同一树种，品种不同扦插生根的情况也有差异，这说明在扦插生根成活上，除与植物本身的特性有关外，还与外界环境因子有密切的关系。

一、影响插条生根的内在因素

影响插条生根的内因主要有：树种的遗传特性、采条母树的年龄、插条在母树上的着生部位、枝条的发育情况、插条上叶（芽）片的多少等。

1.树种的遗传特性

不同树种的遗传特性不同，因而它们的枝条生根能力也不一样。以木本植物为例，根据插条生根的难易，可将植物分为四类。

（1）极易生根的树种

如柳树、青杨派、黑杨派、水杉、池杉、杉木、柳杉、无花果、金银木、石榴、紫穗槐、木槿、南天竹、月季、小叶黄杨、连翘、迎春、金银花、常春藤、葡萄、卫矛、紫叶小檗等，插条扦插后极易生根。

（2）较易生根的树种

如刺槐、国槐、刺楸、白蜡、悬铃木、水蜡树、樱桃、女贞、侧柏、扁柏、花柏、铅笔柏、罗汉柏、罗汉松、夹竹桃、杜鹃、茶花、接骨木、野蔷薇、珍珠梅、五加、金缕梅、柑橘、猕猴桃、慈竹等，插条扦插后较易生根。

（3）较难生根的树种

如枣树、梧桐、苦楝、臭椿、君迁子、秋海棠、圆柏、金钱松、日本五针松、米兰等，插条扦插后需要一定的技术措施才能生根。

（4）极难生根的树种

如板栗、核桃、栎树、鹅掌楸、柿树、榆树、槭树、樟树、黑松、马尾松、赤松等，插条扦插后极难生根，即使经过特殊处理，生根率仍非常低。

不同树种生根的难易，只是相对而言，随着科学研究的深入，有些很难生根的树种可能成为扦插容易的树种，并在生产上加以推广和应用。如一般认为扦插很困难的赤松、黑松等，通过萌芽条的培育和激素处理，在全光照自动喷雾扦插育苗技术条件下，生根率能达到

80%以上。一般属于扦插容易的月季品种中，有许多优良品系生根很困难，如在扦插时期改为秋后带叶扦插，在保温和喷雾保湿条件下，生根率可达到95%以上。这说明许多难生根的树种或花卉，在科技不断进步的情况下，只要在方法上注意改进，就可能提高扦插成活率。

2.母树及插穗的年龄

（1）母树年龄

多年生植物新陈代谢作用及生活力的变化受植物的年龄影响。一般情况下，插穗的生根能力是随着母树年龄的增长而降低的，也就是说母树年龄越大，植物插穗生根就越困难，而母树年龄越小则生根越容易。这是因为树木新陈代谢作用的强弱是随着发育阶段变老而减弱的，其生活力和适应性也逐渐降低。相反，幼龄母树的幼嫩枝条，其皮层分生组织的生命活动能力很强，所采下的枝条扦插成活率就高。所以，在选条时应采集幼龄的母树，特别对许多难以生根的树种，应选用1～2年生实生苗上的枝条，扦插效果最好。如表4-1，湖北省潜江林业研究所对水杉进行扦插试验，不同年龄母树取一年生枝条扦插，同等环境条件、同等技术措施，其插穗生根率差异较大：一年生为92%，两年生为66%，三年生为61%，四年生为42%，五年生为34%，随着水杉母树年龄的增大，插穗生根率明显降低。

表4-1　水杉不同年龄母树扦插生根情况

水杉树龄	一年	两年	三年	四年	五年
生根率	92%	66%	61%	42%	34%

插穗生根能力随着母树年龄的增加而下降的原因，除了生活力衰退外，生根所必需的物质减少，阻碍生根的物质增多也是重要的因素，如在赤松、黑松、扁柏、落叶松、柳杉等树种扦插中，发现有生根阻碍物质或单宁类物质。随着年龄的增加，母树的营养条件可能更坏，特别是在采穗圃中，由于反复采条，地力衰竭，母树的枝条内营养不足，也会影响插穗生根能力。

（2）插穗的年龄

以一年生枝的再生能力为最强，这是因为幼龄插穗内源生长素含量高、细胞分生能力旺盛，能够促进不定根的形成。两年以上的枝条极少能单独进行扦插育苗，因为本身芽量很少，枝条内营养物质含量也较少。因此有些一年生枝条比较细弱、体内营养物质含量少的木本植物进行扦插时，插穗基部可带一部分二、三年生的枝段。如罗汉柏扦插时，带一部分2～3年生的枝段生根率较高。

3.枝条的着生部位

枝条在母树上的着生部位不同，生根能力也有差异。一般根茎处萌发的枝条再生能力强，着生在主干上的枝条再生能力也较强，树冠部和多次分枝的侧枝插穗成活率较低。这是因为根颈处的萌蘖条发育阶段最年幼，再生能力强，而且又靠近根系或主干，得到了较多的营养物质，具有较高的可塑性，扦插后容易成活。干基萌发枝生根率虽高，但来源少。所以，做插穗的枝条用采穗圃的枝条比较理想，生产上多采用播种苗或营养繁殖苗的平茬条做插穗，以保持较强的生活力。

4.枝条的不同部位

同一枝条的不同部位根原基数量和贮存营养物质的数量不同，其插穗生根率、成活率和苗木生长量都有明显的差异。但具体哪一部位好，还要考虑植物的生根类型、枝条的成熟度、不同的生长期及扦插方法等。例如池杉，不同时期用枝条的不同部位进行嫩枝和硬枝扦插（表4-2），结果表明嫩枝扦插以稍段成活率最高，而硬枝扦插则以基部插条效果为好。一般来说，常绿树种中上部枝条较好，这主要是中上部枝条生长健壮，代谢旺盛，营养充足，且中上部新生枝光合作用也强，对生根有利。落叶树种硬枝扦插中下部枝条较好，因中下部枝条发育充实，贮藏养分多，为生根提供了有利因素，而且对于具有根原基类型的植物，根原基也多集中在中下部。若落叶树种嫩枝扦插，则中上部枝条较好。由于幼嫩的枝条，中上部内源生长素含量最高，而且细胞分生能力旺盛，对生根有利，如毛白杨嫩枝扦插，梢部最好。

表4-2 池杉枝条不同部位扦插生根情况（柳振亮，2005）

树种	基段/%	中段/%	稍段/%	结论
池杉（嫩枝扦插）	80	86	89	稍部好
池杉（硬枝扦插）	91.3	84	69.2	基部好

5. 枝条的发育状况

枝条发育的好坏，直接影响枝条内营养物质含量的多少，对插穗生根有重要影响。插穗内贮存的养分是扦插苗初期生长和形成新器官所需营养物质的主要来源，特别是碳水化合物含量的多少，对于扦插苗的成活和后期生长有密切的关系。凡发育充实、营养物质含量丰富的插条，容易成活，生长也较好。在生产实践中，有些树种扦插时带一部分2年生枝段，即采用“踵状扦插法”可以提高成活率，这与两年生枝段中贮藏较多的营养物质有关。

6. 插穗的粗细与长短

插穗的粗细与长短对于成活率、苗木生长也有影响。对于绝大多数树种来讲，粗插穗所含的营养物质多，对生根有利，长插条根原基数量多，贮藏的营养多，也有利于插条生根，细插穗、短插穗则相反。因此在生产实践中，应掌握粗枝短截、细枝长留的原则，根据实际需要，采用适当粗细和长度的插穗，合理利用枝条。

插穗粗细的选择因树种而异，多数针叶树种直径为0.3～1cm，阔叶树种直径为0.5～2cm；插穗长短的确定要以树种生根快慢和土壤水分条件为依据，一般落叶树硬枝插穗10～25cm，常绿树种10～35cm。随着扦插技术的提高，扦插逐渐向短插穗方向发展，有的甚至一芽一叶扦插，如茶树、葡萄采用3～5cm的短枝扦插，效果很好。

7. 插穗的叶和芽

插穗上的芽是形成茎、干的基础。芽和叶能通过光合作用制造营养物质、生长激素和维生素等，供给根系，对生根有利，尤其对嫩枝扦插及针叶树种、常绿阔叶树种的扦插更为重要。因此，在生产实际中，在适当修剪枝叶、防止叶片蒸发量过大的前提下，尽量保持较多的叶和芽。

插穗留叶多少一般要根据具体情况而定，一般留叶2～4片，若有喷雾装置，定时保湿，则可留较多的叶片，以便加速生根。另外，从母树上采集的枝条或插穗，对干燥和病菌感染的抵抗能力显著减弱，因此，在进行扦插繁殖时，一定要注意保持插穗自身的水分。生产上，可用水浸泡插穗下端，不仅增加了插穗的水分，还能减少抑制生根物质。

二、影响插条生根的外在因素

影响插穗生根的外在因素主要有温度、湿度、空气、光照、扦插基质等。这些因素之间相互影响、相互制约，因此，扦插时必须使各种环境因子有机协调地满足插条生根的各种要求，以达到提高生根率、培育优质苗木的目的。

1. 温度

温度是扦插育苗中的一个限制因子，对插穗生根成活及生根速度有极大影响。适宜的生根温度范围因树种、扦插材料不同而有所差异。多数树种休眠枝扦插的最适温度为15～25℃，以20℃最适宜。不同树种由于生态习性不同，适宜的温度范围也不同，最低、最高温度也不同。如美国的MaLisch・H认为温带植物在20℃左右合适，热带植物在23℃左右合适。通常在一个地区内，萌芽早的植物如杨、柳在7℃左右即开始生根，萌芽晚的植物及常绿树种如桂花、栀子、珊瑚树等要求温度较高。

温度对不同的扦插材料影响也不相同。休眠枝扦插时，由于其内部的养分处于贮存状态，温度过高只能加速枝条内营养物质的消耗，导致扦插失败，只有在温度偏低的情况下，枝条内的营养物质逐步消耗，才能更好地促进愈合生根。而嫩枝扦插消耗的养分有一部分来自插穗上叶片光合作用产生的营养物质，温度较高时，有利于营养物质的合成与转化，也有利于枝条内生根促进物质的合成与利用，有利于不定根的形成。但温度过高，超过30℃时，则抑制生根而导致扦插失败。

地温与气温的差异对扦插生根也有不同的影响。休眠枝扦插中，一般地温高于气温3～5℃时，对生根极为有利，地温偏高时，有利于愈伤组织与根原基的形成而不利于芽的萌发，待不定根形成后芽再萌动则有利于插穗成活。在生产上可用马粪或电热线等做酿热材料增加地温，还可利用太阳光的热能进行倒插催根，提高其插穗成活率。嫩枝扦插则相反，30℃以下时，气温高有利于光合作用进行，为生根提供营养物质，地温适当低一些有利于插条愈合生根。因此，嫩枝扦插多采取遮阴、喷雾的方法，起到降温的作用。但是插穗活动的最佳时期，也是病菌猖獗的时期，所以在扦插时应特别注意病虫害的防治。

2.湿度

在插穗生根过程中，空气的相对湿度、插壤湿度以及插穗本身的含水量是扦插成活的关键，尤其是嫩枝扦插，应特别注意保持合适的湿度。

（1）空气的相对湿度

扦插过程中，为防止插穗失水，尤其对难生根或生根时间长的针、阔叶树种，保持较高的空气湿度是扦插生根的重要条件。扦插繁殖所需的空气相对湿度一般为90%左右，休眠枝扦插可稍低一些，而嫩枝扦插因需保留叶片进行光合作用，空气的相对湿度一定要控制在90%以上，才能使枝条、叶片蒸腾强度最低。生产上可采用喷水、控制间隔喷雾等方法提高空气的相对湿度，使插穗易于生根。休眠枝扦插在空气湿度较低的情况下，适当地深插也可以减少插穗的蒸腾。

（2）基质湿度

基质湿度也是影响插穗成活的一个重要因素。插穗可以通过切口、皮孔等部位从基质中获取一些水分，从而避免水分消耗。毛白杨的扦插试验表明，插壤中的含水量一般以20%～25%为宜，含水量低于20%时，插条生根和成活都受到影响。有报道表明，插穗由扦插到愈伤组织产生和生根，各阶段对基质含水量要求不同，通常以前者为高，后者依次降低。尤其是在完全生根后，应逐步减少水分的供应，以抑制插条地上部分的旺盛生长，增加新生枝的木质化程度，以便更好地适应移植后的田间环境。

（3）插穗自身含水量

插穗自身的水分含量直接影响扦插成活，插穗体内水分充足时，叶片光合作用强，不定根形成快。如果插穗体内的水分大量损失，插穗将失去活力。原苏联学者曾经对几种植物的插穗原始水分损失情况进行过研究，结果发现：小檗插穗失水37%以上，八仙花插穗失水35%以上，溲疏插穗失水17%以上，日本杜鹃失水46%以上时，都将完全失去生根能力。由此可见，插穗内水分充足是其生根的保证。生产中可采用插穗浸泡补水、插后喷水、喷雾等措施，防止插穗失水，确保其生根。

3.空气条件

插穗生根时需要良好的通气条件，尤其扦插基质周围要有较高的含氧量。日本藤井用葡萄在不同含氧浓度的扦插基质中做了试验（表4-3），可以看出，随着试验区含氧量的增加，插条生根率也逐渐升高，而且根系的生长状况（根数、平均根长、平均鲜重、平均干重）也越来越好。所以，扦插基质要求疏松透气，尤其对需氧量较多的树种，更是如此。但扦插基质周围空气与水分条件是互相矛盾、互相补充的，为了解决两者之间矛盾，生产上多选用疏松透气的沙土做插壤，既能保湿，又不易积水。还有使用蛭石、珍珠岩作为扦插基质，透气性强，保水效果好，但缺乏植物所需的营养物质，不利于植物长期生长，通常在扦插生根成活后，再移植到苗床中培养。

表4-3　插床含氧浓度与生根率（葡萄）（柳振亮，2005）

含氧量/%	插穗数	生根率/%	平均根重		平均根数	平均根长/cm
			鲜重/mg	干重/mg		
标准区	6	100	51.5	11.3	5.3	16.6
10	8	87.5	23.3	5.4	2.5	8.2
5	8	50	17.3	3.1	0.8	2.8
2	8	25	1.4	0.4	0.4	0.7
0	8	0	—	—	—	—

4.光照

充足的光照能促进插穗生根，特别对于常绿树及带叶的嫩枝扦插，可以增强光合作用，促进插穗中营养物质的积累及内源生长素的合成，促进生根。但强烈的光照会增加土壤蒸发量、插穗及叶片的蒸腾量，造成插穗失水而死亡。在实际工作中，可采取喷水降温或适当遮阴等措施来维持插穗水分平衡。夏季扦插时，最好采用全光照自动间歇喷雾法，既保证供水又不影响光照。

5.扦插基质

插壤中的水分和空气对插穗的影响很大，无论哪类扦插基质，只要不含有害物质、能够固持水分又透气，就有利于生根。目前所用的扦插基质有以下三种状态。

（1）固态基质

这是生产上最常用的一类基质，一般有河沙、蛭石、珍珠岩、泥炭土、炉渣、椰糠、炭化稻壳、花生壳、混合基质等。这些基质的通气、排水性能良好。

① 河沙　河沙是由石英岩或花岗岩经风化和水力冲刷形成的不规则颗粒物，它本身无空隙，但颗粒之间通气性好，无菌、无毒，无化学反应，而且取材容易，使用方便，夏季扦插效果好，是目前广泛采用的扦插基质，特别在迷雾条件下，多余的水分能及时排出，以防因积水引起腐烂，是夏季嫩枝扦插育苗的优良基质，但河沙持水力弱，必须多次灌水，故常与园土、泥炭等混合使用。

② 蛭石　蛭石是一种单斜晶体天然矿物，产于蚀变的黑云母或金云母的岩脉中，是黑云母或金云母变化的产物。但用于基质的蛭石是经过焙烧而成的膨化制品，膨化后体积增大到15～25倍，体质轻，孔隙度大，具有良好的保温、隔热、通气、保水、保肥的作用。因为经高温燃烧，无菌、无毒，化学稳定性好，为国内外公认的最理想的扦插基质，但长期使用会破碎。蛭石无肥料成分，不腐烂、不变质，可与河沙、泥炭等配合使用。

③ 珍珠岩　珍珠岩是铝硅天然化合物，先将珍珠岩轧碎并加热到1000℃以上，经过高温燃烧而成的膨化制品，具有封闭的多孔性结构，化学结构稳定。由于珍珠岩的结构是封闭的孔隙，水分只能保持在聚合体的表面，或聚合体之间的孔隙中，故珍珠岩有良好的排水性

能，与蛭石一样有良好的保温、隔热、通气等性能，而且不易破碎，是育苗常用的基质组成成分。珍珠岩不吸附养分，故扦插时常与蛭石、草炭等混用。

④ 草炭　又称泥炭，是古代湖泊沼泽植物埋藏于地下，在缺氧条件下，分解不完全的有机物，内含大量有机质和腐殖酸，干后呈褐色，质地疏松，呈酸性，有团粒结构，保水能力强，保肥能力强，但通气性差，故常与河沙、珍珠岩、蛭石、炉渣等混用。

⑤ 炉渣　炉渣是煤经高温燃烧后剩下的矿质固体，由于颗粒大小和形状不一，需要筛制后作为扦插基质。煤渣颗粒具有很多微孔，颗粒间隙也很大，具有良好的通透性，还含有钾元素和其他矿质元素，且保水、无毒、无菌、来源广、价格低廉，也是较好的扦插基质。炉渣呈碱性，使用前需用水将其浇淋，降低其碱性，反复使用后，颗粒往往破碎，粉末成分增加，不利于透气，需要及时更换。

⑥ 椰糠　椰糠是椰子外壳纤维粉末，是椰子外壳纤维加工过程中脱落下的一种纯天然的有机质。经高温高压处理可以压缩成块，不含病虫，干净环保，持水性好、透气性好、自然分解率低，可长期使用，质量轻，便于花卉运输，可作为出口植物良好的包装材料。可单独或和其它基质混合使用，栽培容易，是目前比较流行的园艺基质。但椰糠的缺点就是肥力差，作为种植基质时要勤施肥。

⑦ 炭化稻壳、花生壳　这类物质具有透水透气、吸热保温等优点，而且稻壳、花生壳经高温炭化后，不但灭了杂菌，还能提供丰富的磷、钾元素，是冬季或早春、晚秋时期进行扦插育苗的良好基质，使用时也需要与其他基质混配。

此外，常用的基质还有苔藓、泡沫塑料等。在使用的过程中，常常将基质混合搭配，为插穗提供适宜的生根条件。

⑧ 混合基质　混合基质是将各种不同的基质按比例组合起来，使各组分优势互补，满足植物生长发育的需要。混合基质克服了生产上单一基质可能造成的容重过轻、过重，通气不良或通气过盛等弊端，一般以2～3种基质混合为宜。如孙向丽等（2008）研究混配基质对一品红生长的影响，发现2份玉米秆粉：1份锯末：1份珍珠岩和1份小麦秆粉：2份锯末：1份珍珠岩两种混配基质效果较好，可替代泥炭作为一品红的无土栽培基质。戴小红等（2012）以塘泥为对照，考察了6种不同混配基质对盆栽散尾葵生长的影响，结果发现2份泥炭：2份火炭灰：1份花生壳的表现最佳，是较理想的盆栽散尾葵标准化生产基质。

（2）液态基质

把插穗插于水或营养液中使其生根成活，称为液插或水插。营养液易造成病菌增生，导致插穗腐烂，所以多用水而少用营养液。这种方法主要用于易生根的树种，如栀子。

（3）气态基质

加大空气湿度，把空气造成雾状，将插穗吊于迷雾中使其生根成活，称为雾插或气插。雾插要求在高温、高湿的情况下进行，能够充分利用营养空间，愈合生根较快，能缩短育苗周期。但产生的根系较脆，需要经过炼苗才能提高成活率。

第三节　扦插生根技术

一、机械处理法

在树木生长季节，用利刃将枝条基部环剥、刻伤或用铁丝、麻绳或尼龙绳等捆扎，阻止枝条上部的碳水化合物和生长素向下运输，使养分贮存在受伤部位，至休眠期再将枝条从基部剪下进行扦插，因插穗内养分充足而能显著地促进生根。

二、生长素及生根促进剂处理法

1. 生长激素处理

扦插常用的生长素有β-吲哚乙酸（IAA）、β-吲哚丁酸（IBA）及生长调节剂α-萘乙酸（NAA）、氯苯酚代乙酸（2,4-D）等。据多数学者研究，大部分树木用生长激素处理后都收到显著效果（表4-4）。

表4-4　生长激素对插穗生根的影响（俞玖，1997）

树种	生长激素种类	处理方法及浓度/%	处理时间/h	插条生根时间/h	插条生根百分率/%	
					处理	对照
桑树	吲哚乙酸	0.1	8	12	100	66
钻天杨	吲哚乙酸	0.01	24	19	56	20
玉兰	吲哚乙酸	0.2	24	41	80	0
榕树	吲哚乙酸	0.2	24	14	90	0
枫杨	吲哚乙酸	0.02	24	69	33	0
水青冈	吲哚乙酸	0.1	24	37	50	0
刺桐	吲哚乙酸	0.2	24	24	100	0
朝鲜槐	萘乙酸	0.1 ～ 1（酒精溶液）	24	71	66或65	0
朝鲜槐	萘乙酸	0.1（粉剂）	—	71	28	0
油桐	吲哚乙酸	0.05	24	—	45	30
		0.5	12	—	60	30
茶树	吲哚丁酸	0.2	16	—	70	—

生长激素是有机药剂，多数不溶于水而溶于酒精。调配时先用少许95%的酒精将激素溶解，扦插时再加水稀释到使用浓度。加水稀释后的激素溶液不能长期存放，最好现配现用。也可以用滑石粉来稀释激素，制成粉剂。它的优点不只是可以长期存放，还节约时间，用粉剂处理时只要把干粉抹在插穗切口上立即扦插就行了。但是，要想把千分之一或万分之一的激素在滑石粉中搅匀则相当困难，如果不匀，不是处理无效就是发生药害。因此，必须用小型电动搅拌机长时间搅拌后方可使用。

用生长激素处理插条时存在着激素浓度、处理时间、处理部位三个关键因素。浓度高，处理的时间应短，处理的部位要小，否则反之。屠娟丽（2011）对圆头蚊母树扦插繁殖进行了研究，认为NAA和IAA均有促进扦插生根的作用，在夏季用半硬枝为插穗，用浓度为500mg/L的IAA浸泡30S的生根率达78%。在春季选取半木质化蚊母树枝条为插穗，用浓度为1000mg/L的NAA处理后扦插生根效果最好。一般情况下，低浓度（如50 ～ 200mg/L）溶液浸泡插穗下端6 ～ 24h，高浓度（如500 ～ 10000mg/L）可进行快速处理（几秒钟到一分钟）。如松柏类发根困难的花木要求高浓度，月季等容易发根的花木要求很低的浓度。

2. 生根促进剂处理

目前使用较为广泛的有中国林业科学院王涛研究员研制的“ABT生根粉”系列，华中农业大学林学系研制的广谱性“植物生根剂HL-43”，山西农业大学林学系研制并获国家科技发明奖的“根宝”，昆明园林科研所研制的“3A系列促根粉”等，它们均能提高多种树木如银杏、板栗、红枫、落叶松、樱花、梅、桂花等的生根率，其生根率可达90%以上，且根系发达，吸收根数量增多。如刘伟等（2009）用浓度为200mg/L的ABT2号浸泡圆头蚊母树插穗2h，扦插基质为黄心土，结果表明最佳扦插时间在秋季；林光平（2005）采用不同含量的ABT6号生根粉液，对油茶穗条处理不同的时间，进行油茶扦插试验。试验结果表明500mg/L

ABT6号生根粉速蘸10S处理最佳。

三、营养处理法

有些植物体内营养不足，可用维生素、糖类及其它氮素处理插条，可以达到促进生根的目的。如用5%～10%的蔗糖溶液处理雪松、龙柏、水杉等树种的插穗12～24h，对促进生根效果很显著。但是单用营养物质促进生根效果不佳，有时还会感染病菌，若与植物生长素并用，效果可显著提高。在嫩枝扦插时，在其叶片上喷洒0.1%尿素溶液，促进养分吸收。

四、洗脱处理法

洗脱处理是利用水、酒精等溶剂将植物体内部分抑制生根的物质除去，达到促进插穗生根的目的。利用洗脱处理法不仅能降低枝条内抑制物质的含量，还能增加枝条内水分的含量。洗脱处理一般有温水处理、流水处理和酒精处理等。

1.温水洗脱处理

将插穗下端放入温水（30～35℃）中浸泡一段时间后再进行扦插。这种方法对含单宁高的植物作用较好，也可消除部分松脂类抑制物质，但具体处理时间因树种而异。如将松树、落叶松、云杉等的插条浸泡2h，有利于切口愈合与生根。

2.流水洗脱处理

将插穗放入流动的水中，浸泡一定时间后再进行扦插，具体时间也因树种不同而异，多数在24h以上，甚至更长。这种方法对于易溶解的抑制物质效果较好。

3.酒精洗脱处理

使用具有一定浓度的酒精等溶剂浸泡插穗，可以有效地去除一些难溶抑制物质，提高扦插成活率。一般使用的酒精浓度为1%～3%，或者用1%的酒精和1%的乙醚混合液，浸泡时间6h左右，如杜鹃类。

五、化学药剂法

有些化学药剂也能有效地促进插穗生根，如醋酸、磷酸、高锰酸钾、硫酸锰、硫酸镁等。如生产中用0.1%的醋酸水溶液浸泡卫矛、丁香等插条，能显著地促进生根。用0.05%～0.1%的高锰酸钾溶液浸泡插穗12h，除能促进生根外，还能抑制细菌发育，起消毒作用。

六、黄化处理法

在植物生长季用黑色的布或塑料袋将要作插穗的枝条罩住，使其处在黑暗的条件下生长，形成较幼嫩的组织，待其枝叶长到一定程度后，剪下进行扦插，能为生根创造较有利的条件。由于在黑暗环境中无光刺激，激发了激素的活性，加速代谢活动，使组织幼嫩，延迟了芽的发育、促进根组织的生长，剪截下插穗后就有利于生根。特别是一些含有油脂、樟脑、松脂、色素等抑制物质的树种采取这种处理效果较好。

七、低温贮藏法

低温条件（0～5℃）下，将剪截好的休眠枝冷藏一定时期（至少40天），使枝条内的抑制物质转化，有利生根。

八、增温法

休眠枝春季露地扦插时，由于气温高于地温，易先抽芽展叶后生根，以致降低扦插成活率，地温高于气温时，插穗就先生根后发芽，有利于成活。为此，可采取措施，人工创造地温高于气温的条件，如在插床内铺设电热线（即电热温床法）、在插床内放入生马粪（即酿热物催根法）或埋设暖气管道等，从而提高地温，促进生根。

九、倒插催根法

利用土层温度的差异，达到催根的作用。冬末春初时，将插条倒放坑内，用沙子填满孔隙，并在坑面上覆盖2cm沙，利用春季地表温度高于坑内温度，使倒立的插穗基部的温度高于插穗梢部，这样就为插穗基部愈伤组织和根原基形成创造了有利条件，达到促进生根的目的。

第四节　插条选择

因采取的时期不同，插条可分为休眠期与生长期两种，前者为硬枝插条，后者为嫩枝插条。

一、硬枝插条的选择

1.插条剪截的时间

硬枝插条中贮藏的养分是其生根发芽的主要能量来源。剪取的时间不同，贮藏养分的多少也不同，应在枝条贮存养分最多的时期进行剪取。这个时期是树液流动缓慢，生长完全停止，即在树木的休眠期（落叶树种在秋季落叶后或开始落叶时至翌春发芽前）进行剪取。

2.插条的选择

根据扦插成活的原理，应选择优良幼龄母树上生长健壮、发育充实、无病虫害且已充分木质化的1～2年生枝条或萌生条作为插穗，这类枝条营养物质含量较高，有利于扦插成活。

3.枝条的贮藏

硬枝扦插采条后如果不立即扦插，就需要将插条贮藏起来待来年春天扦插，在园林实践中，可结合整形修剪时切除的枝条选优贮藏待用。方法有露地埋藏和室内贮藏两种。露地埋藏是选择高燥、排水良好而又背风向阳的地方挖沟，沟深一般为60～80cm（依各地的气候而定，但深度须在冻土层以下），将枝条每50～100根捆成捆，立于沟底，用湿砂埋好，中间竖立草把，以利通气。每月应检查1～2次保持适合的温湿度条件，保证安全过冬。枝条经过埋藏后皮部软化，内部贮藏物质开始转化，给春季插条生根打下良好基础。

室内贮藏也是将枝条埋于湿沙中，要注意室内的通气透风和保持适当温度，堆积层数不宜过高，多2～3层为宜，过高则会造成高温，引起枝条腐烂。南方若穗条少，需要贮藏，也可放于冰箱冷藏室中。

4.插条的剪截

采集的扦插材料需及时进行剪截，剪截时主要考虑插穗的长度、插穗上的芽数及切口的形态等。一般情况下，木本植物硬枝插穗长度在10～30cm，易生根的树种如柳树、黑杨派、青杨派一般在12～20cm，毛白杨、刺槐一般在20～25cm，针叶树及常绿阔叶树在10～25cm，而单芽插穗长3～5cm即可。剪切时上切口距顶芽1cm左右，下切口的位置依植物种类而异，一般在节附近薄壁细胞多，细胞分裂快，营养丰富，易于形成愈伤组织，便于生根，故插穗下切口宜紧靠节下。下切口形状有平切、斜切、双面切等几种切法（图4-3）。

插穗切口形态不同会直接影响根系分布。一般平切口便于机械化截条、切口小、愈合速度快、根系分布均匀、对于嫩枝扦插及易生根树种多采用平切口；斜切口与插穗基质的接触面积大，利于吸收水分和养分，还可形成面积较大的愈伤组织，提高成活率，但根多生于斜口的先端，易形成偏根，同时剪穗也较费工，不便于机械化截条，在生根较难的植物上应用较多。

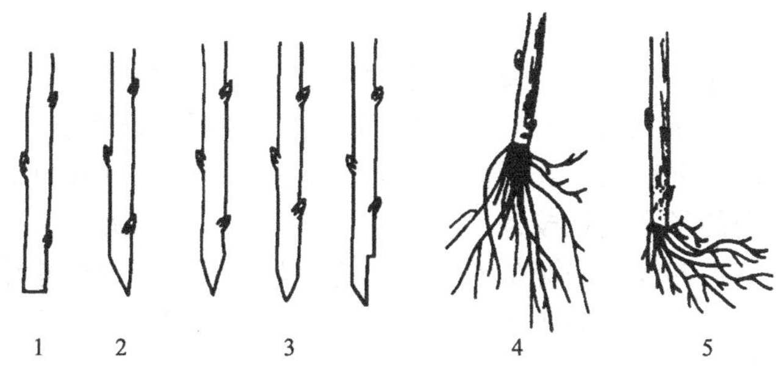

图4-3　插条下切口形状与生根（柳振亮，2005）

1—平切；2—斜切；3—双面切；4—下切口平切生根均匀；5—下切口斜切根偏于一侧

二、嫩枝插条的选择

1.嫩枝插条的剪截时间

嫩枝采条应在清晨日出以前或在阴雨天进行，不要在阳光下、有风或天气很热的时候采条。嫩枝扦插一般是随采随插。选择生长健壮的幼龄母树，并以开始木质化的嫩枝为最好，内含充分的营养物质，生活力强，容易愈合生根。太幼嫩或木质化程度过高的枝条均不宜采用。

2.嫩枝插条的选择

不同树种，嫩枝插条选取的要求也不尽相同。落叶阔叶树及常绿阔叶树嫩枝扦插，一般在生长最旺盛期剪取幼嫩的枝条进行扦插；针叶树如松、柏、桧等，以夏末剪取中上部半木质化的枝条为好，其生根情况大多数好于基部的枝条，针叶树对水分的要求不太严格，但应注意保持枝条的水分；对于大叶植物，当叶未展开成大叶时采条为宜，采条后及时喷水，注意保湿。对于嫩枝扦插，枝条插前的预处理很重要，含单宁高和难生根的植物可以在生长季以前进行黄化、环剥、捆扎等处理。

3.嫩枝插条的剪截

枝条采回后，应在背风阴凉处进行剪截。嫩枝插穗长度一般为10～15cm，带有2～3个发育充实的芽，若插穗上有叶片，其叶片数量可根据植物种类与扦插方法而定，在保证成活的前提下，尽量少带叶片。下切口剪成平口或小斜口，以减少切口腐烂。

第五节　扦插方法

一、扦插时期的选择

在条件允许的情况下，植物扦插繁殖一年四季皆可进行。适宜的扦插时期因植物的种类、特性、扦插的方法等而异。

1.春季扦插

春插是利用前一年生休眠枝直接进行或经冬季低温贮藏后进行扦插。此时枝条内的营养物质丰富，有的生根抑制物质已经转化，容易生根。适宜大多数植物。为防止枝条地上、地下部分发育不协调而引起养分消耗、代谢失调，春季扦插宜早不易晚，最好在芽萌动前进行，并要创造条件，首先打破枝条下部的休眠，保持上部休眠，待不定根形成后芽再萌发生长。所以该季节扦插育苗的技术关键是采取措施提高地温。春季扦插生产上采用的方法有大田露地扦插和塑料小棚保护地扦插。

2.夏季扦插

夏季扦插是利用当年旺盛生长的嫩枝或半木质化枝条进行扦插。夏季扦插是利用插穗处于旺盛生长期、细胞分生能力强、代谢作用旺盛，枝条内源生长激素含量高等方面的优势，达到生根的目的。阔叶树采用高生长旺盛时期的嫩枝进行扦插，针叶树则选用第一次生长封顶、第二次生长开始前的半木质化枝条。但夏季气温高，枝叶幼嫩，易引起枝条蒸腾失水而死亡。所以夏季扦插育苗的技术关键是提高空气的相对湿度，减少插穗叶面蒸腾，维持体内水分代谢平衡，进而提高扦插生根成活率。夏季扦插采用的方法常有荫棚下塑料小拱棚扦插和全光照自动间歇喷雾扦插。

3.秋季扦插

秋插是在插穗发育充实、营养物质丰富、生长已停止但未进入休眠期的枝条进行扦插。这时扦插，枝条内抑制物质含量未达到最高峰，可促进愈伤组织提早形成，有利于生根。而且，秋季气温变化、地温较气温冷得晚，有利于根原基及早形成。秋插宜早，以利物质转化完全，安全越冬，来年春天迅速生根，及时萌芽，提高插穗成活率。该季节扦插育苗的技术关键是采取措施提高地温。秋季扦插采用的方法常用塑料小棚保护地扦插育苗，北方还可采用阳畦扦插育苗。

4.冬季扦插

冬插是利用打破休眠的休眠枝进行温床扦插。北方应在塑料棚或温室进行，在基质内铺上电热线，以提高扦插基质的温度。南方则可直接在苗圃地扦插，插穗在地里经过休眠处理，气温逐渐上升时，插穗开始生根发芽，扦插苗的生长较春季扦插成活的苗木健壮、旺盛。

不同的地区对于不同的树种可选择不同的时期。落叶树的扦插，春、秋两季均可进行，但以春季为多，北方在土壤开始化冻时即可进行，一般在3月中下旬至4月中下旬。秋插宜在土壤冻结前随采随插，我国南方温暖地区普遍采用秋插。在北方干旱寒冷或冬季少雪地区，秋插时插穗易遭风干和冻害，故扦插后应进行覆土，待春季萌芽时再把覆土扒开。为解决秋插困难，减少覆士等越冬工作，可将插条贮藏至来春进行扦插，比较安全。落叶树的生长期扦插，多在夏季第一期生长终了后的稳定时期进行。

生产实践证明，在许多地区，许多树种一年四季都可进行扦插。如石榴、金丝桃、蔷薇、野蔷薇、栀子及松柏类等在杭州均可四季扦插。南方常绿树种的扦插，多在梅雨季节进行。一般常绿树生根需要较高的温度，故常绿树的插条宜在第一期生长终了，第二期生长开始之前剪取。此时正值南方5～7月梅雨季节，雨水多，湿度高，插条易于成活。

二、扦插繁殖的种类和方法

1.扦插的种类

在植物扦插繁殖中，根据使用的繁殖材料不同，可分为枝插、根插、芽插、叶插、果实插等，如图4-4。

园林植物种类繁多，习性各异，在扦插繁殖中，根据不同植物的生长习性，在不同的时期采取相应的扦插方法。其中最常用的是枝插，其次是根插和叶插，果实插使用很少。

（1）枝插

枝插是园林树木中使用最多的扦插方法，根据枝条的成熟程度与扦插季节分为休眠枝扦插与生长枝扦插，按使用材料的形态及长短不同而分出各种枝插。

① 休眠枝扦插　休眠枝扦插是利用木本植物已经休眠的枝条作插穗进行扦插，由于休眠枝条已经木质化，又称为硬枝扦插（hardwood cutting）。通常分为长穗插和单芽插两种方法。长穗插是用两个以上的芽进行扦插，单芽插是用一个芽的枝段进行扦插，由于枝条较

短，故又称为短穗插。

a.长穗插　通常有普通插、踵形插、槌形插等（图4-5）。

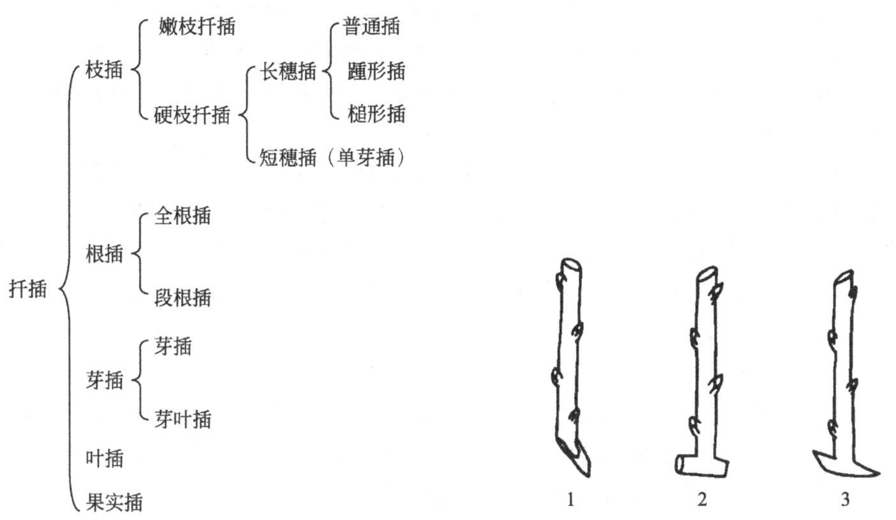

图4-4　扦插繁殖分类示意图

图4-5　插条的剪取与硬枝扦插（俞玖，1997）

1—踵形插；2,3—槌形插

ⅰ.普通插：是木本植物扦插繁殖中应用最多的一种，大多数树种都可采用这种方法。既可采用插床扦插，也可大田扦插，如平畦或垄作。一般插穗长度10～20cm，插穗上保留2～3个芽，将插穗插入土中或基质中，插入深度为插穗长度的2/3。凡插穗较短的宜直插，既避免斜插造成偏根，又便于起苗。

ⅱ.踵形插：插穗基部带有一部分二年生枝条，形同踵足，这种插穗下部养分集中，容易生根，但浪费枝条，即每个枝条只能取一个插穗，适用木瓜、松和柏类、桂花等难成活的树种。

ⅲ.槌形插：是踵形插的一种，基部所带的老枝条部分较踵形插多，一般长2～4cm，两端斜削，成为槌状。

除以上三种扦插方法外，为了提高生根成活率，在普通插的基础上，还形成了以下几种扦插方法。

ⅰ.割插：插穗下部自中间劈开，夹以石子等。利用人为创伤的办法刺激伤口愈伤组织产生，扩大插穗的生根面积。此法多用于生根困难，且以愈伤组织生根为主的树种，如梅花、茶花、桂花等。

ⅱ.土球插：将插穗基部裹在较黏重的土壤球中，再将插穗连带土球一同插入土中，利用土球保持较高的水分。此法多用于常绿树和针叶树，如雪松、竹柏等。

ⅲ.肉瘤插：此法是在枝条未剪下树之前的生长季中以割伤、环剥等办法造成插穗基部形成肉瘤状突起物，增大营养贮藏，然后切取进行扦插。此法程序较多，且浪费枝条。多用于生根困难的珍贵树种繁殖。

ⅳ.长干插：即用长枝扦插，一般用50cm以上的1至多年生枝干作为插穗，多用于易生根的树种。用这种方法可在短期内得到有主干的大苗。

b.短穗插：用只具一个芽的枝条进行扦插，选用枝条短，一般不足10cm，较节省材料，但插穗内营养物质少，且易失水，因此，下切口斜切，扩大枝条切口吸水面积和愈伤面，有利于生根，并需要喷水来保持较高的空气相对湿度和温度，使插穗在短时间内生根成活。此法多用于常绿树种进行扦插繁殖。用此法扦插白洋茶，枝条2.5cm左右，2～3个月生根，成活率可达90%，桂花扦插的成活率达70%～80%。

休眠枝扦插前要整理好插床。露地扦插要细致整地，施足基肥，使土壤疏松，水分充足。必要时要进行插壤消毒。扦插密度可根据树种生长快慢、苗木规格、土壤情况和使用的机具等而定。一般株距10～50cm，行距30～80cm。在温棚和繁殖室，一般密插，插穗生根发芽后，再进行移植。

② 生长枝扦插　在生长季中，用生长旺盛的幼嫩枝或半木质化的枝条作插穗进行扦插，也叫嫩枝扦插（softdwood cutting）。嫩枝中含水量高，薄壁细胞多，分生能力强，细胞代谢旺盛，酶的活性强，可溶性营养物质也多，新叶能生产部分光合产物，这些都有利生根，很多树种都适宜利用幼嫩枝茎扦插。根据插穗形态和枝条状况不同，嫩枝扦插可分为半软材扦插、软材扦插、芽叶插等。

a.半软材扦插（嫩枝扦插）：在生长季节，从木本植物当年半木质化的粗壮嫩枝上剪取枝条进行扦插。过嫩或过分木质化的枝条都不太适宜。插穗长度一般比硬枝插穗短，多数带1～4个节间，长5～20cm，保留部分叶片，叶片较大的剪去一半。下切口位于叶及腋芽下，以利生根，剪口可平可斜。然后扦插于插壤上（图4-6）。

b.软材扦插：选取植物枝梢部分做插穗进行扦插。插穗长度依植物种类、节间长度和组织软硬程度而异，通常5～10cm。组织以老熟适中为宜，过于柔嫩易腐烂，过老则生根缓慢。软材扦插应该保留一部分叶片，便于生根。切口宜靠近节下，多汁液植物应使切口干燥后再扦插，以防切口感染病菌而腐烂。

c.芽叶插：插穗仅有一芽附一片叶，芽下部通常带有一段茎。插入插床后，仅露芽尖即可，扦插后注意保持插穗的湿度。易于生不定根的植物如橡皮树、桂花、山茶、天竺葵、八仙花等宜采用这种方法。

生长枝扦插时期，在南方，春、夏、秋三季均可进行，北方则主要在夏季早晨和晚上进行，随采随插，多在疏松通气、保湿效果较好的扦插床上扦插，扦插深度3cm左右，密度以两插穗之叶片互不重叠为宜，以保持足够的光合作用。生长枝扦插要求空气湿度高，以避免植物体内大量水分蒸腾，现多采用全光照自动间隔喷雾扦插设备。荫棚内小塑料棚扦插时，可采用大盆密插、水插等方法（图4-7），以保证适宜的空气湿度。此类扦插在插床上穗条密度较大，多在生根后立即移植到圃地生产。

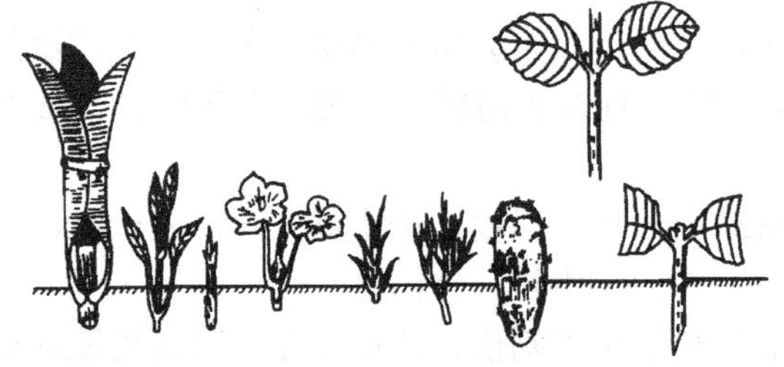

图4-6　嫩枝扦插方法

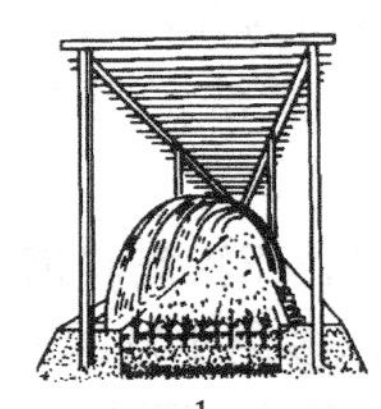

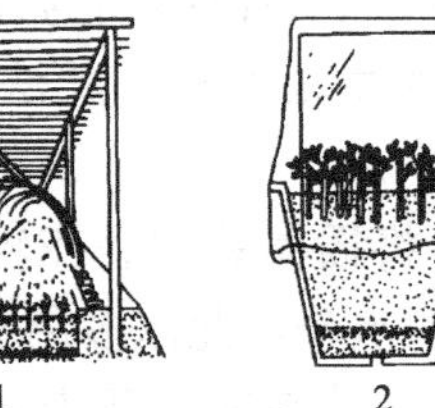

图4-7　嫩枝扦插法

1—塑料棚扦插；2—大盆密插；3—暗瓶水插

（2）根插

对于一些枝插生根较困难、而根能萌发不定芽的树种，可用根插进行繁殖，以保持其母本的优良性状。

① 采根　一般选择生长健壮的幼龄树或1～2年生的实生苗作为采根母树，根穗的年龄以一年生为好。采根一般在树木休眠期进行，若从单株树木上采根，一次采根不能太

多，否则影响母树的生长。采根时勿伤根皮，采后及时埋藏处理。在南方最好早春采根随即进行扦插。

② 根穗的剪截　根据树种的不同，可剪成不同规格的根穗。为区别根穗的上、下端，可将上端剪成平口，下端剪成斜口。一般根穗长度为15～20cm，大头粗度为0.5～2cm。有些树种如香椿、刺槐、泡桐等也可用细短根段，长3～5cm，粗0.2～0.5cm。

③ 扦插　根插育苗多用低床，也可用高垄。在扦插前先细致整地，灌足底水。因根穗柔软，不易插入土中，通常先在床内开沟，将根穗垂直或倾斜埋入土中，上面覆土1～2cm。插时注意根的上下端，不要插倒。扦插后至发芽生根前最好不灌水，以免地温降低和由于水分过多引起根穗腐烂。

（3）叶插

一些植物具有肥厚的叶片、粗壮的叶柄和叶脉，在给予适宜的温度、湿度条件下，叶片上能发生不定根及不定芽，可以进行扦插。这类植物以草本花卉、观叶植物为主。叶插按萌芽的不同部位分为全叶插、片叶插。

① 全叶插　用完整的叶片作为插穗进行扦插的方法。按照叶片扦插的部位不同可分为两种：叶片平置法和叶柄插法。

a.叶片平置法：切去叶柄，将叶片平铺于沙面上，用铁针或竹针将其固定在沙面上，使叶片与沙面紧密接触，幼小植物体从叶缘处、叶片基部、叶脉等处长出。如落地生根、秋海棠等。

b.叶柄插法：将叶柄插入沙床，叶片立于沙面，叶柄基部产生不定根和不定芽。如大岩桐、非洲紫罗兰、苦苣苔等。

② 片叶插　将叶片切割成数块，分别进行扦插，每块叶形成不定芽并长出根系。如蟆叶秋海棠、豆瓣绿等。

2.扦插方法

不同植物的习性不同，扦插方法也不同，生产实践中常用的方法有垂直插、斜插、船底插、深层插。

（1）直插

直插是扦插繁殖中应用最广的一种，多用于较短的插穗。大田育苗时，常采用这种方法大面积育苗。嫩枝扦插在全光照自动间歇喷雾扦插床上经常采用直插法，可有效地节约空间。插入深度应根据树种和环境而定。落叶树种插穗全插入地下，上露一芽或与地面平；在南方温暖湿润地区，露地扦插时可使芽微露；在温棚和繁殖室内，插穗上端一般都要露出扦插基质；常绿树种插入地下深度应为插穗长度的1/3～1/2；如能人工控制环境条件，扦插深度越浅越好，可为0.5cm左右，不倒即可。

（2）斜插

适用于落叶植物，在植物落叶后发芽前进行。将长15～20cm的插穗斜插入土中，插入部分向南，与地面成45°角，插后将土壤踩实，使插穗与土壤紧密接触，保持土壤的水分与通气条件。

（3）船底插

藤本类蔓生植物枝条较长，在扦插中将插穗平放或弯成船形进行扦插，即为船底插。

（4）深层插

将长1m以上的插穗深深插入土中，上部用松散土壤埋住，只露出稍部，由于插入土壤中较深，固为深层插。这种方法成活率较高，在较短时间内可培养出所需的大苗，但插穗下部入土较深，通气不良，下切口生根较少。而上层土壤空气流通较好有利于生根，从而形成埋在土里的部位上部根系多、下部稀少的状况。此种方法由于插穗过长移植困难，所以具体的扦插深度应根据植物生根难易、土壤性质及插穗长度而定。

第六节　扦插后管理

扦插后管理非常重要，为确保插穗生根，需要调节好湿度、温度、光照、通气等条件，促使插条尽快生根，其中以保持较高的空气湿度最为重要。

一、湿度

扦插后插条需要保持适当的湿度，这是扦插成活环境条件中最关键的因子。插条作为独立个体从母树上剪下后，根部向叶片正常供水过程已被切断，但蒸腾作用仍继续进行，水分大量蒸腾可使插条在生根前因失水而死亡。故在插穗生根前必须使叶片蒸腾作用降到最低，以保持插条的活力。欲使叶片蒸腾作用达到最小限度，首先要使叶片周围空气的水气压与叶内细胞间隙的水气压相等才行，即保持一定大气的相对湿度，一般空气湿度保持在80%～90%时为宜。其次，要使扦插基质中有较高的含水量，同时又要疏松透气。大田扦插的植物多具备易生根、插穗营养物质充足这两个条件，多为硬枝扦插或根插，通常在扦插后立即灌足底水，使插穗与土壤紧密接触，做好保墒与松土。还可以采取地膜覆盖、遮阴、喷雾、浇水、覆土等措施保持基质和空气的湿度。嫩枝扦插和叶插由于插穗幼嫩，失水快，更应加强管理。嫩枝露地扦插用塑料棚保湿时，每周浇水1～2次即可，但要注意调节棚内的温度和湿度，必要时搭荫棚遮阴降温。在空气温度较高而且阳光充足的地区，可采用全光照间歇喷雾扦插床进行扦插，保持叶片水分处于饱和状态，使插穗处于最适宜的水分条件下。

二、温度

园林植物的最适生根温度一般为15～25℃，要求基质温度比气温高3～5℃。早春地温较低，一般达不到温度要求，需要覆盖塑料薄膜或铺设地热线等措施增温催根。夏秋季节地温高，气温更高，需要通过喷水、遮阴等措施进行降温。在大棚内喷雾可降温5～7℃，在露天扦插床喷雾可降温8～10℃。

温室、大棚能保持较高的空气湿度和温度，并且具有一定的调节能力。棚内温度过高，可通过遮阴网降低光照强度、减少热量吸收，或适当开天窗通风降温、喷水降温，保持室内、棚内适宜的环境条件，维持插穗生根成活。插床的基质具有通气良好、持水力强的特点。因此，既可用于硬枝扦插，也可用于叶插、嫩枝扦插。

三、除萌或摘心

扦插苗在未生根之前若带有花芽，应及早摘除，若地上部先展叶，应摘去部分叶片，以减少养分消耗，保证生根的营养供给。若培育主干型的园林苗木，当新萌芽苗长到15～30cm高时，应选留一个生长健壮、直立的新梢，其余萌芽条全部除掉，达到培育优质壮苗的目的；对于培育丛生型的园林苗木，应选留3～5个萌芽条，将多余的萌芽条除去；如果萌芽条较少，在苗高达30cm左右时，应采取摘心的措施来增加枝条量，以达到不同的育苗要求。

四、施肥

在扦插苗生根发芽成活后，插穗内的养分已基本耗尽，则需要进行施肥，应加强日常的田间管理。充足供应肥水，满足苗木生长对水分和矿物质营养的需求，必要时，可以采取叶面喷肥的办法，插后每隔1～2周喷洒0.1%～0.3%的氮磷钾复合肥。硬枝扦插可将速效肥稀释后随浇水施入苗床。

五、炼苗与移植

扦插之后，当插穗生根展叶方可逐渐开窗流通空气，降低空气湿度，使其逐渐适应外界环境条件，便于移植后成活。

多数扦插基质本身所含养分较少，扦插初期密度又大，所以扦插成活后，为保证幼苗正常生长，应及时起苗移栽，尤其嫩枝扦插、叶插的植株。移植时最好要带土球，移植后的最初几天，要注意遮阴、保湿。

硬枝扦插后生长较快的种类可在当年休眠期后移植，生长慢的常绿针叶种类，可培养2～3年后移植；嫩枝扦插一般在扦插苗不定根已长出足够的侧根，根群密集但又不太长时进行，扦插早或生根及生长快的种类，可在休眠前进行移植；扦插晚或生根慢或不耐寒的种类，可在苗床上越冬，翌年春季移植；叶插苗初期生长缓慢，生根后等苗长到一定大小时再移植；草本扦插苗生长迅速，生根后及时移植，当年即可获产品出售。

另外，应配合松土进行除草，减少杂草与苗木对养分和水分的竞争，为苗木根系生长创造良好的环境条件。除草的方法有化学除草剂除草和人工除草两种，除草的原则是“除早、除小、除了”。还要加强病虫害防治，消除病虫危害对苗木生长的影响，提高苗木生长的质量。冬季寒冷地区还要采取越冬防寒措施。

第七节　扦插育苗新技术

一、基质电热温床催根育苗技术

电热温床育苗技术是利用植物生根的温差效应，创造植物愈伤及生根的最适温度而设计的。利用电加温线增加苗床地温，促进插穗发根，是一种现代化的育苗方法。因其利用电热加温，目标温度可以通过植物生长模拟计算机人工控制，又能保持温度稳定，有利于插穗生根。在观赏树木扦插、林木扦插、果树扦插、蔬菜育苗等方面，都已广泛应用。先在室内或温棚内选一块比较高燥的平地，用砖作沿砌宽1.5m的苗床，底层铺一层黄沙或珍珠岩。在床的两端和中间，放置7cm×7cm的方木条各1根，再在木条上每隔6cm钉上小铁钉，钉入深度为小铁钉长度的1/2，电加温线即在小铁钉间回绕，电加温线的两端引出温床外，接入育苗控制器中。其后再在电加温线上铺以湿沙或珍珠岩，将插穗基部向下排列在温床中，再在插穗间填铺湿沙（或珍珠岩），以盖没插穗顶部为止。苗床中要插入温度传感探头，感温头部要靠近插穗基部，以正确测量发根部的温度。通电后，电加温线开始发热，当温度升为28℃时，育苗控制器即可自动调节进行工作，以使温床的温度稳定在28℃范围内。温床每天开启弥雾系统喷水2～3次以增加湿度，使苗床中插穗基部有足够的湿度。苗床过干，插穗皮层干萎，就不会发根；水分过多，会引起皮层腐烂。一般植物插穗在苗床保温催根10～15天，插穗基部愈伤组织膨大，根原体露白，生长出1mm左右长的幼根突起，此时即可移入田间苗圃栽植。过早过迟移栽，都会影响插穗的成活率。移栽时，苗床要筑成高畦，畦面宽1.3m，长度不限，可因地形而定。先挖与畦面垂直的扦插沟，深15cm，沟内浇足底水，插穗以株距10cm的间隔，将其竖直在沟的一边，然后用细土将插穗用壅土压实，顶芽露在畦面上，栽植后畦面要盖草保温保湿。全部移栽完毕后，畦间浇足一次定根水。

该技术特别适用于冬季落叶的乔灌木枝条，通过枝条处理后打捆或紧密竖插于苗床，调节最适的枝条基部温度，使伤口受损细胞的呼吸作用增强，加快酶促反应，愈伤组织或根原基尽快产生。如杨树、水杉、桑树、石榴、桃、李、葡萄、银杏、猕猴桃等植物皆可利用落叶后的光秃硬枝进行催根育苗。具有占地面积小、密度高的特点（1m^{2}可排放插穗5000～10000株）。

二、全光照自动喷雾技术

1.全光自动喷雾扦插的由来

插穗在长时间的生根过程中，插条能否生根成活，最重要的是保持枝条不失水。若枝条失去了水分，生根就没有希望。扦插过程中所采取的各种措施都是为了保持枝条的水分，为了给脱离母株的枝条创造不失水，而且还能得到补充枝条生命活动所需的水分，及适宜生根的其他营养和环境条件。

早在1941年美国的莱尼斯、卡德尔和弗希尔等同时报道了应用喷雾技术可以保持枝条不失水分，而且促进了插条生根的效果。赫斯和施耐德曾提出应用时钟控制喷雾装置。兰亨和彼德逊发明了用阳光控制。普列顿则提出空气湿润法。20世纪60年代美国康奈尔大学发明了用电子叶控制间歇喷雾装置，并证明其效果及经济效益优于前三者，才使雾插的喷雾装置进入生产应用阶段。1977年国内开始报道并引用了这种新技术，20世纪80年代初南京林业大学的谈勇，首先报道了“电子叶”间歇喷雾装置的研制和在育苗中的成功应用。湖南省林科所和其他单位相继研制了改良型“电子叶”和“电子苗”，北京市园林局、中科院北京植物园等也先后研制成功“电子叶”间歇喷雾装置。1983年吉林铁路分局许传森研制了干湿球湿度计原理的传感器及其全套喷雾装置，并推广到全国许多育苗单位使用。1987年林业部科技情报中心研制了2P—204型自动间歇喷雾装置的水分蒸发控制仪也向全国推广。仅十几年时间，全光雾插遍及全国许多育苗单位，1995年中国林科院又推出了旋转式全光雾插装置，大大提高了育苗苗床的控制面积，产生了很好的育苗效果和经济效益。

2.全光自动喷雾装置

（1）湿度自控仪

接收和放大电子叶或传感器输入的信号，控制继电器关启，继电器关启与电磁阀同步，从而控制是否喷雾。湿度自控仪内有信号放大电路和继电器。

（2）电子叶和湿度传感器

电子叶和湿度传感器是发生信号的装置。电子叶是在一块绝缘板上安装上低压电源的两个极，两极通过导线与湿度自控仪相连，并行成闭合电路。湿度传感器是利用干湿球温差变化产生信号，输入湿度自控仪，从而控制喷雾。

（3）电磁阀

电磁阀即电磁水阀开关，控制水的开关，当电磁阀接受了湿度自控仪的电信号时，电磁阀打开喷头喷水。当无电信号时，电磁阀关闭，不喷水。

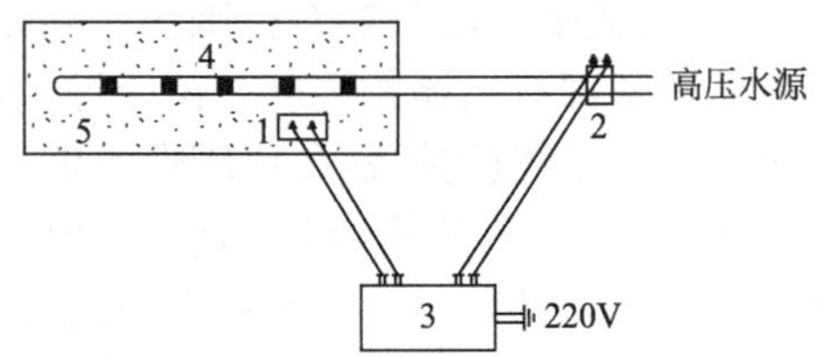

图4-8　全光自动喷雾装置图

1—电子叶；2—电磁阀；3—湿度自控仪；4—喷头；5—扦插床

（4）高压水源

全光自动喷雾对水源的压力要求为1.5～3kg/cm，供水量要与喷头喷水量相匹配，供水不间断。小于这个水的压力和流量，喷出的水不能雾化，必须有足够的压力和流量。全光自动喷雾装置（图4-8）。

3. 工作原理

喷头能否喷雾，首先在于电子叶或湿度传感器输入的电信号。电子叶和湿度传感器上有两个电极，当电子叶上有水时，电子叶或湿度传感器闭合电路接通，有感应信号输入，微弱电信号通过无线电路信号逐级放大，放大的电信号先输入小型继电器，小型继电器再带动一个大型继电器，大型继电器处于有电的情况下，吸动电磁阀开关处于关闭状态。当电子叶上水膜蒸发干时，感应电路处于关闭状态，没有感应信号输入小型继电器和大型继电器。大型继电器无电，不能吸下电磁阀开关，电磁阀开关处于开合状态，电磁阀打开，喷头喷水。水雾达到一定程度时，又使电子叶闭合电路接通，有感应信号输入，又经上述信号放大，继电器联动、吸动电磁阀开关关闭。这样周而复始地进行工作。

4. 全光自动喷雾扦插注意事项

全光自动喷雾扦插的基质必须是疏松通气、排水良好、防止床内积水使枝条腐烂，但又保持插床湿润。

全光自动喷雾扦插的插穗，一般来讲，插穗所带叶片越多，插条越长，生根率就随之提高，较大的插穗成活后苗木生长健壮，插穗太长，浪费插穗，使用上不经济。因此一般以15cm左右为宜。相反，枝条叶片少，又短小，成活率低，苗木质量差，移栽成活率低。插条下部插入基质中的叶片、小枝要剪掉。

全光自动喷雾扦插若采用生根激素处理，更能促进插穗生根，特别是难生根的树种采用激素处理能提高生根率，可提前生根，增加根量。自动喷雾扦插容易引起枝条内养分溶脱，原因是经常的淋洗作用，使枝条内激素也被溶脱掉。使用激素处理可增加枝条养分，并提前生根，因此采用喷雾扦插加激素处理就显得更为重要。

三、雾插（空气加湿、加温育苗）技术

冬季寒冷的季节育苗，就需开启空气加热系统。用于加热的热源有空气加热线或燃油燃气热风炉，安上热源后，再与植物生长模拟计算机联接后实现自控，使空气温度达到最适。另外用于植物快繁中的雾插（或气插）技术，为密闭的雾插室提供稳定的生长生根温度。

1. 雾插的特点

雾插是在温室或塑料棚内进行的，把当年生半木质化枝条用固定架把插穗直立固定在架上，通过喷雾、加温，使插穗保持在高湿适温和一定光照条件下，愈合生根，也称气插。气插因为插穗处于比土壤更适合的温度、湿度及一定光照环境条件下，所以愈合生根快，成苗率高，育苗时间短，如枣用气插法5天生根就达80%，珍珠梅气插后10天就能生根，如土插就要1个多月。气插法节省土地，可充分利用地面和空间进行多层扦插。其操作简便，管理容易，不必进行掘苗等操作，根系不受损失，移植成活率高。它不受外界环境条件限制，运用植物生长模拟计算机自动调节温度、湿度，适于苗木工厂化生产。

2. 雾插的设施与方法

（1）雾插室（或气插室）

一般为温室或塑料棚，室内要安装喷雾装置和扦插固定架。

（2）插床

为了充分利用室内空间，在地面用砖砌床，一般宽为1～1.5m，深20～25cm，长度以温室或棚长度而定，床底铺3～5cm厚的碎石或炉渣，以利渗水，上面铺上15～20cm厚的沙或蛭石作基质，两床之间及四周留出步道，其一侧挖10cm深的水沟，以利排水。

（3）插条固定架

在插床上设立分层扦插固定架。一种是在离床面2～3cm高处，用8号铅丝制成平行排

列的支架，行距8～10cm，每号铅丝上弯成“U”字形孔口，株距6～8cm，使插条垂直卡在孔内。另一种是空中分层固定架，这种架多用三角铁制作，架上放塑料板，板两边刻挖等距的“U”形孔，插条垂直固定在孔内，孔旁设活动挡板，防止插条脱落。

（4）喷雾加温设备

为了使气插室内有穗条生根适宜及稳定的环境，棚架上方要安装人工喷雾管道，根据喷雾距离安装好喷头，最好用弥雾，通过植物生长模拟计算机使室内相对湿度控制在90%以上，温度保持25～30℃，光照强度控制在600～800 lx。

3.雾插繁殖的管理

（1）插前消毒

因气插室一直处于高湿和适宜温度下，有利病菌的生长和繁衍。所以必须随时注意消毒，插前要对气插室进行全面消毒，通常用0.4%～0.5%的高锰酸钾溶液进行喷洒，插后每隔10天左右用1∶100的波尔多液进行全面喷洒，防止菌类发生，如出现霉菌感染可用800倍退菌特喷洒病株，防止蔓延，严重时可以拔掉销毁。

（2）控制气插室的温、湿和光照

插穗环境要使其稳定适宜，如突然停电，为防止插条萎蔫导致回芽和干枯，应及时人工喷水。夏季高温季节，室内温度常超过30℃，要及时喷水降温，临时打开窗户通风换气，调节温度。冬季白天利用阳光增温，夜间则用加热线保温，或用火道、热风炉等增温。

（3）及时检查插穗生根情况

当新根长到2～3cm时就可及时移植或上盆，移植前要经过适当幼苗锻炼，一般在避阳棚或一般温室内，待生长稳定后移到露地。

第五章

园林植物嫁接繁殖

嫁接（grafting）是将优良品种植株的枝或芽接到另一植株的枝干或根上，使之愈合成一个独立的新植株，这个过程称为嫁接，这样得到的苗木叫嫁接苗。用作嫁接的枝或芽称为接穗或接芽，承受接穗的部分称为砧木。

嫁接苗的主要特点是：嫁接繁殖的接穗是取自阶段性成熟、性状已稳定的优良品种的植株，因而能保持其母体品种的优良性状而不易发生变异；嫁接苗比实生苗进入开花结果年龄早；可利用砧木的适应性和抗逆性，增强和扩大园林植物对环境条件的适应范围；可用砧木的特性控制树体大小；对于用扦插、压条和分株方法不易繁殖的木本花卉，如桂花、梅花、白兰、山茶等都必须通过嫁接，才能大量繁殖苗木。也用于仙人掌类必须依赖绿色砧木生存的不含叶绿素的紫、红、粉、黄色品种，或用于适应性差、生长势弱，但观赏价值较高的品种。嫁接的另外一个重要作用是实现花卉的特殊造型，如以黄蒿作砧木的塔菊的培养；直立砧木上垂枝桃、龙爪槐、蟹爪兰、仙人指等下垂品种的造型；在一株砧木上多个花色品种的嫁接造型，以及通过嫁接对古树名木的树形、树势进行恢复补救等。

总之，现代园林植物，嫁接已不仅是一种繁殖方法，更重要的是把它作为影响作物性状和获得高产、优质、特异观赏价值的重要手段。

第一节　嫁接的原理

嫁接成活的原理：嫁接成活主要靠砧木（stock）和接穗（scion）接合部受伤形成层的再生，嫁接后砧穗双方形成层细胞迅速分裂，形成愈伤组织，充满砧穗间的空隙。愈伤组织形成后，细胞开始分化，产生胞间连丝，把彼此间细胞的原生质互相沟通起来。因此，分化出新的输导系统，把砧穗间原有的输导系统连接起来，进行营养交流，使地上部与地下部恢复平衡，而成为一个独立的新植株。

愈伤组织是在伤口的刺激下，在愈伤激素的作用下，使伤口附近细胞迅速分裂而形成的。

形成层是产生愈伤组织的主要部位，其次是射髓和绿皮层。因此嫁接时使砧穗形成层对准密接是嫁接成活的关键。

第二节　影响嫁接成活的因素

一、植物内在因子

1. 嫁接亲和力

嫁接亲和力是影响嫁接成活的主要因素。嫁接亲和力是指砧穗双方能共同形成一个有统一代谢机能的新个体的能力。嫁接亲和与否，不仅要看接口愈合情况，而且要看其能否进行正常的生命活动，结合牢固与否，能否正常生长。亲和力对结果生产的影响很大，如砧木不适宜，有的造成缺苗断条，有的全园死亡。

嫁接不亲和的表现是嫁接后不成活；嫁接成活率低；嫁接后虽能成活，但有种种不良表现，如接后虽能开花结果，但树体弱，易早衰或形成小脚现象，或虽能正常生长、开花结果，但结合不牢固，易劈折等。

生产实践证明砧穗在植物分类上的亲缘关系与亲和力有密切关系。一般亲缘关系越近亲和力越强。嫁接亲和力虽与亲缘关系远近有关，但也有特殊情况，如梨与苹果亲缘虽近，但二者不易成活，成活后生长不正常。而仙人掌科的许多属间，柑橘亚科的各属间，菊花与黄蒿、青蒿及白蒿间却有成活的组合。不同科间由于亲缘太远，很难成功，在生产上尚无应用。

2. 砧穗的贮藏营养和生理状态与嫁接成活的关系

砧穗双方有机营养含量，保护组织健全与否，以及砧穗水分含量多少等，都能影响愈伤组织形成的快慢和多少。而这些，均与嫁接成活有密切关系。因此，生产中应特别注意接穗的选取和保存，以保证接穗旺盛的生活力，提高嫁接的成活率。

3. 砧穗间细胞组织结构的差异

由于愈伤组织是通过砧穗形成层薄壁细胞的分裂形成的，因此砧穗间形成层薄壁细胞的大小及结构的相似程度直接影响砧穗的亲和性及亲和力大小。如果差异大，有可能出现完全的不亲和；差异小则可能形成生产上所谓的“大脚”（即愈合处砧木端较粗）或“小脚”（即愈合处砧木端较细）现象，个别还易形成瘤状（图5-1）。只要生长表现正常，并不影响生产。

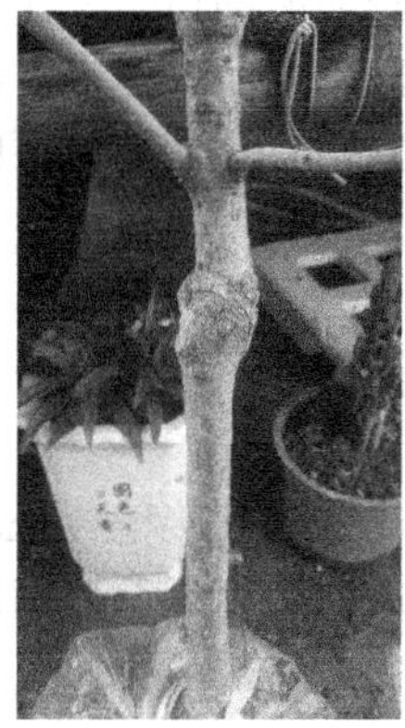

图5-1　砧木选择不当导致的“大脚（左）”、“小脚（中）”与“瘤状”（右）现象

二、技术因子

要使砧穗快速愈合，应该使砧穗形成层的接触面尽可能大，且接合良好。要做到这些，必须有成熟的嫁接技术保证，包括嫁接刀的锋利、操作快速准确、嫁接口光滑平整、砧穗切口形成层相互吻合、砧穗接合紧密、绑扎牢固密闭。

三、环境条件

温度、湿度、通气及光照等环境条件，尤其前两项是影响愈伤组织形成的限制因子。

1. 温度与愈伤组织形成的关系

植物的愈伤组织只有在一定温度条件下，才能形成生长。一般适宜温度在20～25℃左右，如表5-1。

表5-1　不同温度对不同树种愈伤组织生长量的影响

树种＼愈伤组织生长量*/mg＼温度/℃	10	15	20	25	30	35	40
杏	微量	2.6	18.5	17.4	2.3	微量	0
碧桃	0	2.5	14.2	11.5	1.4	微量	0
苹果、海棠	微量	1.5	11.6	17.4	0.7	0.5	0
梨	微量	1.0	12.5	18.4	1.2	1.5	0
板栗	0	0.5	2.8	8.1	8.1	2.7	0
枣	0	1.0	12.5	47.7	47.7	20.1	微量

* 12天后1cm长愈伤组织的鲜重。

由表5-1可见，不同树种间形成愈伤组织所需求的适温差别较大。在自然界中，各种树木形成愈伤组织所需要的适温与该树种萌芽生长所需要的温度成正相关。即萌芽生长早的，如杏、碧桃所需温度较低，萌芽生长较晚的如枣，所需温度较高。杏、碧桃愈伤组织形成的高峰为20℃左右。苹果、海棠为20～25℃。因此，春接的顺序要根据这个原理来决定。而夏秋季嫁接一般都能满足这个要求，所以先后顺序要求不严格。

2.湿度与愈伤组织形成的关系

形成愈伤组织本身要求一定的湿度。另外，接穗只有在一定的温度条件下，才能保持它的生活能力。一般砧木由于它本身的根能吸收水分，通常都能形成愈伤组织。但因接穗是离体的，湿度太低就会干死；湿度太高，空气不足，应会窒息而死。生产实践中，常因湿度不足而嫁接失败。

据报道，大多数落叶树木形成愈伤组织最适宜的土壤湿度在14.1%～17.5%之间。但土壤含水量达25%以上时，就不易形成愈伤组织（表5-2）。

表5-2　不同湿度对几个树种接穗愈伤组织生长量*的影响

树种＼愈伤组织生长量*/mg＼土壤含水量/%	8.6	11.5	14.1	16.0	17.5	19.8	25.0
苹果	0	微量	7.8	19.2	11.5	6.5	0
核桃	0	0	2.5	21.3	10.2	0	0
梨	0	2.3	8.5	20.2	14.2	10.4	0
枣	微量	3.5	20.4	20.5	16.4	4.6	0

* 12天后1cm长愈伤组织的鲜重。

嫁接时不仅要保持一定的土壤含水量，而且要保持接口的水分。因此，要把接口包扎起来，减少水分的蒸发。绿枝嫁接时，除注意土壤含水量外，空气湿度对嫁接成活也有很大影响。雨季温度高，湿度大，不宜嫁接。其他，如空气、光照和嫁接技术水平等，对嫁接成活都有一定影响。

3.通气

愈伤组织的生长需要充足的氧气，而较高的湿度就意味着氧气的不足，生产上用培土保湿时要根据土壤含水量的高低来调节培土的多少，或用既透气又不透水的聚乙烯膜封扎嫁接口和接穗。

4.光照

光照对愈伤组织的生长有明显的抑制作用。黑暗条件下愈伤组织形成多而嫩，砧穗容易愈合；光照条件下，愈伤组织形成少而硬，砧穗不易愈合。

第三节　砧木和接穗

嫁接苗是由砧穗双方组成的具有统一代谢机能的新个体。俗话说："根靠叶养，叶靠根长"，因而在其生长发育过程中，必然相互作用，相互影响。在砧穗的相互关系中，砧木和接穗的相互影响，对生产具有重要意义。

一、砧木对接穗的影响

1. 对生长的影响

砧木对接穗生长的影响，主要表现在以下两个方面。

(1) 乔化作用

砧木对生长方面的影响是非常明显的。有些砧木能使接穗长成高大的树体，这种影响称为乔化。对接穗具有乔化作用的砧木，称为乔化砧，如利用乔化砧嫁接龙爪柳，利用蔷薇嫁接月季，可以生产出树状月季，使嫁接后的植物具有特殊的观赏效果。垂枝桃、垂枝槐等只有嫁接在直立生长的砧木上方才能体现下垂的优美姿态。

(2) 矮化作用

有的砧木能使树体变小，这种影响称为矮化。对接穗具有矮化作用的砧木称为矮化砧。嫁接碧桃盆栽观赏，必须用寿星桃作砧木，寿星桃能使嫁接苗矮化。

2. 对开花结果的影响

由于接穗嫁接时已处于成熟阶段，砧木根系强大，能提供充足的营养，使其生长旺盛，所以嫁接苗比实生苗或扦插苗生长茁壮，能提早开花结实，如嫁接的银杏在盆子里就能结实。

3. 对抗逆性和适应性的影响

嫁接用的砧木一般都是野生和半野生的，它具有较广泛的适应性，如抗寒、抗旱、抗涝、抗盐碱和抗病虫等。因而使嫁接树的抗逆性和适应性也有明显的提高。如牡丹嫁接在芍药根上、西鹃嫁接在毛白杜鹃上均可提高其适应能力。如毛桃耐湿性强，但抗寒性不如山桃。因此，在选用梅花砧木时，南方选用毛桃，北方多选用山桃。

砧木对嫁接的树木，虽然具有多方面的影响，但这些影响是在接穗的遗传性已经稳定的条件下产生的。因此这种影响是属于生理性状方面的改变，只表现在嫁接树的当代，而不是遗传基础的改变。

常见园林植物常用砧木见表5-3。

表5-3　常用砧木一览表

接穗	砧木	接穗	砧木	接穗	砧木
云南山茶	野生山茶	仙人掌类	量天尺、草球	含笑	黄兰、木兰
月季	蔷薇	梅花	山杏、山桃	白兰	黄兰、木笔
碧桃	寿星桃	桂花	女贞、小蜡	广玉兰	黄兰、木兰
玉兰	木兰	菊花	青、黄、白蒿	翠柏	桧柏、侧柏
金橘	其他橘类	紫丁香	女贞、小蜡	牡丹	芍药
樱花	毛樱桃	西鹃	映山红、毛鹃	腊梅	其他腊梅本砧
红枫	鸡爪槭	龙爪槐	国槐	油松	黑松

二、接穗对砧木的影响

嫁接以后的砧木根系靠接穗制造的养分供其生长。因此，接穗对砧木的影响也是很明显的。由于不同接穗的物质代谢作用和物候期的差异，也能引起砧木的适应性（如抗旱、抗寒）或其他性状的改变。

三、砧木与接穗的选育和贮运

1. 砧木的选择与培育

砧木选择的主要依据：①与接穗具有较强的亲和力；②对栽培地区的环境条件适应能力强；③对接穗优良性状的表现无不良影响；④来源丰富，易于大量繁殖；⑤1～2年生、1～3cm粗、生长健壮的实生苗。

砧木多选用实生苗，故采用播种繁殖，其优点是易大量繁殖、根系强壮、抗性强且寿命长，另外，它的真实年龄小，不会改变优良品种接穗的固有性状。如月季可用蔷薇的实生苗，也可用扦插苗嫁接，但扦插苗的真实年龄往往要比月季的真实年龄要大，嫁接后容易改变月季的某些特性。培育1～2年粗达1～3cm的实生苗最为适宜。

2. 接穗的采集与贮运

接穗要从优良品种的营养系后代中采取。采穗母株要求品种正确，表现优良，观赏价值高，且性状稳定。选作接穗的枝条，必须生长充实健壮，芽体饱满。

采集接穗要根据嫁接时期和方法的需要。如秋季芽接用的接穗，可采自当年的发育枝，随采随接。春季枝接的枝条，一般多结合冬季修剪选取一年生充实的发育枝。也可用二年生枝条。

结合冬季修剪采集的接穗，应按品种打成捆，并附加品种标签，埋入窖内或沟内的湿沙中备用。在贮藏中要注意保湿、保鲜、防冻。早春回暖后，应防止温度过高，控制接穗萌发，以延长嫁接时期；或成捆用塑料袋包装好贮藏于冷温库中，随用随取。

夏季嫁接采取的接穗应立即剪去叶片和嫩梢，以减少水分的蒸发。如在当天或次日嫁接。可将接穗下端浸入水中，放在阴凉处保存；如隔几天才用，则应在阴凉处挖沟铺河沙，将接穗下端埋入湿沙中，并喷水以保持湿度。必要时沟上部架一凉棚，以防温度过高。

接穗远运时，应附上品种标签，然后用双层湿蒲包或塑料膜包好。但夏季要注意通风防止温度过高。而采用蜡封冷藏（0～5℃）接穗，可有效保持其嫁接成活率，并延长嫁接时间，生产上广泛使用。

第四节　嫁接方法

嫁接在我国沿用已有两三千年的历史，是植物生产中一项重要的技术措施。其方法很多，大致可分枝接、芽接和根接三类。春、夏、秋三季都可以嫁接，但以春秋为最佳。一般枝接多在早春进行，芽接宜在夏末秋初接穗腋芽已发育充实时进行，菊花在其生长期内均可进行嫁接，仙人掌植物可周年进行，常绿树、针叶树一般现采现接。

一、枝接（scion grafting）

枝接是用植株的一段枝条作接穗进行嫁接。形式很多，有皮下接、劈接、切接、皮下腹接、舌接、靠接、桥接等。

枝接的优点是成活率高，接苗生长快。但用接穗多，砧木要求粗，嫁接时间受一定限制，是其缺点。

1. 皮下接（插皮接）

这是枝接中较易掌握、应用较广、效率高、操作简便的一种方法。

嫁接时先在砧木需要嫁接的部位选光滑无伤疤处将砧木剪断或锯断，断面要平滑。然后选一段带有2～4个芽（节间长的少留些）的接穗，于顶芽对方削一长3～5cm的削面，再在长削面背后尖端削长约0.6cm的短削面，紧接着将削好的接穗插入砧木皮内。插时，桃、枣等不易裂皮的砧木不必开口，直接将接穗插入木质部和皮层之间即可；其它易裂皮的砧木，可选在要插接穗的地方将树皮切一垂直的切口，长度约为接穗长削面的2/3，然后，使长削面向里插入。但不要把插面全部插入，应留0.5cm左右，叫做“留白”。这样有利于愈伤组织的生长。如果砧木较粗为使伤口及早包合，可根据具体情况插2～4个接穗。

接好后可根据砧木粗细将塑料薄膜剪成一定宽度（一般1～2cm）的条子进行包扎，尤其是砧木断面伤口，一定要包好不使水分蒸发。为了保护接穗顶芽不致因失水而干枯，接穗顶端伤面也应用小塑料条包住或涂上接蜡。假若嫁接部位接近地面，包扎材料可改用麻皮捆绑，然后湿土埋住，土厚6cm左右，这样可免去解捆的麻烦（图5-2）。

2. 劈接法

这也是生产上应用较多的一种方法。

劈接法的砧木处理基本同皮下接，从需要嫁接的部位将砧木剪断并削光伤面后，在中间劈一垂直的劈口。削取接穗是选带2～4个芽的一段，在下部芽的两侧各削一长3～4cm的削面，削时应外面稍厚，里面稍薄，并应距下部芽1cm处下刀，以免过近而伤害下芽。削好后，厚面向外，薄面向里，将接穗插入砧木劈口，务必使接穗的形成层和砧木的形成层对准，如果砧木皮厚，插时可将接穗稍向里放，使二者形成层对齐。

根据砧木粗细也可插2～4个接穗，同样注意“留白”。劈接的包扎和埋土方法与皮下接相同（图5-3）。

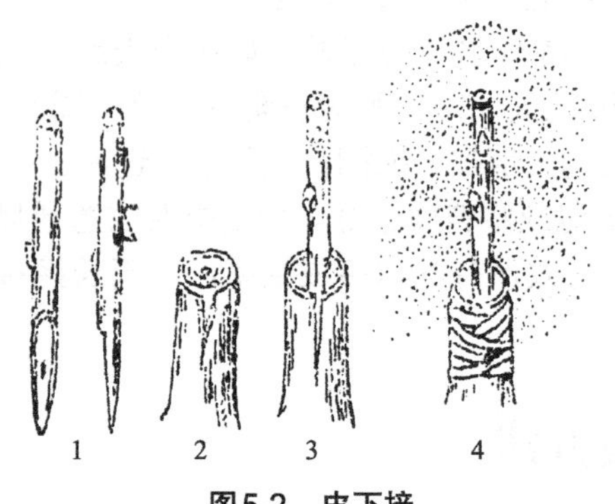

图5-2　皮下接

1—削接穗；2—砧木开口；3—插接穗；4—绑缚和埋土

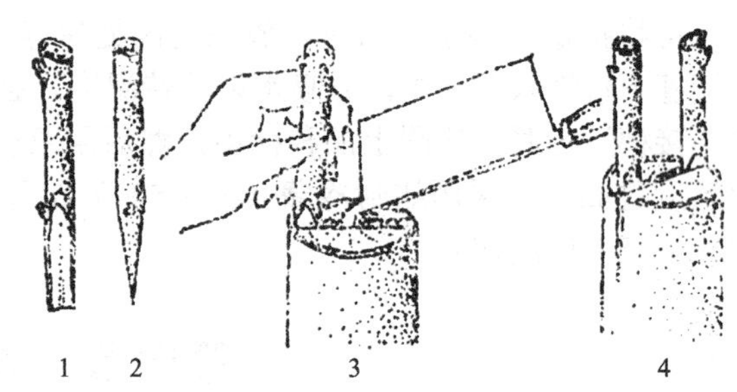

图5-3　劈接

1—接穗削面；2—接穗削面侧面；3—接合过程；4—接合状

3. 切接法

一般适用于小砧木，也是常用的嫁接方法。

嫁接前先将砧木从需要嫁接的部位剪断，削平伤面，由伤面1/3处劈一垂直切口，长约3～4cm。砧木切好后，把接穗正面削一刀，长度与砧木劈口相仿，背后再削一马耳形小切面，长约1cm，然后接穗留2～3个芽剪断，顶芽留在小切面一边。将大削面向里插入砧木劈口，使其砧木与接穗的形成层一边对齐，然后捆绑埋土，方法与劈接相同。若用塑料条捆绑，接穗成活出土后，要及时解捆，以免影响生长（图5-4）。

4. 皮下腹接

皮下腹接常用于大树的高接换种或插枝补空，是一种操作简便、效果相对较好的嫁接方法（图5-5）。

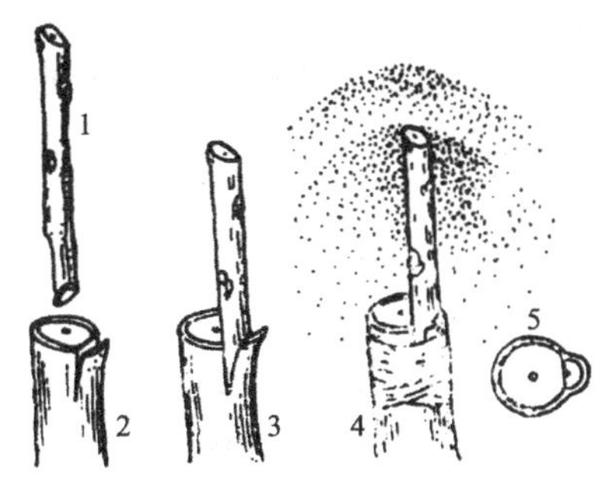

图5-4　切接

1—接穗；2—砧木；3—插入接穗；4—绑缚和埋土；5—接穗和砧木形成层对齐

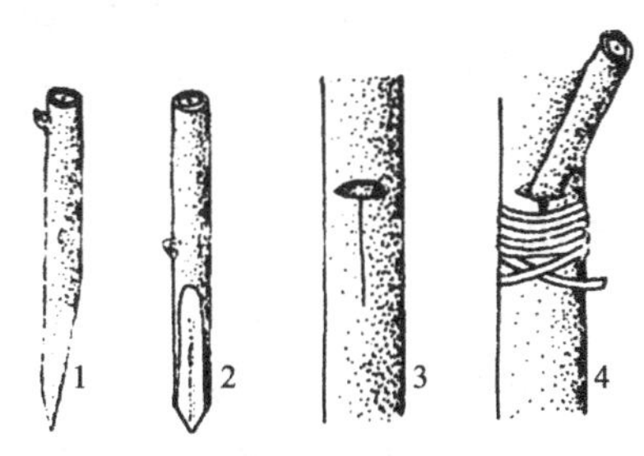

图5-5　皮下腹接

1—接穗侧面；2—接穗正面；3—砧木切口；4—接合状

嫁接前，首先确定选择好嫁接部位，先将树皮切一个与接穗直径大小相仿的倒三角形口，并顺三角口中间向下切一刀，长3～4cm，成为漏斗形。然后把接穗照皮下接的削法削好，立即插入切口内，用塑料条包好即可。如果枝粗皮厚，嫁接前应先将嫁接部位老皮刮去，这样便于操作，有利愈合（图5-5）。适应于针叶树及砧木较细的种类，优点是嫁接1次失败后可及时补接。

5. 舌接法

嫁接时把砧木上部与接穗下部各斜削一刀，长约3cm，斜度要基本相同，然后在双方削面上都向里垂直切一切口，把接穗和砧木接在一起即可。舌接时砧木与接穗粗度最好一致，这样形成层才能对准。如果粗度稍差的，应以一边对准。接完后如果作插条用，应放在窖里贮藏备用。如在成株上嫁接，用塑料条（宽1～1.5cm）把接口全部绑好即可（图5-6）。

6. 桥接法

主要用于挽救因衰老、移栽或其他伤害使主干或大骨干枝的树皮严重受损的树木，使衰老病残树复壮，在古树救治上经常采用的方法。

桥接有两种方法：一种是利用靠近主干的萌蘖的上端与主干伤口以上结合；另一种是用一根枝条使两端接在伤口的上下两端。

桥接的嫁接方法，实际是腹接法，砧木切口和接穗削面的削法都和腹接相同。接时把接穗两端插入伤口两端的切口内，为防止接穗脱出可用钉鞋钉将接穗两端轻轻钉住，然后再用塑料条捆绑（图5-7）。

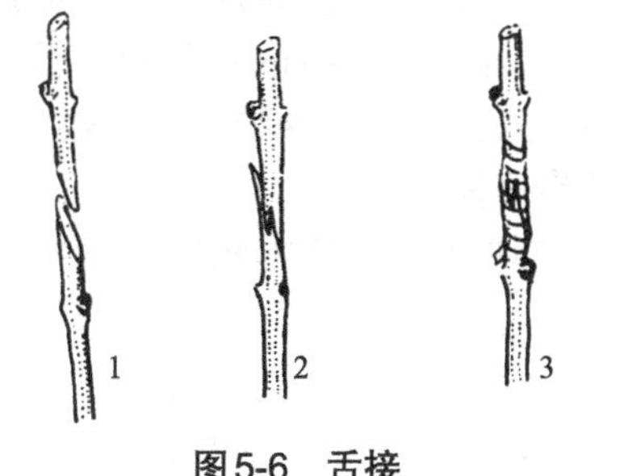

图5-6　舌接

1—接穗与砧木切削状；2—接穗与砧木插合状；3—接合后用塑料薄膜包扎

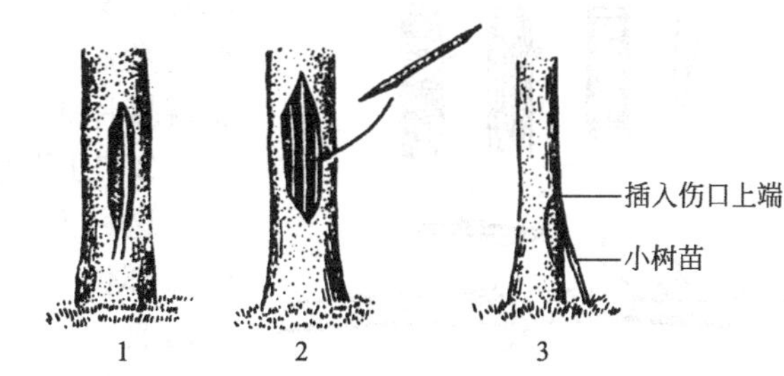

图5-7　桥接

1—萌蘖条桥接；2—枝条桥接；3—小树苗桥接

桥接成活后，接穗便萌芽长枝，萌生的枝条在第一年应摘心保留，这样有利于桥接枝条的加粗。

7. 靠接法

用于亲和力较差、嫁接不易成活的树种，砧穗粗度宜相近。在距地面相同高度，且侧面均较光滑的树干上，将作为砧木和接穗的各削下一段略带木质部的树皮，切削的长度、大小、深度均尽量相同，然后使切口相接，紧密捆绑。待愈合再削去砧木的头，剪下接穗的根。由于愈合过程中接穗未离开母体，故成活较容易。

二、芽接

芽接是应用最广的一种方法，优点很多，首先是春夏秋三季凡树离皮的时候均可进行；其次，方法简单容易掌握，工效高、愈合良好；第三，用接穗经济，成苗快，可以大量繁殖苗木；如接不活，明年还可重接。春接在立夏前后最好，接芽用一年生枝上未萌发的芽；秋接则是当年生枝上的芽，最好随采随接，否则影响成活。

1.“丁”字形芽接法（盾状芽接）

“丁”字形芽接法通常都采用1～2年生小砧木（或一、二年生枝），砧木过大，树皮增厚反而影响成活。

嫁接时，先在砧木距地面5cm处选西北方向光滑无疤部位，切一“丁”字形，然后削取接芽，用刀从芽的下方1.5cm处削入木质部纵切长约2.5cm，再从芽的上方1cm左右处横切一刀，然后用手捏住接芽一掰即可取下芽片。如接芽不离皮，也可带木质削芽。

插接芽时，用芽接刀柄先把接口挑开，将芽片由上向下轻轻插入，使芽片上方同“丁”字形横切口对齐，最后用0.5～1cm宽的塑料条或者用稻草、玉米苞叶捆绑。以往捆绑要露出接芽和叶柄，近来通过试验证明，不露接芽和叶柄成活率高，而且操作方便（图5-8）。

2. 大方块芽接（方形芽接）

方块芽接较丁字形芽接复杂，一般树种不多用，但它比丁字形接法芽片大，接触面大，对用小芽片不易成活的树种比较适宜。

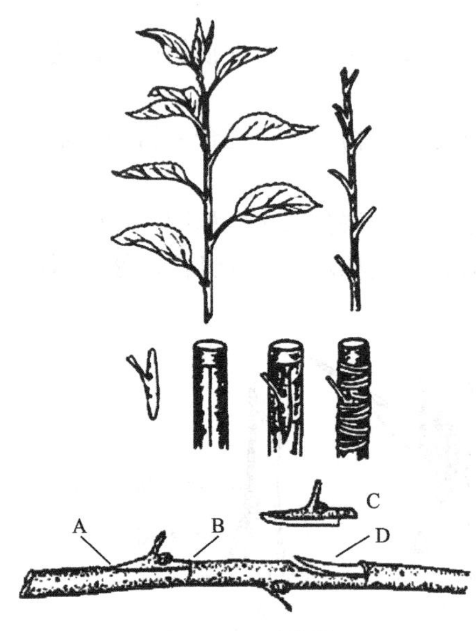

图5-8　T形芽接

A、B—接穗切削；C—芽片形状；D—取芽片后的木质

大方块芽接一般也只适宜1～2年生小砧木嫁接。嫁接时先将砧木在地上5cm左右处剥去一圈，宽2～3cm，如接穗比砧木细，可留下一条皮，勿使接穗芽片和砧木的四边都相密接。砧木切好后，在接穗上取同样宽度的一个芽片，使接芽居中，立即将芽片放入切口内，用塑料条上下捆紧（图5-9）。

大方块芽接实际上是开口套接。应用此方法时，应注意芽片稍小于砧木切口，若芽片过大，芽片四周极易翘起造成死亡。捆绑一定要按紧芽片，否则往往出现接片成活而接芽死亡现象，导致嫁接失败。

3.“工”字形芽接法

这种方法与大方块芽接法基本相同，嫁接时先在嫁接部位切一“工”字形切口，切口纵横长约1.5cm，然后取一个1.5cm边长的方形芽片，接芽居中，把砧木切口撬开，放进接芽，用切开的砧木树皮把芽片盖上，再用塑料绑紧。这种方法俗称“双开门”芽接。另一种“单开门”芽接，砧木上的纵切口开在一侧，将皮部挑开后接芽片从侧方推入，因伤口露出少而且时间短，在嫁接核桃时常采用，比“双开门”芽接成活率高（图5-10）。

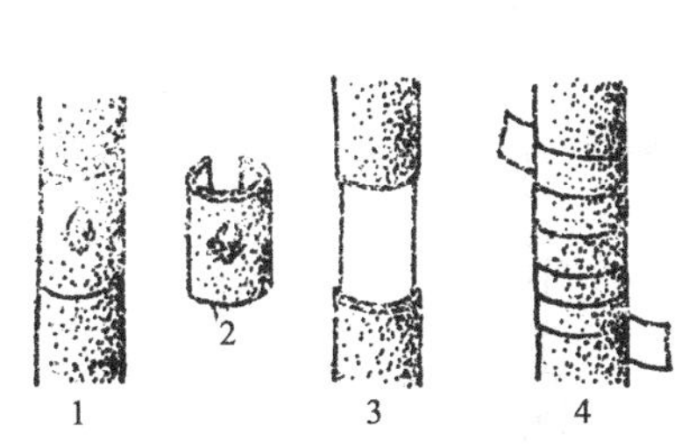

图5-9　大方块芽接法

1—芽片切削法；2—取下的芽片；3—砧木切削法；4—接后状

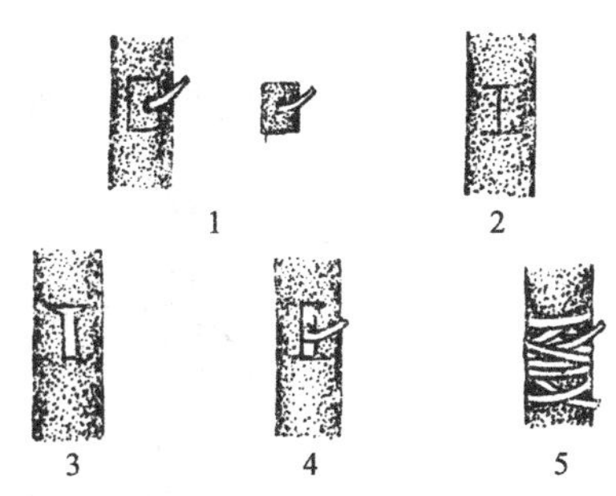

图5-10　“工”字形芽接

1—削取接芽；2—切划接口；3—剥开砧皮；4—放入接芽；5—绑缚

4. 单芽腹接法

与一般的腹接基本相同，但接穗改为单芽。适于春季或温室内嫁接。接穗削成楔形，大面切口较长，约2.5cm，嫁接时靠里；小面切口较短、较陡，长约1.5cm，嫁接时靠砧木切口的外面。砧木剪一斜切口，深达木质部，长度与接芽相仿。插入接芽后随即剪砧，用塑料条绑严（也可露出接芽），不要解捆过早，以免影响成活。

单芽腹接由于接芽短、切口接触面又广，容易愈合，好成活，发芽早，结合牢固，是一种应用较广的方法。

5. 嵌芽嫁接法

这是一种倒盾形的带木质单芽嫁接法。春季和生长季节都可应用。削接穗时，先从芽的上方向下竖削一刀，深入木质部，长约2cm，然后在芽的下方稍斜切一刀入木质部，长约0.6cm，取下芽片。砧木切口的削法与接芽相同，但比接芽稍长。插入芽片后用塑料条捆绑。春季嫁接后随即剪砧，以利接芽萌发。秋季嫁接若接穗或砧木不离皮时，亦可用此法。但不剪砧，捆绑也不露接芽（图5-11）。

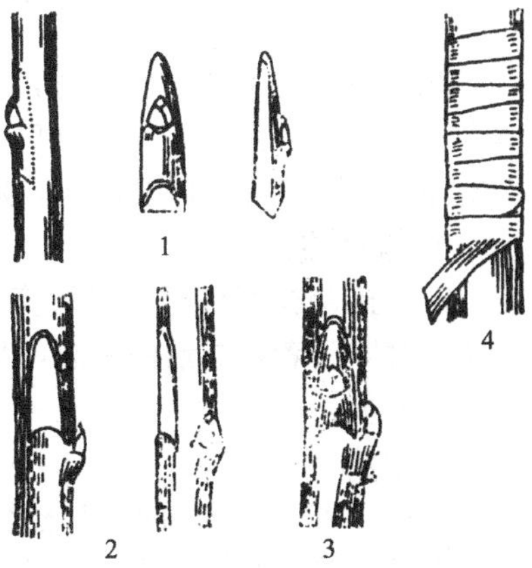

图5-11　嵌芽嫁接法

1—削接芽；2—削砧木接口；3—插入接芽；4—绑缚

6. 环形芽接

砧穗等粗时，可在砧穗上各取等高的一圈树皮，将接穗上与芽相对一侧的树皮割开，再贴于砧木切口上，并绑扎。也可将砧木去顶，在切口下割取树皮，则接穗可保持一圈完整树皮，直接套于砧木切口处，且不需捆绑（图5-12）。

图5-12　环形芽接

三、根接

根接是所用的砧木是植物的根段。

有正接法和倒接法两种。

正接法：嫁接时先在根部选好嫁接部位，将根剪断削平，根据具体情况用切接或劈接均可，接后捆好埋土。一般多用于秋分前后芍药根接牡丹。此法也适用于玉兰、月季、大丽花等花木，多在冬季和早春进行（图5-13）。当砧木细接穗粗时用倒接法，即把砧木插入接穗中。当砧木细、接穗粗时用倒接法，即把砧木插入接穗中。

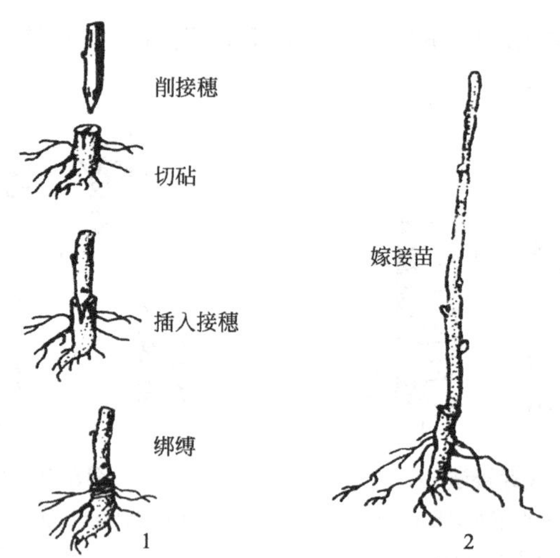

图5-13　普通根接法

1—嫁接步骤；2—嫁接成活后的嫁接苗

第五节　嫁接后的管理

嫁接后的苗木要加强管理，尤其在最初的一段时间，温度应保持在12～32℃之间，土壤含水量应保持在14%～17.5%，空气湿度高有利于愈合。光照对愈伤组织的形成和生长有抑制作用，因此嫁接后要遮光。嫁接后一般要进行如下管理。

1. 检查成活

对芽接苗在解绑时及时检查是否成活，以利补接。凡接芽及芽片呈新鲜状态，有光泽，叶柄一触即落者是成活的标志，反之，则表示未成活，对未成活的苗应及时补接，以提高单位面积产量。

2. 松绑

芽接后2～3周，应及时松绑或解除扎缚物，以免影响加粗生长或绑缚物陷入皮层而折断。尤其对前期嫁接的更应注意，但不宜过早。枝接苗应在接穗发枝进入旺长期以后解除扎缚物。高接换种的树，最好在旺长期松绑，到第二年解除。这样既可避免妨碍生长又有利于伤口愈合。

3. 去除培土

寒冷地区，在土壤冻结前，将接芽培土并灌封冻水，在次春解冻后，及时去掉培土。

4. 剪砧、抹芽、去萌蘖

芽接苗春季接芽萌发前，将接芽以上的砧干剪除，称为剪砧。一般在树液流动前，在接芽片横刀口上方0.5cm处一次剪除，不留活桩，以利接口愈合。

剪砧或枝接后，砧干会发出萌蘖，生长强旺，应及时抹除，以减少营养消耗，促进接穗生长。一般应连续进行2～3次。

5. 支辅固定

枝接苗，尤其是高接苗，新梢生长旺，风大地区，应立支柱，固定枝梢防止劈折。

6. 生长期管理

在生长前期应注意肥水管理和中耕除草。后期应注意控制肥水，防止旺长，同时应注意防治苗期病虫害。

第六章

园林植物分株、压条繁殖

第一节　分株

对于丛生、萌蘖性强的灌木和宿根、球根类园林植物进行分离栽植以繁殖新个体的方法，统称为分株繁殖（division propagation），如牡丹、芍药、棕竹、萱草、秋菊、宿根福禄考、卡特兰（图6-1）等。分株繁殖育苗方法简单易行，成活率高。

植物无性繁殖中，分株繁殖是最简单易行的一种办法。不少植物具有分株繁殖的特性，这些植物能够在茎的基部长出许多萌蘖，形成许多和母体相连的小植株，这些小植株在一起形成大的株丛，可用分株的方法将之切割成若干小植株；有些乔木树种容易产生根蘖苗，如枣树、火炬树、刺槐等，可以利用这些乔木树种容易产生根蘖苗的特性来分株繁殖；麦冬草、蛇莓和一些禾本草本植物产生匍匐茎，在这些茎上产生的匍匐茎苗可以用来做分株繁殖；一些热带植物如香蕉、菠萝都有分生小植株的特性，也可以进行分株繁殖。

不同植物具有不同的繁殖特性，因此分株繁殖的方法也不同。

一、灌木分株繁殖

将母株周围的根蘖苗挖出，挖苗时要从深处切断与母株的连接，同时保持分株根系的完整，2～3株为一束。或者将母株挖出，分割成若干小丛枝，如珍珠梅、黄刺梅、猥实、玫瑰（图6-2）、迎春、连翘等都可以用分株来繁殖。

图6-1　卡特兰苗分株

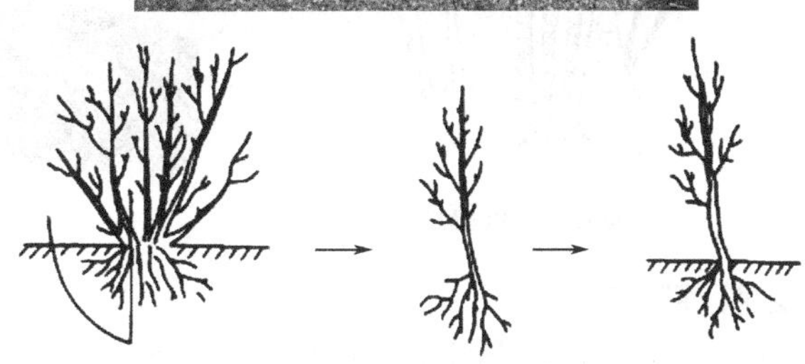

图6-2　玫瑰分株苗

分株的时期在早春或晚秋两季进行。春天在发芽前进行，秋天在落叶后进行。分株的大苗可以直接栽种，小苗最好在苗圃中培养1～2年后再出圃栽种，也可以生长2～3年形成大苗后出圃，在大苗出圃时又可以分出一些小苗进行扩大繁殖。

分株繁殖容易掌握，成活率高，但是苗木大小不一，繁殖系数也比较低。

二、根蘖苗分株繁殖

有些树种能从近地面的根长出许多旺盛的根蘖苗（图6-3），如紫薇。挖取根蘖苗来繁殖新个体既简单又省工，是繁殖这类园林植物的重要方法。除此之外，火炬树、紫玉兰、紫丁香、石榴、臭椿等都可以用根蘖苗来繁殖。

为了促进根蘖苗的形成，常采用断根措施。春天地温上升，根系开始活动时，挖沟切根，致使根系上的隐芽很快萌发，向上长出地面，发育成苗。苗高30cm左右时进行间苗，去弱留强。然后培土，深度达幼苗苗高的四分之一为宜，以促进新梢基部发生新根。结合培土进行施肥和灌水，以加快幼苗生长。

根蘖苗一般大小参差不齐，优势须根较少，直接定根成活率较低，生长不整齐，难以管理。所以有必要进行归圃育苗，将根蘖苗集中到苗圃，按大小分开，再重新培育苗木，等苗木生长健壮、根系好、质量高、苗木大小均匀后再出圃栽植。

三、芽苗繁殖法

有些植物可以利用基部萌生的吸芽进行繁殖，如香蕉和菠萝。由于吸芽在母株上着生的位置不同，发生的时期不同，生长条件不同，因此各类苗木生长的表现也不同，可分为吸芽繁殖、腋芽繁殖和冠芽繁殖。芽苗繁殖的关键是掌握好采芽时间，适宜的采芽时间是保证育苗成功的基础。

1. 吸芽繁殖法

吸芽着生在茎基部的叶腋里，又称半肚芽。但吸芽长到20～50cm时，剥去叶后显出褐色的小根尖，即为成熟的吸芽。吸芽苗一般在采果前后从母体摘下，当做种苗。用吸芽繁殖，生长快，结果早，一般种后12～16个月后即能结果。吸芽大小和结果迟早有关，吸芽种植一年开花结果最为适宜，结果、吸芽过大，种植后会过早开花结果，但果实较小，故不宜采用（图6-4）。

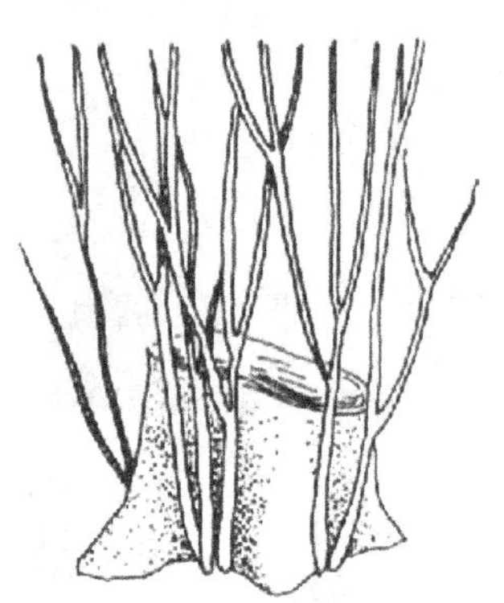

图6-3　根蘖苗

图6-4　菠萝的吸芽

2. 腋芽繁殖

腋芽着生在果实基部或果柄上，又称托芽。腋芽优势着生过多，则应及时将小芽、弱芽清除，以每株保留2～3个为宜。一般芽长到18～20cm时，芽的基部有小根，可以摘下种植。用腋芽繁殖的分株苗定植后约18～24个月才能结果。茁壮的腋芽生长快，结果比较早，特大的腋芽产量也高（图6-5）。

3.冠芽繁殖

冠芽着生在果实顶部，又名顶芽。冠芽定植后，叶片多，叶短而密，根点很多，生长快。一般定植后2年可结实，开花整齐，果实成熟期一致，产量高。对于不正常的多冠芽，如扇形冠芽等应进行淘汰。采取冠芽的适宜时期因品种而异。菠萝中的广州‘因卡’品种在6月份收取冠芽；广西‘菲律宾’品种在7月份收获时收取冠芽。在芽上20cm处叶片变硬，上部开张，基部变窄且有幼根出现，这种冠芽适宜作育苗用。菠萝只有一个冠芽，为了加速育苗，也可将冠芽切成几块，待伤口适当晾干后种植到苗圃中进行发芽，每块可发育成一棵或几棵植株（图6-6）。

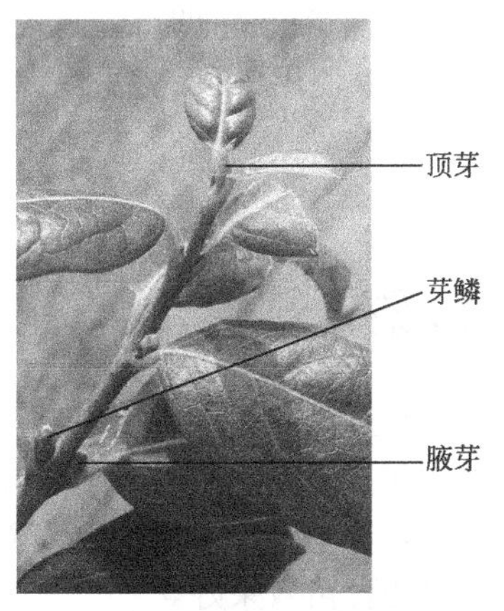

图6-5　腊梅的腋芽

图6-6　菠萝的冠芽

四、分株繁殖方法

1.灌木及宿根类植物分株法

（1）分株时间

灌木及宿根类植物分株主要在春、秋季进行，一般春季开花植物宜在秋季落叶后，如牡丹、芍药等。秋、冬季开花植物应在春季萌芽之前，如腊梅。

（2）分株方法

① 掘分法　将母株连根挖起，用利刀或斧将植株根部切开成几份，每份上带根系和数根枝条，略修剪后栽植，经培养2～3年后，即成一丛大株，又可以进行分株。

② 侧分法　将母株根部一侧或两侧土挖开，露出根茎和根系，用利斧劈下一些带根的小株丛，另行栽植，如腊梅、石榴。

2.球根植物分株法

（1）鳞茎类

取母球上的旁蘖（小鳞茎）栽植1～2年后，即长成能开花的大鳞茎。为促使多发旁蘖，如百合、水仙、郁金香等，春季将母球挖出阴干，待变软后，将鳞片分开，填入沙土后再栽，即可形成多个小鳞茎。球芽是某些百合茎秆叶腋处气生的小鳞茎，在植株开花后几周即成熟自落。行将脱落时，采收播种在苗床内，覆土3cm左右，当年即形成小鳞茎，分栽后长成大球。

（2）球茎类

母球栽植后，能形成多个新球，将新球分栽培养1～2年后，即长成大球，如唐菖蒲，用短日照处理可增加小球数。

（3）块茎类

将块茎分切成几个带芽眼的小块栽种，每一小块即长成一个植株，如菊芋。

（4）块根、根茎类

将肥大的块根或根茎，分切成小块，每块上带1～2个芽种植。

3.分株技术要领

第一步：掘开根际土壤，将分蘖部位暴露出来。

第二步：将枝条从母株上切离下来，丛生性的灌木一般每丛要有3个以上枝条，乔木的萌蘖用单枝即可。但不管何种植物，枝条基部必须带根。切离时，伤口应尽量小。

第三步：将切离的枝条掘起，修剪根部的损伤部位。掘取分蘖苗时，在不影响母株生长、生存的情况下尽量多带一些根系。分蘖苗枝条短截保留20cm即可。

第四步：必要时，进行伤口和根部消毒（消毒可以使用0.1%高锰酸钾溶液浸泡伤口，也可以用50%的多菌灵500倍液喷洒）。

第五步：定植切离下来的新植株。

第二节　压条

压条育苗（layerage）是将未脱离母株的枝条压入土壤中，待其生根后再把它从母体上切断，使其成为一株独立的新植株的方法。此法多用于观赏树，如桂花、雪松、玉兰、白兰花、桧柏等。压条幼苗所需水分、养分都由母体供应，而埋入土中部分又有黄化作用，故生根可靠，且成苗快。对插条不易生根的植物，采用此法育苗效果好。

这种方法适用于扦插易活的园艺植物，对于扦插难于生根的树种、品种也可以采用。其缺点是繁殖系数低。果树上应用较多，花卉中仅有一些温室花木类采用高压繁殖。同时，采用一些方法可以促进压条生根，如刻伤、环剥、绑缚、扭枝、黄化处理、生长调节剂处理等。压条一般有普通压条法、堆土压条法和空中压条法。

一、普通压条法

压条生根是由于压条时的不同处理，使植物中的有机物质，由叶、茎尖向下运输受阻，积累在压条的弯曲或用其他方式处理部位，使其生根。普通压条方法简便，生产上常采用。普通压条做法有两种。

1.单枝压条

适用于离地面较近并且容易压弯的枝条，压条前先给母树浇水，使周围土壤湿润、松软。在母株根基挖坑，深约15cm，近母株一侧挖成斜面，枝尖一侧挖成垂直面。将枝条弯曲压入坑内，埋土压实，枝尖留在坑外，在枝条向上弯曲处，将其固定，枝梢部分可用竹竿绑扎支撑，使其向上生长。在枝条弯曲处的枝梢一侧，采用折、环割、扭曲等处理促进生根。压条后要保持土壤湿润，生根压条后将枝条从母株基部剪下。单枝压条的特点是每个枝条生成一棵新植株。

计划用作压条繁殖的母株，在苗圃栽培时应适当加大株行距，为日后压条提供方便。为了增加繁殖率，休眠季节可将母株主干短截，促使其基部生枝（图6-7）。

2.水平压条

适用于母株枝条长，容易生根的树种，如葡萄、紫藤等。方法是挖一长沟，将枝条水平压入沟内，埋土压实。压条生根后将枝条从母株基部剪下。本方法的特点是一个枝条可产生多个新株。缺点是枝条上新生苗大小不一，一个母株压条过多，容易造成母株生长势减弱（图6-8）。

图6-7　茉莉花单枝压条法

图6-8　榛子的水平压条

二、堆土压条法

本方法适用于具有丛生枝的树种，如八仙花等。在休眠季节将母株地上部分剪掉，来年春季生长很多枝条，然后在枝条基部堆土，枝条不压弯。当被土覆盖部分长成根系时，将新苗与母株分离。堆土压条法获得的新苗数量较其他方法多。堆土压条要保持土壤湿润（图6-9）。

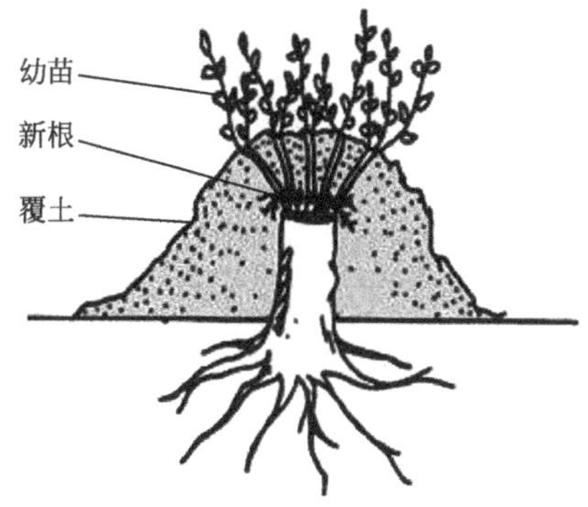

图6-9　月季堆土压条法

三、空中压条法

空中压条法又称为高压法。对木质坚硬、枝条不易弯曲或树冠过高无法进行低压的树种，应采用高压法。先在准备生根处割伤枝条表皮，深达木质部，用湿润的苔藓或肥沃的泥土均匀敷于枝条上，外面用草、塑料薄膜或对开的竹筒包扎好，注意保持湿润，待其生根后与母体分离，再继续培育（图6-10、图6-11）。

图6-10　高枝压条法

图6-11　葡萄高枝压条环剥处理

春季选1～2年生的枝条上压条生根成活率高，老的枝条生根率低，要经常喷水，保持基质湿润。由于空中压条的基质供水困难，一般压条生根后即可与母株分离移栽。

第七章

苗木生产技术

第一节　苗木根系培育

根是植物的重要器官，是所有植物在进化中适应定居生活而发展起来的。它除了把植株固定在土壤上，吸收水分、矿质养分和少量的有机物质以及贮藏部分营养外，还能将无机物质合成有机物质。根能分泌酸性物质，溶解土壤无效态营养物质，使之转变成能有效利用的有效态营养物质，能创造微生物活动的有利环境，增加土壤微生物在根系区的分布，将复杂有机化合物中的养分转变成根系易于吸收的类型。许多植物的根与微生物共生形成菌根或根瘤，增加根系吸水、吸肥、固氮的能力，刺激地上部分的生长。根系还会影响土壤的物理化学性质，许多植物的根系还是良好的繁殖材料，是种群生存扩展的重要基础。

一、根系的起源

根据植物根系的发生及其来源，可将其分为实生根系、茎源根系和根蘖根系三大类型。

1. 实生根系

由种子的胚根发育而来的根系为实生根系。这种最初的主根或分支继续伸长，或顶端死亡，只分枝不再伸长。实生根系的特点是主根发达，根系较深，生理年龄较轻，生活力强，对外界环境有较强的适应能力。实生根系个体间的差异比无性系列之间的根系差异大，在嫁接的情况下，还受地上部分接穗品质的影响（图7-1）。

2. 茎源根系

茎源根系是指由茎、枝或芽发出的根系，如扦插、压条、埋干等繁殖苗的根系。它来源于母体茎、枝形成层和维管束组织形成的根原始体生长出的不定根。茎源根系的特点是主根不明显，根系较浅，生理年龄（即发育阶段）较老，生活力弱，但个体间差异较小（图7-2）。

图7-1　茶花实生根系

图7-2　含笑的扦插根

3. 根蘖根系

根蘖根系是指根段（根蘖）上的不定芽形成的根系，分株繁殖如泡桐、香椿、石榴、樱桃等形成的根蘖苗，或用根插形成的独立植株所具有的根系。它是母株根系皮层薄壁组织不定芽长成独立植株后的根系，是母株根系的一部分。根蘖根系的特点与茎源根系相似（图7-3）。

二、植物根系的构成

植物的根系通常由主根、侧根和须根构成。主根由种子的胚根发育而成，它上面产生各级较粗大分枝，统称侧根，在侧根上形成的较细分支称为须根。并不是所有的植物都有主根，一般扦插系列的植株就没有主根。生长粗大的主根和各级侧根构成根系的基本骨架，称为骨干根和半骨干根，主要起支持、输导和贮藏的作用。还有些如棕榈、竹等单子叶植物，没有主根和侧根之分，只有从根颈或节发出的须根。须根是根系最活跃的部分，根据须根的形态结构与功能，一般可分为以下三大类型。

1. 生长根及输导根

生长根（轴根）为初生结构的根，白色、具有较大的分生区，有吸收能力。它的功能是促进根系向土壤新的区域推进，延长和扩大根系的分布范围及形成小分支吸收根。这类根生长较快，其粗度和长度较大（为吸收根的2～3倍），生长期也较长。生长根经过一定时间生长后，颜色变深，成为过渡根，进一步发育成具有次生结构的输导根，并可随年龄的增大而逐渐加粗变成骨干根或半骨干根。它的机能主要是输导水分和营养物质，起固定作用，同时还具有吸收能力（图7-4）。

图7-3　树莓的根蘖根系

图7-4　植物的生长根和疏导根

2. 吸收根

吸收根也是初生结构，白色，其主要功能是从土壤中吸收水分和矿物质，并将其转化为有机物。它具有高度的生理活性，在根系生长的最好时期，其数目可占整个根系的90%以上。它的长度通常为0.01～0.40cm，粗度为0.03～0.10cm，一般不能变为次生结构，寿命短（15～25天）。吸收根的多少与植物营养状况关系极为密切。吸收根在根的生长后期由白色转为浅灰色成为过渡根，而后经一定时间的自疏而死亡（图7-5）。

3. 根毛

根毛是植物根系吸收养分和水分的主要部位，根毛的长度一般在0.02～0.10cm之间，直径约为10μm。在植物吸收区，每平方厘米表面的根毛数量差异很大，同时还与植株的年龄和季节有关。如苹果根尖成熟区，每平方厘米表面的根毛数量为30000条；穗状醋栗有66900条；生长在温室中，苗龄为7周的刺槐幼苗，平均为5.2条；而同龄火炬松只有2.17

条。多数的根毛仅生活几小时、几天或几周，并因根的栓化和木化等次生加厚的变化而消失。由于老根毛死去时，新的根毛在新伸长的根尖生长点后有规律地形成，因此根毛不断地进行更新，并随着根尖的生长而外移（图7-6）。

图7-5 兰花的吸收根

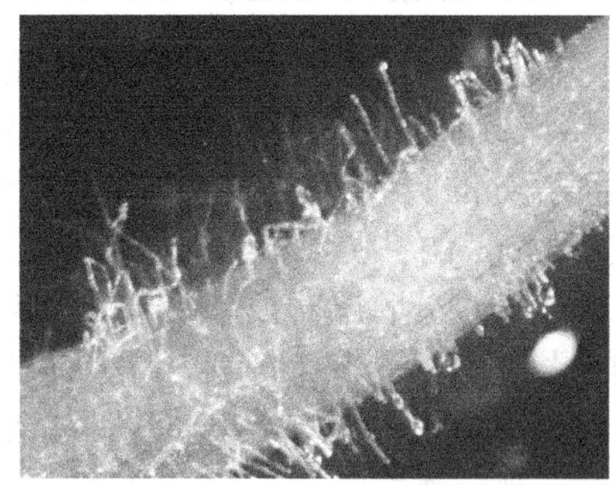

图7-6 植物的根毛

三、植物根系的分布

根系在土壤中分布范围的大小和数量的多少，不但关系到植物营养与水分状况的好坏，而且关系到其抗风能力的强弱。

1.根系的形态类型

根系在土壤中分布形态变异很大，但可概括为三种类型，即主根型、侧根型和水平根型。

①主根型有明显的近乎垂直的主根深入土中，从主根上分出侧根向四周扩展，由上而下逐渐缩小。整个根系像个倒圆锥体，主根型根系在通透性好而水分充足的土壤里分布较深，故又称为深根性根系，在松、栎类树种中最为常见。

②侧根型没有明显的主根，由若干原生和次生的根组成。其大致以根颈为中心向地下方向作辐射扩展，形成网状结构的吸收根群，如杉木、冷杉、红翅槭、水青冈等树木的根系。

③水平根型是由水平方向伸展的扁平根和繁多的穗状细根群组成，如云杉、铁杉以及一些耐水湿树种的根系，特别是在排水不良的土壤中更为常见。

2.根系的水平分布和垂直分布

组成不同根型的根，依其在土壤中的伸展方向，可分为水平根和垂直根两种。水平根多数沿土壤表层呈平行生长，它在土壤中的分布深度和范围，依地区、土壤、植物及繁殖方式不同而变化。杉木、落羽杉、刺槐、桃、樱桃、梅等树木水平根分布较浅，多在40cm的土层内；苹果、梨、柿、核桃、板栗、银杏、樟树、青冈栎等树木水平根系分布较深。在深厚、肥沃及水肥管理较好的土壤中，水平根系分布范围较小，分布区内的须根特别多。但在干旱瘠薄的土壤中，水平根可伸展到很远的地方，但须根很少。垂直根是大体与地表垂直向下生长的根系，大多是沿着土壤裂隙和某些生物体所形成的孔道伸展，其入土深度取决于植物种类、繁殖方式和土壤的理化性质。在土壤疏松、地下水位较深的地方伸展较深；在土壤通透性差、地下水位高、土壤剖面有明显粘盘层（即指坚硬的粘土层）和沙石层的地方则伸展较浅。银杏、香榧、核桃、柿子等树木的垂直根系较发达，而刺槐、杉木和核果类树木的垂直根系不发达。

①植物水平根与垂直根伸展范围的大小，决定植物的营养面积和吸收范围的大小。凡是根系伸展不到的地方，植物难以从中吸收土壤水分和营养。

②根系水平分布的密集范围，一般在株冠垂直投影外缘的内外侧，扩展范围多为冠幅的2～5倍，扩展距离至少能超过株冠的1.5～3.0倍，甚至4倍，此为施肥的最佳范围。

③根系垂直分布的密集范围，一般在40～60cm的土层内，而其扩展的最大深度可达4～10m，甚至更深。

四、土壤物理性质对植物根系的影响

植物根的形态，在不同土壤性质的影响下，会表现出很大的差异。土壤孔隙的大小决定了土壤的通气性、保水性和透气性，只有土壤孔隙大小适当，根系才能得到适宜的水分、空气，保证养分的吸收。一般土壤容重大于1.7g/cm^{3}或1.8g/cm^{3}的轻质土，或者容重大于1.5g/cm^{3}或1.6g/cm^{3}的黏质土，扎根很难。

土壤水分状况对根系生长的影响是多方面的。通气良好而又湿润的土壤环境有利于根系的生长；水分过多而含氧少时会抑制根系的扩展。在地下水位高和沼泽的土壤里，主根不发达，侧根呈水平分布，根系浅，如落羽松在沼泽地上的侧根多有“笋”状隆起，高出地面或水面；柳树遭水淹后，树干上萌发气生根浮于水面，靠水面荡漾进行气体交换。这在水分过多的情况下对根系的通气有巨大的意义。

总的来说，在具有良好结构的土壤中，树木根系比较发达；在大孔隙少、土壤坚实、水分过多或过少的情况下，根系发育不良。但反过来说，树木根系在土壤中的生长也会改善土壤的结构。树木的根具有很强的穿插能力，能扎入较坚实的土层，而一旦这些老根枯死腐烂，便在土壤中留下不少管壁较为稳定的孔道，成为通气透水以及新根发展的场所，从而改良土壤的结构。

五、根颈与特化根

根和茎的交接处称为根颈。实生根的根颈是由下胚轴发育而成的，称为真根颈；而茎源根系和根蘖根系没有真根颈，其相应部分称为假根颈。根颈处于地上部分和地下部分交界处，是营养物质交流必经的通道。在秋季它最迟进入休眠，而在春季又最早解除休眠，对环境条件变化比较敏感，在栽培上应注意保护。所以，苗木定植时，如果根颈部深埋或全部裸露，对植物生长均不利。很多植物具有特化而发生形态学变异的根系，它包括菌根、气根、根瘤和贮藏根等。

1.菌根

许多植物的根系常有真菌共生，菌根是非致病或轻微致病的菌根真菌，侵入幼根与根的生活细胞结合而产生的共生体（图7-7）。菌根一方面从寄主那里摄取碳水化合物、维生素、氨基酸和生长促进物质；另一方面，菌根对植物的营养和根的保护起着有益的作用。这些作用表现在以下几个方面：

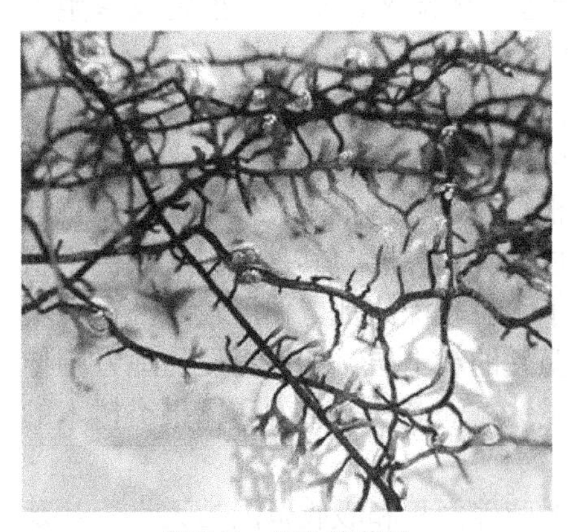

图7-7 植物的菌根

①菌根有由菌丝体组成较大的生理活性表面和较大的吸收面积，可以吸收更多的养分和水分。

②菌根能使一些难溶性矿物质或复杂有机化合物溶解，也能从土壤中直接吸收有机物分解时所产生的各种形态的氮和无机物。

③菌根能在其菌鞘中贮存较多的磷酸盐，并能控制水分和调节过剩的水分。

④菌根菌能产生抗生物质，排除菌根周围的微生物，菌鞘也可以成为防止病原菌侵入的机械性组织。

总之，寄主与菌根通过物质交换形成互惠互利的关系。

2. 气根

大多数植物的根是地下生长的，但有些植物，特别是热带木本植物和某些亚热带树木，常常在地面以上甚至空中茎与枝上发生气根，这种根在形式上变化很大。许多藤本茎上产生不定根附着、攀援在其他物体上，称为攀援根，如常春藤、凌霄、络石等。榕树常在侧枝上产生下垂的不定根（图7-8），自由悬挂于空气中，形成“独树成林”的景观，这种不定根具有支持作用。

图7-8　榕树的气根

有些生长在沼泽、潮汐淹没或有季节性积水环境中的植物，如红树、落羽松和池杉等，其根系常垂直向上生长，进入空气中进行呼吸，称为呼吸根，呼吸根中有发达的通气组织。

3. 贮藏根

贮藏根利用贮藏的养料供应植株来年抽茎、开花结果所需的营养，常见于二年生或多年生的双子叶草本植物。根据来源不同，贮藏根可分为肉质直根和块根两大类，肉质直根由主根发育而成，如萝卜、胡萝卜、甜菜等；块根由植物的侧根或不定根发育而成，如豆薯、葛和大丽花等（图7-9）。

图7-9　葛根的贮藏根

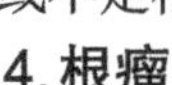

4. 根瘤

很多植物的根与微生物共生形成根瘤，这些根瘤具有固氮作用。以豆科植物为主，非豆科植物也有一些具有根瘤。迄今为止，已知约有1200种豆科植物具有固氮作用。木本豆科植物中的紫穗槐、槐树、合欢、金合欢、皂荚、紫藤、胡枝子、紫荆等都能形成根瘤（图7-10）。

六、根系生长的速度与周期

植物的根系没有生理自然休眠期，只要满足其所需的条件，全年均可生长。

1. 根系的生长动态

根系的年生长包括两个组成部分，一是现有根系的伸长，二是新侧根的发生（形成）与伸长。因植物本身条件不同，自然条件与栽培条件的差异，根系的生长常表现出周期性变化，即在不同的时期有生长强弱和大小的差异，存在生长高峰与低峰相互交替现象。这种现象与新梢生长交替进行，通常发根高峰常在枝梢缓慢生长、叶片大量形成后出现。

图7-10　植物的根瘤

2.根系的生长速度和物质转化

根系生长最活跃的时期，一天可伸长0.01～0.20cm。根系每一天都在不断地进行着物质的暂时贮藏和转化，如光合作用形成的糖，很快被运到根，在根内转化为各种氨基酸的混合物，很快被运送到植物生长点和幼叶内。氨基酸被用来形成新细胞的蛋白质，而原来与二氧化碳结合的有机酸，由于酶的作用，将一部分糖和二氧化碳重新释放，再参与光合作用。这种方式产生的一部分糖，也能达到根部转化为有机酸，以后再与根吸收的二氧化碳结合，被重新运到叶部。这种循环在一天中是连续进行的。

七、根系生长的习性及影响根系生长的因素

1.根系生长的习性

①植物的根系都有向地生的习性。无论是实生苗，还是扦插苗，在根生成后，必然向地下伸长，生长中露出地面的根也会重新向下弯曲钻入土壤。

②根系在土壤中生长的方向，都有向适合于自己生长环境钻行的趋适性，如趋肥、向暖、趋疏松等。在生产实践中，我们经常看到的植物的根系沿土壤裂隙、蚯蚓孔道及腐烂根孔起伏弯曲穿行，甚至成极扁平状沿石缝生长。由此可见，根系具有很强的可塑性。

③根系生长中因土壤阻碍而发生断裂和扭伤时一般都能愈合，且在愈合部附近再生出许多新根，扩大根系的伸展范围。

2.影响根系生长的因素

根系生长与植株内部的营养状况和外部的环境条件有及其密切的关系。

（1）植株的有机养分

根系的生长、水分和营养物质的吸收以及有机物质的合成，都有赖于地上部分充分供应碳水化合物。因此，在土壤条件良好时，植物根群的总量主要取决于地上部分输运的有机物质数量。当结果过多，或叶片受到损害时，有机营养供应不足，根系生长便会受到明显抑制。此时即使加强施肥，也难以改善根系生长状况。如果采取蔬果措施，减少消耗或通过保叶、改善叶的机能等方法，则能明显促进根系的生长发育。研究表明，田间条件下有超过50%的光合产物用于果树根系生长、发育与吸收，草本植物甚至超过了75%。

（2）温度

根系的活动与温度有密切关系，根系的生长都要求有适宜的土壤温度，温度过高、过低都不利于根系生长，甚至造成伤害。一般最适宜根系生长的温度为20～28℃，低于8℃或超过38℃，根系的吸收功能及生长基本停止。低温条件下水的扩散速度变慢，影响吸收率，原生质黏性大，有时完全呈凝胶状态，根的生理活动减弱。土温过高能造成根系的灼烧与死亡。

（3）土壤水分与通气状况

根系的生长与土壤湿度有密切的关系，土壤水分过低易使根木栓化，导致部分须根衰亡，过高会使根系呼吸受到抑制，造成生长停止，甚至死亡。通常最适合根系生长的土壤含水量，约等于土壤最大田间持水量的60%～80%。土壤的通气性与根系生长密切相关。通气好的土壤，既可保持土壤微生物呼吸所需要的氧气，又能防止CO_2积累造成根系中毒。根系密度加大，根系的吸收能力增强。土壤孔隙度或毛细管孔隙度也影响土壤的通气性，孔隙度低，土壤气体交换恶化。植物根系一般在土壤孔隙度7%以下时，生长不良，1%以下时几乎不能生长。为使植物正常生长，土壤的孔隙度要求在10%以上。

（4）土壤营养条件

在一般情况下，土壤营养状况不会像温度、水分、通气那样成为限制根系生长的因素，但根总是向肥多的地方生长。在肥沃的土壤或施肥条件下，根系发达，细根密，活动时间

长；相反在瘠薄的土壤中，根系生长瘦弱，细根稀少，生长时间短。

（5）栽培管理与根系生长

创造良好的环境条件，促进根系的发育，是园林植物栽培的重要课题。结合园林植物在各年龄时期根系生长发育特点，采取相应的措施，促进根系生长。在幼年期，为使植株尽快生长，必须进行深耕或扩穴，增施有机肥，改良土壤，以形成强大的根系。在成年期，加深耕作层，深施肥，促进下层根的发育，同时要控制地上部分的结果量，以增加地上部分对根系碳水化合物的供应。到衰老期，应注意骨干根的更新复壮，多施粗有机质，增加土壤孔隙度，促进新根的发生，以延缓衰老。

在年周期中，为促进根系生长，土壤管理也要根据生长特点进行。早春由于气温低，养分分解慢，此时应注意排水、松土、提高土温。施肥以腐熟肥料为主，配合施以速效肥，促进吸收根的大量发育。夏季气温高、蒸发量大，同时又是植物生长发育的最旺盛期，保持根系的迅速生长特别重要，松土、灌水、土面覆盖是保持根系正常活动的重要措施。此外，秋季的土壤管理也十分重要。秋季和初冬发生的吸收根往往比春季多，而且抗性强、寿命长。其中一部分继续吸收水分与养分，并能将其吸收的物质转换成为有机化合物贮藏起来，起着提高植物抗寒力的作用，也可以满足植物生长的需要。因此，在秋季进行土壤深耕、深施较多的有机肥，对促进生长根的发育十分必要。

八、苗木切根与断根技术

1.苗木切根的类型

广义上的苗木切根，也称为截根或修根，是相对于截干而言的、对根系进行部分切除的技术总称，包括芽苗切根、苗期切根和起苗后的切根等3种类型。芽苗切根是将种子萌发胚根切除一部分，如在沙床上培育马尾松、湿地松、闽楠芽苗，移栽到大田或容器袋中，在移栽时进行截根。苗期切根是苗木培育后期干扰根系的技术，是在苗木生长后期调控苗木生长生理状态以适应于造林地环境的苗圃培育措施。由于苗期切根仅能切断与切刀垂直的根，与刀具平行的根系需要在苗木起苗后进行修剪。起苗后的切根主要是在起苗后或苗木栽植前，将过长的根系或运输过程中破损的根系进行修剪或去除，以便于栽植。3种切根类型除发生的时间不同外，采用的工具也有区别。芽苗切根、起苗后的切根，采用的工具多为剪刀或柄刀，完全依靠人为操作，苗期切根需要依靠牵引机和专门设计的刀具进行。芽苗切根在培育裸根苗和容器苗中均有应用，而苗期切根和起苗后的切根主要应用于裸根苗的培育。

图7-11　侧方切根设备

狭义的切根专指苗期切根。目前切根的方法有平截、扭根、侧方修根和盒式修根。平截是在平行于育苗床面下的土壤中拉动一薄而锋利的刀片，刀片切断主根和其他所有超过这一截根深度的根系。扭根是采用一块有倾斜角（20°～30°）的厚宽刀片在苗床下拉动来完成的。侧方修根是用切刀或犁刀从苗木播种沟的两侧垂直于床面切过，以切断超长的侧根（图7-11）。侧方修根常应用于条播苗木。盒式修根最早起源于新西兰，是从苗木四周将其侧根垂直切断，要求苗木间的株行距要相等。操作时靠装有固定刀片或滚动犁刀的拖拉机在每条播种沟间拉动进行纵向切根。在这4种修根方式中，平截、扭根最为常用，侧方修根和盒式修根应用较少。

2.苗木切根的效应

（1）芽苗切根

芽苗切根是在合适时间将沙床上的芽苗，从根系下部截除胚根的一部分，然后移植至另一苗床。芽苗切根有利于提高苗木质量和造林效果。芽苗切根时间也是影响切根效果的关键因子之一。从子叶初露到子叶出土这一时期，苗木只有主根，幼苗根系尚不发达，其养分主要靠原种子胚乳供给，因此在此阶段进行切根，移栽成活率高。初生叶出现阶段，幼苗开始形成侧根，胚乳的养分消耗渐尽，幼苗生长所需的养分开始由根系和初生叶进行光合作用供给，幼苗开始进入自行营养阶级，如此时进行切根与移栽，势必影响其成活率。火炬松、马尾松的芽苗处于子叶出土、种壳尚未脱落的阶段切根与移栽，成活率最高。在这个时间切根与移栽，马尾松成活率高达98%以上。

芽苗切根在容器苗培育中也有较多应用。由于容器苗的根系生长在有限的空间内，根尖会不断沿着器壁生长，主根伸长并穿破容器袋，而侧根减少，形成畸形根系。起苗时易受损伤，栽植易窝根，根团不发达，运输易破散，造成苗木损失，影响成活率、保存率和幼树生长。对于马尾松、湿地松、栓皮栎、马褂木等主根发达的树种，切根不仅使苗木侧根发达，而且让苗木的主根变短，在容器内培育时不易发生窝根。芽苗截根与移栽菌根化相结合能显著提高苗木质量。

（2）起苗后切根

修根是裸根苗培育常用的一项措施。生产中，可在起苗后立即进行切根，也可在移栽时采用切根。栽植前，主根的适度修剪对提高苗木的成活率、生长量均有好的效果，但因修剪强度和苗木品种而异。栽植前过度修根常引起不好的效果，根系大量损失导致碳水化合物和营养损失，移栽后苗木可利用的养分减少，茎和根系生长量下降。

（3）苗期切根

苗期切根主要采用的方式为平截，平截是应用最为广泛、研究最多的一种切根类型，如美国西北部95%以上的苗圃都采用平截技术（图7-12）。根系平截对苗木形态指标的变化是指根系被切断一段时间后，在切口处形成愈伤组织，愈伤组织顶端进而形成多个根原基，苗木侧根数、须根数因此增多，促进侧根发育，生物量增大。

图7-12 侧方切根与底根平截为一体的切根设备，适宜主根发达的苗木修剪

切根后形成众多的侧根，从土壤中获取养分和水分的能力提高，保持能力更强，苗木成活率和生长量因此提高。栽植后的1～5年，截根处理的红栎和黑胡桃生长一直高于对照苗木。在干旱条件下栽植，由于侧根发达，截根苗常表现出较高的成活率。

第二节　苗木的整形修剪

修剪是对植物的某些器官如枝、芽、干、叶、花、果等进行剪截、疏删的具体操作过程；整形是对植物进行修剪，使之形成所需要的植株形态。修剪是手段，整形是目的，两者紧密相关，统一于一定的栽培管理条件下。整形修剪与土、肥、水管理一样，都是提高园林绿化水平不可缺少的一个技术环节。对于园林植物地上部分的管理，整形修剪技术是一项十分重要的措施。

一、芽的生长习性与整形修剪

1. 芽的类型

根据芽的着生位置，可分为顶芽、侧芽和不定芽三种类型（图7-13）。

根据芽的性质，可分为叶芽和花芽（图7-14）。

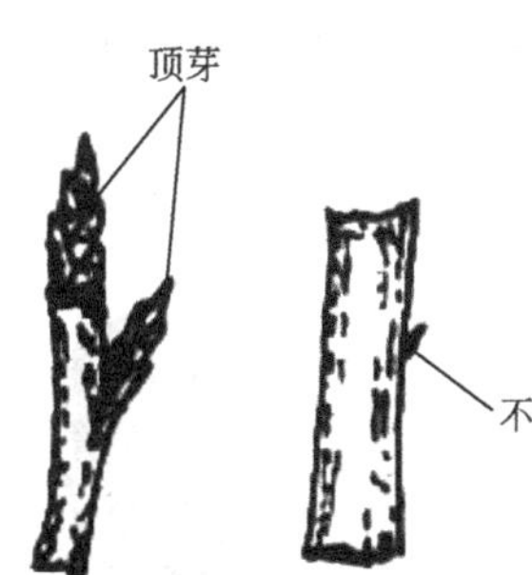

图7-13　顶芽、侧芽和不定芽

图7-14　叶芽和花芽

2. 芽的异质性

植物的枝条在生长发育过程中，由于受内部营养状况和外界环境条件的影响，不同时期、不同部位所形成的芽在质量上有很大差异，这种质量差异，就叫芽的异质性。芽的异质性和修剪有密切关系。为了扩大树冠或复壮枝组，需要在枝条的饱满芽处短截，为了控制生长、促生花芽，往往利用弱芽带头，另外还可以人为地改变和利用芽的异质性，如通过夏季摘心、扭梢，能提高枝条上芽的质量，有的品种还能形成腋花芽。

一般枝条或基部的芽较瘦小，顶芽最充实。长枝基部的芽常不萌发，成为休眠芽潜伏；中部的芽萌发抽枝，长势最强；先端部分的芽萌发抽枝长势最弱，常生成短枝条或弱枝。

3. 萌芽力与成枝力

一年生枝条上芽的萌发能力，叫做萌芽力。通常以萌发芽数占总芽数的百分率表示。短截一年生枝后，剪口下发出长枝的多少，叫做成枝力。一般以成枝的具体数来表示。萌芽力和成枝力因树种、品种不同而有差异，也和树龄、栽培条件密切相关。幼树成枝力强，萌芽力弱，随着树龄增长，成枝力逐渐减弱，萌芽力逐渐增强；土壤瘠薄、水肥不足，成枝力较弱，反之，成枝力就强。在整形修剪时，对萌芽力和成枝力强的品种，要适当多疏枝，少短截，防止树冠郁闭。对成枝力弱的品种则应适当短截，以促发分枝，防止光秃。

萌芽力与成枝力具有相互制约而又统一的关系。一般情况下，萌芽力强则成枝力弱，成枝力强则萌芽力弱，但有的品种萌芽力和成枝力都强或都弱。

萌芽力强成枝力弱的品种，易于形成中、短枝，早成花、早结果，但发枝少，应注意短截促其分枝和疏花，以防止结果过多引起早衰。

成枝力强萌芽力弱的品种，分枝量大，长势强，整形时易于选留主枝、侧枝及开张角（或分枝角）度，但成花结果晚，应多疏枝、多缓放而少短截，减少分枝数量，缓和枝势，促进成花，更要防止前强后弱和外围郁密、内膛光秃。

萌芽力和成枝力都强的品种，易形成花芽，选留主枝和侧枝容易，修剪时应注意多疏枝。

萌芽力和成枝力都弱的品种，成花结果晚，也不易整形，应根据生长和结果的需要，进行两个枝之间生长和结果的交替，并注意早春适时刻芽，夏季拿枝、拉枝等，促进萌发和成花的措施，冬季修剪则适当运用缓放、疏枝和轻短截的剪法。

植物的枝芽习性是园林植物修剪的重要依据，修剪方式、方法、强弱都因植物种类而异。即使在进行植物的人工造型时，虽然是依据修剪者的意愿将植物整成特定形式，但都是依据该植物枝芽特性而定的。

二、常见整形修剪形式

常见的整修修剪分为自然式修剪、整形式修剪和混合式修剪三大类。

1. 自然式修剪

根据植物生长发育状况特别是枝芽习性的不同，在保持原有自然株型的基础上适当修剪，称为自然式修剪。自然式修剪基本上保持了原有的株型，充分表现了园林植物的自然美（图7-15）。修剪时，只对枯枝、病弱枝和少量影响株型的枝条进行修剪。常见修剪方式如下。

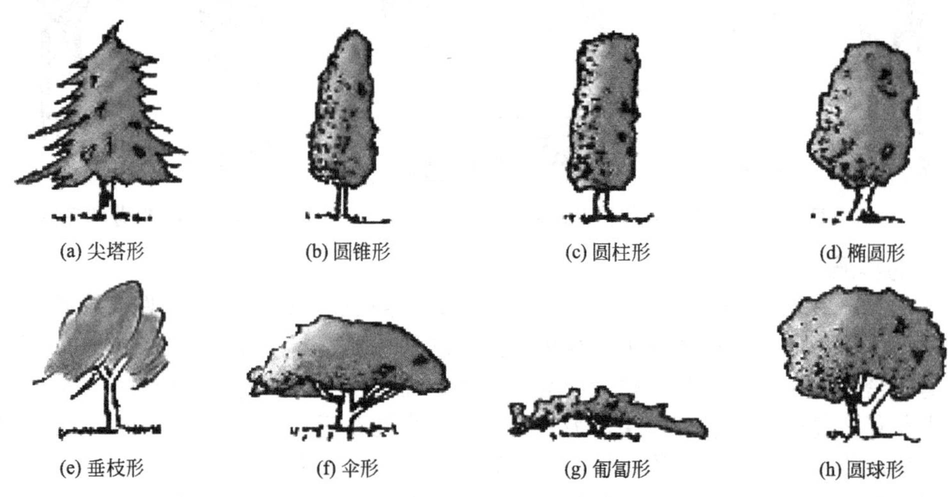

图7-15 自然式修剪形式

① 尖塔形　单轴分枝的植物形成的冠形之一，顶端优势强，有明显的中心主干，如雷松、南洋杉、大叶竹柏和落叶杉等。

② 圆锥形　介于尖塔形和圆柱形之间的一种树形，由单轴分枝形成的冠形，如桧柏、银桦、美洲白蜡等。

③ 圆柱形　也是单轴分技的植物形成的冠形之一，中心主干明显，主校长度上下相差较小，形成上下几乎同粗的树冠。如龙柏、钻天杨等。

④ 椭圆形　合轴分枝的植物形成的树冠之一，主干和顶端优势明显，但基部枝条生长较慢，大多数阔叶树属此冠形，如加杨、扁桃、大叶相思和乐昌含笑等。

⑤ 垂枝形　有一段明显的主干，但所有的枝条却似长丝垂悬，如垂柳、龙爪槐、垂枝

榆、垂枝桃等。

⑥ 伞形　一般也是合轴分枝形成的冠形，如合欢、鸡爪槭。

⑦ 匍匐形　枝条匍地生长，如吊兰、狗牙根等。

⑧ 圆球形　合轴分枝形成的冠形。如樱花、元宝枫、馒头柳、蝴蝶果等。

2. 整形式修剪

根据园林观赏的需要，将植物树冠强制修剪成各种特定形式，称为整形式修剪整形（或规则式修剪整形）。由于修剪不是按树冠的生长规律进行，植物经过一定时期自然生长后会破坏造型，需要经常不断地整形修剪。一般来说，适用整形式修剪整形的植物都是耐修剪、萌芽力和成枝力都很强的种类。常见的整形式修剪整形如图7-16。

① 几何形式　通过修剪整形，最终植物的树冠成为各种几何体，如正方体、长方体、球体、半球体或不规则几何体等。

② 建筑物形式　如亭、楼、台等，常见于寺庙、陵园及名胜古迹处。

③ 动物形式　如鸡、马、鹿、兔、大熊猫等，唯妙唯肖，栩栩如生。

④ 古树盆景式　运用树桩盆景的造型技艺，将植物的冠形修剪成单干式、多干式、丛生式、悬崖式、攀援式等各种形式，如小叶榕、勒杜鹃等植物可进行这种形式的修剪。

图7-16　整形式修剪

3. 混合式修剪

根据园林绿化的要求，对自然树形进行人工改造而成的树形。

① 杯形　这种树形无中心干，仅有很短的主干，自主干上部分生3个主枝，夹角约为45°，3个枝各自再分生2个枝而成6个枝，再从6个枝各分生2枝即成12枝，即所谓“三股、六杈、十二枝”的形式。冠内不允许有直力枝、内向枝的存在，一经发现必须剪除。

② 自然开心形　由杯形改进而来，没有中心主干，分枝较低，3个主枝错落分布，自主干上向四周放射而出，中心开展，故称自然开心形。但主枝分枝不为二杈分枝，树冠不完全平面化，能较好地利用空间（图7-17）。

(a) 杯型 (b) 自然开心型

图7-17 杯型与自然开心型

③ 多领导干形 留2～4个中央领导主干，其上分层配备侧生主枝，形成匀称的树冠，适宜于生长较旺盛的树种（图7-18）。

④ 中央领导干形 留一强中央领导干，其上配列稀疏的主枝。这种树形，中央领导枝的生长优势较强，能向内和向外扩大树冠，主枝分布均匀。适用于干性较强的树种，能形成高大的树冠，最宜于作庭荫树（图7-19）。

图7-18 多领导干形

图7-19 中央领导干型

⑤ 丛球形 类似多领导干形，只是主干较短，干上留数主枝成丛状，叶层厚，美化效果好（图7-20）。

⑥ 棚架形 先建各种形式的棚架、廊、亭，种植藤本树木后，按生长习性加以剪、整和诱引（图7-21）。

图7-20 丛球形

图7-21 棚架形

园林绿化中，以自然式整形应用最多，可以充分利用植物自然的树形，又可节省人力、物力；其次是混合式整形，在自然树形的基础上加以人工改造，即可达到最佳的绿化、美化效果；另外人工式整形，既改变了植物自然生长习性，又需要较高的整形修剪技艺，只在园林局部或有特殊要求时使用。

三、整形修剪的时期

修剪时期是根据树种抗寒性、生长特性及物候期等来决定的，一般来说可分为休眠期（冬季）修剪及生长期（夏季或春季）修剪两个时期。

1.休眠期（冬季）修剪

正是树木休眠或是缓慢生长的时节，最适合对树木进行整形和修剪。休眠期（冬季）修剪视各地气候而异，通常自土地封冻树木休眠后至次年春季树液开始流动前进行，一般为12月至翌年2月。抗寒力差的树种最好在早春修剪，以免伤口受风寒之害；伤流特别严重的树种，如桦木、葡萄、复叶槭、悬铃木、四照花等不可修剪过晚，否则，会自剪口流出大量树液而使植株受到严重伤害。

2.生长期（夏季或春季）修剪

生长季的修剪是自萌芽后至新梢或副梢生长停止前进行（一般4～10月），其具体日期也视当地气候条件及树种特性而异。

四、整形修剪的操作规程

1.整形修剪的方法

树木的修剪形式很多，常用的整形方法有短剪、疏剪、缩剪，用以处理主干或枝条；在造型过程中也常用曲、盘、拉、吊、扎、压等办法限制生长，改变树形，培植出各种姿态优美的树木、花草和盆景。在园林育苗中，则多采用剥芽、摘心、短截、疏枝等措施来达到育苗效果。

（1）抹芽、除蘖

① 抹芽　许多苗木移植定干或嫁接后苗干上萌发很多萌芽。为了节省养分和整形的需要，抹掉多余的萌芽。如碧桃、龙爪槐的嫁接砧木上的萌芽。抹除枝条上多余的芽体，可改善留存芽的养分状况，增强其生长势。如每年夏季对行道树主干上萌发的隐芽进行抹除，一方面可使行道树主干通直，另一方面可以减少不必要的营养消耗，保证树体健康的生长发育（图7-22）。

② 除蘖　又称除萌。榆叶梅、月季等易生根蘖的园林树木，生长季期间要随时除去萌蘖，以免扰乱树形，并可减少树体养分的无效消耗。嫁接繁殖树，则须及时去除上的萌蘖，防止干扰树性，影响接穗树冠的正常生长（图7-23）。

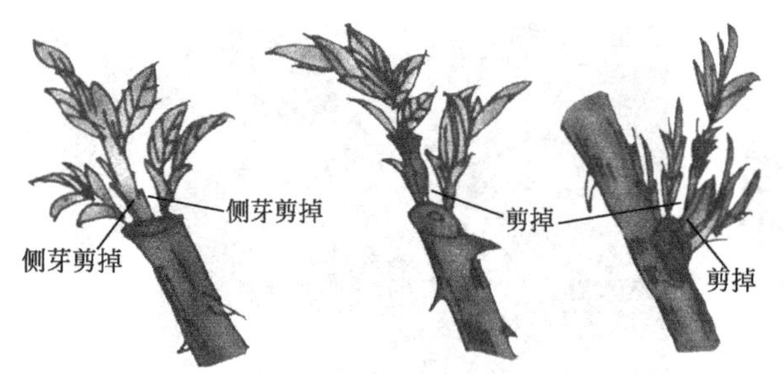

图7-22　抹芽

图7-23　除蘖

（2）摘心和剪梢

① 摘心　摘心就是将枝梢的顶芽摘除的措施，摘心后削弱了枝条的顶端优势、改变了营养物质的输送方向，有利于花芽分化和开花结果。摘除顶芽可促使侧芽萌发，从而增加了分枝，有利于树冠早日形成。秋季适时摘心，可使枝、芽等器官发育充实，有利于提高其抗寒能力（图7-24）。

摘心前

摘心后

图7-24　摘心

② 剪梢　在园林植物生长期内，当新梢抽生后，为了限制新梢继续生长，将当年新梢的一段剪去，解除新梢顶端优势，使其抽出侧枝以扩大树冠或增加花芽。如为了提高葡萄的坐果率，在开花前摘心，可促进二次开花；绿篱植物通过剪梢，可使绿篱枝叶密生，增加观赏效果和防护功能；草花摘心可增加分枝数量，培养丰满株形，使其多开花或花期得以延长。但有些草花，植株矮小、丛生性强或花穗长而大不宜摘心，如三色堇、矮雪轮、半支莲、鸡冠花、凤仙花、紫罗兰等（图7-25）。

摘心与剪梢的时间不同，产生的影响也不同。具体进行的时间依树种、目的要求而异。为了多发侧枝，扩大树冠，宜在新梢旺长时摘心；为促进观花植物多形成花芽开花，宜在新梢生长缓慢时进行；观叶植物不受限制。

（3）短截

短截又称短剪，指对一年生枝条的剪截处理。枝条短截后，养分相对集中，可刺激剪口下侧芽的萌发，增加枝条数量，促进营养生长或开花结果。短截程度对产生的修剪效果有显著影响（图7-26）。

① 轻短截　剪去枝条全长的1/5 ～ 1/4，主要用于观花观果类树木的强壮枝修剪。枝条经短截后，多数半饱满芽受到刺激而萌发，形成大量中短枝，易分化更多的花芽。

② 中短截　自枝条长度1/3 ～ 1/2的饱满芽处短截，使养分较为集中，促使剪口下发生较壮的营养枝，主要用于骨干枝和延长枝的培养及某些弱枝的复壮。

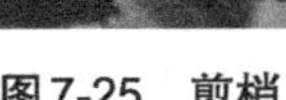

图7-25　剪梢

图7-26　短截

③ 重短截　在枝条中下部、全长2/3～3/4处短截，刺激作用大，可促使基部隐芽萌发，适用于弱树、老树和老弱枝的复壮更新。

④ 极重短截　仅在春梢基部留2～3个芽，其余全部剪去，修剪后会萌生1～3个中、短枝，主要应用于竞争枝的处理。

（4）缩剪、平茬截干

又称回缩，指对多年生枝条（枝组）进行短截的修剪方式。在树木生长势减弱、部分枝条开始下垂、树冠中下部出现光秃现象时采用此法，多用于衰老枝的复壮和结果枝的更新，促使剪口下方的枝条旺盛生长或刺激休眠芽萌发徒长枝，达到更新复壮的目的。

平茬截干，指对主干或者粗大的主枝、骨干枝等进行的回缩措施。适于幼苗长势弱或一年生苗达不到定干要求的树种，如槐树、杜仲、栾树等。播种苗第二年苗高达到1.5m，地径1.5cm时，距地面10cm左右短截。促进侧芽萌发，并选择健壮的新梢作为主干培养，当年秋季可达2.5～3.0m。来年2.0～3.5m定干，选留顶部3～5个新梢作为主枝培养，其余抹除，抹除主干以下萌蘖枝（图7-27）。

图7-27　平茬截干

（5）疏枝

又称疏删或疏剪，即从枝条或枝组的基部将其全部减去。疏剪能减少树冠内部的分枝数量，使枝条分布趋向合理与均匀，改善树冠内膛的通风与透光，增强树体的同化功能，减少病虫害的发生，并促进树冠内膛枝条的营养生长或开花结果（图7-28）。

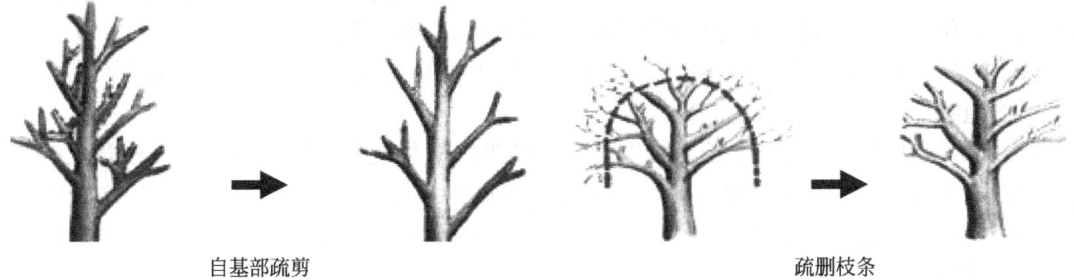

图7-28　疏枝

（6）伤枝

损伤枝条的韧皮部或木质部，以达到削弱枝条生长势、缓和树势的方法称为伤枝。伤枝

图7-29　刻伤

多在生长季内进行，对局部影响较大，而对整株树木的生长影响较小，是整形修剪的辅助措施之一，主要方法有：刻伤、环剥、环割、折裂和劈枝、扭梢和拿枝。

① 刻伤　在枝条和枝干的某处用刀和剪子去掉部分树皮和木质部，从而影响枝条或枝干的生长势的方法。在枝芽的上方进行刻伤，阻止水分和矿质养分继续向上输送，可增强刻伤部位芽和枝的生长势；反之，在枝芽的下方进行刻伤时，可使该芽抽生枝生长势减弱，但因有机营养物质的积累，故有利于花芽的形成（图7-29）。

② 环剥（环状剥皮）　在枝干的横切部位，用小刀或环剥刀割断韧皮部两圈，两圈相距一定距离，一般相距枝干直径的1/10距离。割断的皮层取下来，露出木质部。剥皮宽度要根据枝条的粗细和树种的愈伤能力而定，一般以1个月内环剥伤口能愈合为限，约为枝直径的1/10（2～10mm），过宽伤口不易愈合，过窄愈合过早而不能达到目的。环剥深度以达到木质部为宜，过深伤及木质部会造成环剥枝梢折断或死亡，过浅则韧皮部残留，环剥效果不明显。实施环剥的枝条上方需留有足够的枝叶量，以供正常光合作用之需（图7-30）。

图7-30　环剥

环剥是在生长季应用的临时性修剪措施，多在花芽分化期、落花落果期和果实膨大期进行，在冬剪时要将环剥以上的部分逐渐剪除。环剥也可用于主干、主枝，但需根据树体的生长状况慎重决定，一般用于树势强旺、花果稀少的青壮树。伤流过旺、易流胶的树种不宜应用环剥。

③ 环割　在枝干的横切部位，用刀将韧皮部割断，这样阻止有机养分向下输送，养分在环割部位上得到积累，有利于成花和结果。根据环割要求，可以割一圈或多圈（图7-31）。

④ 折裂和劈枝　为曲折枝条使之形成各种艺术造型，常在早春萌芽初始期进行。先用刀斜向切入，深达枝条直径的1/2～2/3处，然后小心地将枝弯折，并利用木质部折裂处的斜面支撑定位，为防止伤口水分损失过多，往往对伤口进行包扎。

⑤ 劈枝　枝干从中央纵向劈开分为两瓣。用于植物造型。劈开缝隙放入石子或穿过其他种类的植物，制造奇特树姿。

⑥ 扭梢和拿枝　多用于生长期内生长过旺的半木质化枝条，特别是着生在枝背上的徒长枝，扭转弯曲而未伤折者称扭梢，折伤而未断离者则为拿枝（折梢）。扭梢和拿枝均是部分损伤输导组织以阻碍水分、养分向生长点输送，削弱枝条长势以利于短花枝的形成（图7-32）。

（7）变向

改变枝条生长的方向，控制枝条生长势的方法称变向。如屈枝、弯枝、拉枝、吊枝等形式（图7-33、图7-34），以改变枝同条生长的方向和角度，使顶端优势转位，加强或削弱。将下枝抬高角度时，顶端优势加强，树势转旺，使枝顶向上生长；将直立枝屈枝或拉枝时，

图7-31　环割

图7-32　扭梢和拿枝

顶端优势减弱，生长缓慢。通过变向，可充分利用空间，甚至可盘扎成各种艺术性姿态，提高观赏价值。采用拉引的办法，使枝条或大枝组改变原来的方向和位置，并继续生长。

图7-33　拉枝

图7-34　吊枝

（8）截冠

从苗木主干2.5～2.8m高处，将树冠全部剪去的方法称为截冠。截冠整形修剪，多用于无主轴、萌芽力强的落叶乔木，如悬铃木、栾树、鸡爪槭等。通过截冠后分枝点的高度一致，列植、群植时，可形成统一的景观效果（图7-35）。

（9）修根

多用于裸根移植作业时，对过多、过长的根、劈裂损伤的根进行修剪。苗木移植时，劈裂根、病根，应剪除；过长根适当短截；剪短过长的主根，促使长出侧根；损伤的根，应剪齐，剪口一定要平滑，利于愈合，发新根，恢复树势（图7-36）。

图7-35　截冠

图7-36　修根

2.修剪技术

（1）剪口和剪口芽（图7–37）

① 剪口方式　斜切面与芽的方向相反，其上端与芽端相齐，下端与芽之腰部相齐。

② 剪口芽的处理　剪口芽方向向内，可填补内膛空位，剪口芽方向向外，可扩张树冠。

③ 剪口芽方向　将来延长枝的生长方向。

④ 垂直方向　每年修剪其延长枝时，所留的剪口芽的位置方向与上年的剪口芽方向相反。斜生的主枝，剪口芽应留外侧或向树冠空疏处生长的方向。

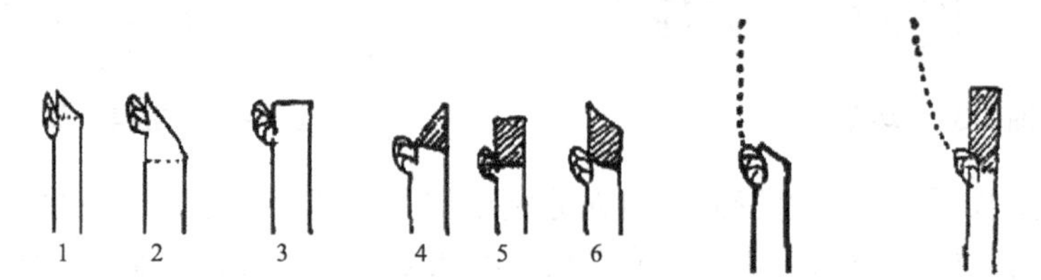

图中：1正确，斜切面与芽的方向相反，其上端与芽端相齐，下端与芽的腰相齐。2错误：切口过大。3可行：但易损伤芽。4、5、6不正确，4、5可以在多旱风的地区使用，过旱风期行第二次修剪。

图7-37　剪口

（2）大枝锯除法

锯口位置：第一次即自枝基部着锯，易致撕裂，树干受损。

步骤：先自枝下方锯1/3深，第二锯自上方锯掉侧枝，在基部修齐锯平（图7-38）。

图7-38　大枝锯除

（3）截口保护

截口消毒，涂抹保护剂。

（4）修剪工具

剪刀、锯子、刀子、斧头、梯子等（图7-39）。

3.整形修剪的程序及注意事项

① 制定修剪方案　根据树体的生长状况，修剪的目的及要求，确定修剪方案。

② 程序　由基到梢，由内及外；由主枝的基部自内向外地逐渐向上修剪。

③ 注意安全。

④ 清理作业现场　粉碎后做肥料。

五、各类苗木整形修剪技术

1.行道树和庭荫树的整形修剪

可分为有中央领导枝树木的修剪、无中央领导枝树木修剪和常绿乔木的修剪。

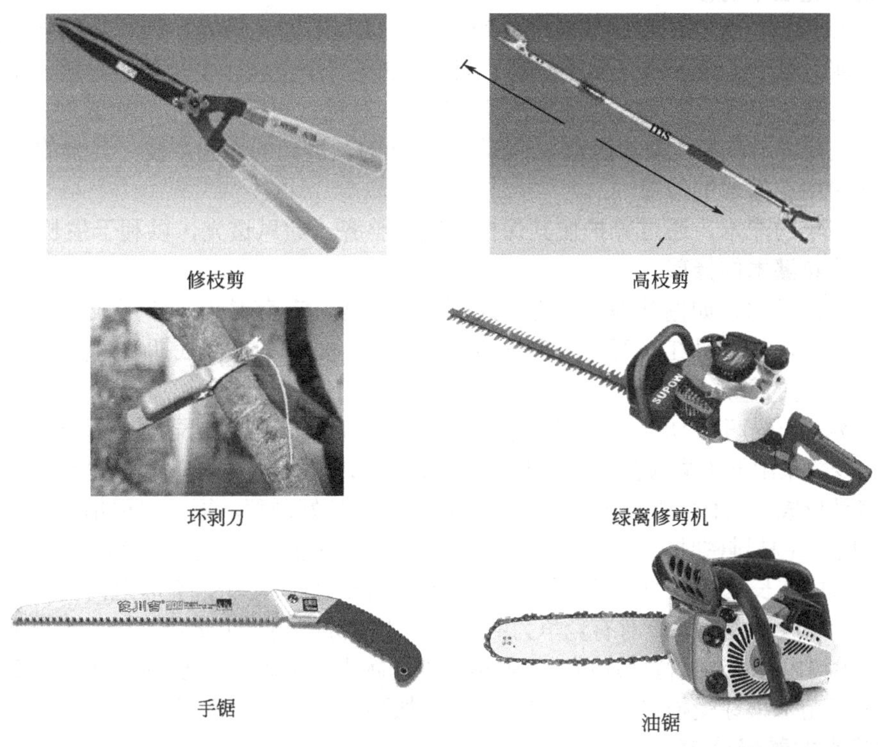

图7-39 各种修剪工具

（1）有中央领导枝树木的修剪，此类树木栽植在无架空线路的路旁。

① 确定分枝点　在栽植前进行，一般确定在3m左右，苗木小时可适当降低高度，随树木生长而逐渐提高分枝点高度，同一街道行道树的分枝点必须整齐一致。

② 保持主尖　要保留好主尖顶芽，如顶芽破坏，在主尖上选一壮芽，剪去壮芽上方枝条，除去壮芽附近的芽，以免形成竞争主尖。

③ 选留主枝　一般选留主枝最好下强上弱，主枝与中央领导枝成40°～60°的角，且主枝要相互错开，全株形成圆锥形树冠。

（2）无中央领导枝树木的修剪，一般种植在架空线路下的路旁。

① 定分枝点　有架空线路下的行道树，分枝点高度为2～2.5m，不超过3m。

② 留主枝　定干后，应选3～5个健壮分枝均匀的侧枝作为主枝，并短截10～20cm，除去其余的侧枝，所有行道树最好上端整齐，这样栽植后整齐。

③ 剥芽　树木在发芽时，常常是许多芽同时萌发，这样根部吸收的水分和养分不能集中供应所留下的芽子，这就需要剥去一些芽，以促使枝条发育，形成理想的树形。在夏季，应根据主枝长短和苗木大小进行剥芽。第一次每主枝一般留3～5个芽，第二次定芽2～4个。

（3）常绿乔木的修剪

① 培养主尖　对于多主尖的树木，如桧柏、侧柏等应选留理想主尖，对其余的进行两三次回缩，就可形成一个主尖。如果主尖受伤，扶直相邻比较壮侧枝进行培养。像雪松等轮生枝条，选一健壮枝，将一轮中其他枝回缩，再将其下一轮枝轻短剪，就培养出一新主尖。

② 整形　对树冠偏斜或树形不整齐的可截除强的主枝，留弱的主枝进行纠正。

③ 提高分枝点　行道树长大后要每年修剪，修剪时要上下错开，以免削弱树势。

2.花灌木类的整形修剪

（1）新栽花灌木的修剪

保持内高外低，成半球型。疏枝应外密内稀，以利于通风透光。为减少损耗养分，一般都要进行重剪。对于有主干的（如碧桃等）应保留3～5个主枝，主枝要中短截，主枝上侧枝也要进行中短截。修剪后要使树冠保持开展、整齐和对称。对于无主干（如紫荆、连翘、月季等）多从地表处发出许多枝条，应选4～5枝分布均匀、健壮的作为主枝，其余的齐根剪去。

（2）养护中花灌木的修剪

对栽植多年的灌木，通过养护使其保持美观、整齐、通风透光，以利于生长。

（3）开花花灌木的修剪

早春开花的灌木，如榆叶梅、迎春、连翘、碧桃等。花芽是上一年形成，应在花后轻短截。夏季开花的，如百日红、石榴、夹竹桃、月季等，要在冬季休眠期重短截。

3.针叶类树的整形修剪

针叶树类，一般萌芽力弱，生长缓慢，苗圃培养的苗木一般以全冠型（保留全部分支的树形）为主，少数采用低干型（提干高度50～60cm）。如松类植物油松、樟子松等顶端优势较明显，主干容易形成，培育大苗时一般不多修剪，注意保护好顶芽，冠内出现枯枝、病残枝时及时剪除，有时轮生枝过密时可适当疏除，每轮留3～5个主枝，使其空间分布均匀。白皮松、桧柏类苗木易形成徒长枝，成为双干型，要及时疏去一枝，保持单干，有时冠内出现侧生竞争枝时，应逐年调整主侧枝关系，对有竞争力的侧枝利用短截削弱其生长势，培养领导干，直至出圃。此外，柏树内苗木通过修剪还可以培养出各种几何造型和动物造型，提高观赏价值。

针叶树类苗木顶芽受损，应及时扶一侧枝，加强培养以替代主干。

4.绿篱类的整形修剪

① 定植后修剪　定植时按规定高度、宽度剪去多余部分，对于主干粗大的应先用手剪，注意不要使主枝劈裂，后用大平剪修平面（大平剪要端平）。

② 养护期修剪　方法同上，但每次不要剪得太轻，否则形状不易控制。

③ 修剪期间　对于女贞、黄杨、刺柏篱一年要3～4次。对于玫瑰、月季、黄刺玫绿篱应在花后修剪。对各种植物造型要经常修剪。

修剪要求高度一致，三面（两侧与上平面）平直、棱角分明。

5.球形类的造型修剪

球形类的主要修剪方法是打尖，特别是生长旺季，必须定期进行摘心或减梢。具体修剪方法如下：当苗木达到一定高度时，修剪枝梢使苗冠呈圆球形。当分枝抽出达20～25cm时，再次修剪枝梢形成次级侧枝，使球体逐年增大，同时减去徒长枝、病虫枝和畸形枝。成型后每年在生长期进行2～3次短截，促使球面密生枝叶，如大叶黄杨球、小叶黄杨球、龙柏球和桧柏球等。

6.垂枝类造型修剪

垂枝类苗木，如龙爪槐、垂枝红碧桃、垂枝杏、垂枝榆等，主要扩大树冠及调整枝条均匀分布。为此，嫁接成活后，要附以支架，将萌条放在支架上，使其平展向外生长。第一年冬剪进行重短截，剪口留向上芽，发芽后如剪口芽有向下芽萌发，及时疏去，以促使上芽生长形成大树冠。第二年冬剪时应行重短剪，再留向上剪口芽，疏除向下芽，如此下去即可扩大冠幅。

7.藤本类修剪

紫藤、地锦、凌霄以及爬蔓的蔷薇类，其主干多为匍匐生长，苗木出圃除作地被植物可任其生长外，常常依照设计要求有多种整形方式，如棚架式、凉廊式、悬崖式等，苗圃整形修剪的主要任务是养好根系，并培养一至数条健壮的主蔓，方法是重截或近地面处回缩。这类大苗的要求是地径大于1.5cm，有强大的须根系。

① 棚架式　栽植后要就地重截，可发强壮主蔓，牵引主蔓于棚架上。如紫藤、木香等。对主干上主枝，仅留2～3个作辅养枝。夏季对辅养枝摘心，促使主枝生长。以后每年剪去干枯枝、病虫枝、过密枝。

② 附壁式　如爬墙虎、凌霄、五叶地锦等植物，只需重剪短截后，将藤蔓引于墙面，每年剪去干死枝、病虫枝即可。

第三节　起苗、包装、储藏和运输

苗圃培育的优质苗木能否成为优质的商品苗，起苗非常重要。起苗又称掘苗，指将苗木从苗圃地中起出。

一、起苗

1.起苗时间

起苗时间一般在秋季树木休眠后和春季芽萌动前去掉。

大多数苗木的起苗一般在早春进行，起苗后立即移栽，成活率高。一些不适宜在秋季起苗移栽的树种更适宜在春季起苗，如常绿树种和不易假植贮藏的较大苗木。春季发芽早的树种，适宜秋季起苗，如落叶松、水杉等。有特殊要求的树种，如牡丹适宜秋季移栽，秋季起苗后最好立即栽植。秋季起苗要在苗木地上部分休眠、树叶脱落后进行，冬季无严寒、土壤不冻结的地区也可以冬季起苗，但是不能立即出圃的苗木应入假植沟假植。常绿树在雨季起苗立即栽植，此时空气湿度大，成活率高，效果好，所以常绿树出圃可以安排在雨季。

2.起苗方法

（1）人工起苗

① 裸根起苗　大多数落叶树种和常绿树种的小苗可以裸根起苗。起苗时，沿苗行方向距苗木规定距离处挖一道沟，距离视苗木和根系大小确定，要在主要根系分布区之外，沟深与主要根系深度相同。正式起苗前可以此方法先试挖，观察并确定距苗的距离和沟深。在沟壁苗方一侧挖一斜槽，根据要求的根系长度截断根系，再从苗的另一侧垂直下锄，截断过长的根系，将苗木推到沟中即可取苗，注意：应待根系完全截断再取苗，不可硬拔，否则会损伤根系（图7-40）。

图7-40　人工起苗

② 带土球起苗　较大的常绿树苗、珍贵树种和大的灌木，为了提高栽植的存活率，需要带土球起苗，以达到少伤根、缩短缓苗期、提高成活率的目的。

土球的大小视树种、苗木的大小、根系分布、土壤质地而确定。一般土球直径是苗木干茎的5～10倍，土球高度是其土球直径的2/3，要包括大部分根系。灌木需要带土球时，土球直径一般为20～60cm。

起苗前，先将树冠捆扎好，防止施工时损坏树冠，同时也便于作业。把苗干周围地表松土铲去，然后在确定土球尺寸的外围向下挖，宽度以便于作业为度，深度比规定的土球高度稍微深一些，遇到粗根，应用枝剪剪断或用手锯锯断，不要震散土球。土球修好后，类似苹果形，立即用蒲包将土球包好，打上腰箍。将草绳的一头拴在树干上，在树干基部绕30cm一段，以保护树干。然后绕过土球底部，顺序拉紧捆紧，可用砖块在土球的棱角处轻轻敲击，使草绳捆紧、捆实，在花箍外再打上腰箍。捆完后，铲断主根，将土球斜推，用蒲包将土球包住，再用草绳将底部的花箍穿起来，捆结实，这一方法生产上称“兜底”。捆扎密度视苗木大小、土壤质地确定。大苗、土壤质地疏松，密度可能大一些；小苗，不易松散的土壤，密度可能小一些。

图7-41　机械起苗

较大的苗木带土球起苗，可提前一年在树干的周围按规定的尺寸挖槽断根，两年内起苗移植。

（2）机械起苗

机械起苗的效率高，质量好，目前主要是用拖拉机牵引起苗犁起裸根苗（图7-41）。

（3）起苗作业注意事项

遇干旱天气、土壤干燥时，起苗前2～3天应灌水，使土壤松软，减少对根系的损坏。

起苗应尽量选择无风多云天气，防止太阳曝晒，起出的苗木要及时覆盖或给其根系灌注泥浆；及时假植，减少苗木的水分蒸发。

保证苗木有规定长度的根系，粗根截根面要平滑，不劈裂。

对于裸根的阔叶树大苗，为了减少水分损失，可先行适当疏枝、截短。

3.起苗注意事项

起好树苗对提高造林成活率具有重要作用，起苗时应注意以下几个问题。

（1）起苗时间

应在苗木进入休眠期至春季苗木即将萌动前起苗，最好随栽随起。起苗过早，树苗蒸发时间过长会引起自身失水，从而对造林成活和生长均产生不利影响。

（2）圃地浇水

冬春干旱地区，圃地土壤板结，起苗困难，起苗前5～6天圃地要浇透水，这样既便于起苗，伤根少，确保苗木根系完整，又可使苗木充分吸水，提高苗体含水量，增强苗木抗旱能力。

（3）起苗深度

要根据各树种的根系分布规律起苗，宜深不宜浅，过浅、伤根多，起出的树苗根系少，栽后成活率低或生长弱；对于过长的主根或侧根，因不便掘起可以切断，切忌用手拔苗，避免撕裂根或把根皮捋掉，影响成活。

（4）要带土球

常绿树苗和大树挖取时要带土球，并用草绳缠裹。这样可避免根系暴露在空气中，使其少失水。同时，栽后根土密接，根系恢复吸收功能快，可提高常青树苗和大树移植的成活率。

（5）护嫁接体

嫁接体接穗是树木继续生长、扩大树冠的基础，又是保持树木优良品种的载体。它与砧木接合只连着皮，贴合不牢固，易碰掉碰断，因此要特别注意保护，防止嫁接体损失后失去栽植的价值。

（6）看天起苗

不要在刮大风天起苗，风大苗木更易失水，影响成活；下雨天也不应起常绿树苗，因枝叶易沾泥，影响绿化效果和光合作用。

（7）苗木分级

为确保用合格壮苗造林，栽后林相整齐及生长均势，起苗后要分级，剔除断头、双头、弯头、根颈部撕裂、根系损伤重、有病虫害、嫁接不成功的苗木。按照标准进行苗木分级，合格苗方可出售、运输及栽植。

二、包装

移栽的苗木若带土球，必须对土球进行包装，防止根部水分散失和土球破损。一般用麻袋片、纱布、草绳等材料进行包装，并用细绳捆紧扎实。对于大的苗木，若人工难以装车时，可用吊车吊装，不仅提高了装车速度，缩短了装车时间，还可避免因人为因素而造成的树皮擦伤及土球破损等。装车时一定要轻拿轻放，在后车挡上垫一些麻袋片或其他软材料，防止擦伤苗木。装苗不宜过多，避免压断树枝，压烂土球。裸根苗装车后，必须加盖苫布，以防苗木根系曝晒和失水（图7-42）。

图7-42　包装

三、储藏和运输

苗木运输应及时迅速，尽量缩短运输时间，装车拉运要保持通风良好，防止因苗木发热发霉而影响成活，长途运输应尽量选在阴天或夜间进行。苗木运输跨省时，事先要办好苗木检疫证书，以备查验（图7-43）。

通常情况下，苗木运到造林地后不可能很快栽完，而需要几天的栽植时间。不能立即栽植的，应假植于背风庇荫、排水良好、完全无害的地块，并用土壤压实、浇水，使根系与土壤充分接触，以保护苗木的活力。如苗木包装采用保湿性能较好的材料，且袋内的水分能保证苗木的呼吸、蒸腾所需，可将苗木仍放在包装袋内，直接置于背风庇荫处或窖内。

低温贮藏低温能使苗木保持休眠状态，降低生理活动强度，减少水分的消耗和散失，既能保持苗木活力，又能推迟苗木的萌发，延长造林时间。低温贮藏的温度要控制在0～3℃，空气相对湿度保持85%～90%以上，并有通风设施。低温贮藏苗木效果较好的方法是地窖和低温库。据报道，吉林省和龙县曾在山里挖山洞作冰窖，在洞中放冰块，到5月下旬洞内温度仍能保持在0℃左右，贮藏苗木效果很好。

运输过程中注意的问题：

① 苗木运输量应根据种植量确定，苗木运到现场后应及时栽植。

② 吊装和运输大树的机具必须具备承载能力。

③ 装车时根系、土球、木箱向前，树冠朝后顺序码放整齐。

图7-43　苗木储藏和运输

④ 在装运过程中，将树干捆牢，并加垫层防止磨损树干。应将树冠捆拢，不要拖地，收扎树冠时应由上至下，由内至外，依次向内收紧，大枝扎缚处要垫橡皮等软物，不应挫伤树木，要固定树干，防止损伤树皮，不得损伤苗木和造成散球；吊时在树身上绕草绳或其他保护材料，不得损坏土球。苗木在装卸车时应轻吊轻放，操作中应注意安全。

⑤ 运输时，应在土球和箱子板上覆盖苫布，保持根系湿润。如长时间运输每隔10～12h在苫布上洒水一遍。

⑥ 大树移植卸车时，土球应直接吊放种植穴内。

⑦ 运输时应派专人押车。押运人员应熟悉掌握树木品种，卸车地点，运输路线，沿途障碍等情况，押运人员应在车厢上并应与司机密切配合，随时排除行车障碍。

第四节　植后管理

大树移植后的养护管理工作特别重要，栽后第一年是关键，应围绕以提高树木成活率为中心的全面养护管理工作，首先应有必要的资金和组织保证。设立专人，制定具体养护措施，进行养护管理。

一、浇水

新移植大树由于根系受损，吸收水分的能力下降，所以保证水分充足是确保树木成活的关键。除三遍水要浇足浇透外，还应据树种和天气情况本着“见干见湿，浇就浇透”的原则进行浇水、喷水雾保湿或树干包裹等工作。

① 浇水忌水流过急　如穴土沉陷、冲刷裸露根系、大树倾斜或冲毁围堰造成跑漏水，应及时扶正培土。待浇水渗下后，应及时用围堰土封树穴。再筑堰时，不得损伤根系。

② 冬季树液停止流动时，应浇透冻水后马上封堰。早春树液开始流动或小枝发绿时，应及时开堰浇返青水。

③ 高温干旱低湿季节，应对新发芽放叶的树冠喷雾，宜在上午10时前和下午15时后进行。方法是在树南面架设三角支架，安装一个高于树1m的喷灌装置，尽量调成雾状水使树干及树干包扎物、树叶保持湿润，也增加了树周围的湿度，降低了温度。在严重的干旱季节可向树冠喷施抗蒸腾剂，降低蒸腾强度。

④ 每次浇后应及时中耕保墒，常绿树还要注意叶面喷水，雨季时还应注意排涝，树堰内不得有积水。宜适量浇水，根系不发达树种，浇水量宜较多；肉质根系树种，浇水量宜少。

⑤ 大树移植后，据树种不同，对水分的要求也不同，如法桐性喜湿润土壤，而雪松忌低洼湿涝，故法桐移植后应适当多浇水，雪松雨季注意及时排水。遇干旱天气时，应增加浇水次数。

⑥ 还可以根部灌水，即借预埋的塑料管往内灌水，此方法可避免浇“半截水”，能一次浇透，平常能使土壤见干见湿。

二、施肥

1. 叶面喷肥

由于移植后树木恢复慢，所以在树木生长萌发的新芽展叶后要每隔10～15天进行叶面喷肥，喷施0.2%～0.5%磷酸二氢钾，遇降雨应重喷一次。

2. 树干注射营养液

根据树种及时给树木补充营养液和水分，一般胸径10～15cm的树木每棵每次注射药量1000mL左右。根据实际情况从四月初到九月底进行此项工作（图7-44）。

图7-44　树干注射营养液

3. 根部施肥

第二年待树木成活根系萌发后，可进行土壤根部施肥，要求薄肥勤施，慎防量大伤根。

三、防寒

在冬季寒冷地区，秋冬季移植的大树，在浇完第三遍水封堰后一律要在树干基部培土保护树干基部，先用草绳从树干基部开始密实缠绕主干、主侧干，再用塑料薄膜（在树木生长期时要解除塑料薄膜）缠绕一层，以增温保暖御寒；再在大树的西北方向，距树0.5m处架设风障，搭建由无纺布和草席组成的两层防风障，防风障的高度超过树高30cm以上。这样能有效地抵御低温和寒风的侵害。落叶乔木应用冬季草绳或防寒布等措施进行防寒。

四、病虫害防治

新植树木的抗病虫能力差，所以坚持以防为主，要根据树种特性和病虫害发生发展规律发生情况随时观察，做好防范工作，适时采取预防措施，对易发生病虫害的树木，应有专人经常观察，发现病害应采取措施及时防治。

五、修剪

以修剪病虫枝、受伤枝、枯死枝、过密枝为主，保持大树的自然树形和树势均衡，尤其是落叶树。

修剪的适宜期，因品种和修剪的目的不同而异，一般可以分为生长期修剪（经常性）和休眠期修剪（季节性）两种。

① 生长期修剪　多在花木生长季节或开花以后进行，一般不宜过大修剪，应以小修剪为宜。通常以摘心，抹芽，摘叶，剪除徒长枝、病枝、枯枝、花梗等为主，根据花木生长情况和栽培要求适时进行修剪，例如月季、玫瑰宜在花谢后及时将残花枝剪去。

② 休眠期修剪　常绿植物宜在每年早春树液刚开始流动、芽即将萌动时进行修剪，过早或过迟都不合适。落叶植物可在秋季、冬季进行修剪；开花的应掌握在花开后立即修剪。

为了抑制花卉生长，或促发分枝，可采用手指或剪刀，除去嫩梢的生长点；为了减少养分消耗，促进营养生长，宜在不定嫩芽尚未木质化以前用手抹除；移栽花木时，宜剪掉一部分叶片；观果植物如果花蕾、幼果太多，应及早用手疏果；为求花果硕大，可将过多的花蕾及早摘除。花木修枝时，粗者锯，细者剪，剪口要平滑。锯粗枝时要防止枝断时撕伤树干皮部；对因花枝徒长而影响开花结果的，宜将一部分根切断，以削弱吸收能力，抑制营养生长。盆栽花卉的修剪根，应在上盆、换盆时进行。

六、苗木移植固定

① 井字固定　这是属于最稳固的一种支柱方法，大树移植大多使用此种方法，以此来固定住让树木没有倾斜的情况直到树木根系扎根。先用四根支柱在四周均匀分布开来倾斜到树干，再使用4条横杆固定在支柱的中间，然后在支柱顶部使用短条横杆将树木固定在中间，可以使用东西将树干横杆固定处给覆盖住，防止树皮被蹭破。

② 地下固定　这是唯一一种在地下支撑的方法，不同于其他地表的支撑，地下支柱需要特有的固定架稳定住土球，将土球包裹固定住来达到深根的效果。地下固定需要配套的工具，地下固定也可以防止土球下沉的现象。

③ 三角支柱　三角支柱算是很稳定最常用的固定方法，且花费不多，适用于各种树型，栾树移植大多都使用这种方法。需要将几根较长的木根或者竹杆呈三角架住树干2/3的部位，其中一根要在移植树木的下风处，接触树皮处也需要垫上东西防止树皮蹭破，支柱摆放好之后在支柱顶部交接点使用东西捆绑固定住。

七、遮阴

苗木移植中根系受到破坏，水分吸收受到严重影响，移植后的苗木常因失水而死亡。遮阴对降低植物体温度、缓解树木水分蒸腾与水分蒸发、减少土壤水分损失有重要作用。因此，为了保证移植后苗木的存活，除了疏枝、疏叶、树干缠绕草绳、喷防蒸剂外，常采用遮阴的形式如遮阳网等来提高苗木的成活率。

第八章

容器苗木生产

我国园林绿化苗木生产具有悠久的历史，多年来一直沿用传统的露天苗圃栽培方式，苗木质量不稳定，产品供应季节短，生产周期长，占用大量的优质农田。随着绿化事业的发展，绿化标准在提高，市场要求提高，迫切需要找出一条产量高、质量稳、生产周期短、可实现周年供应、产业化水平高的现代化绿化苗木生产新途径，以适应社会发展的需求。容器苗生产则是这种形势下的产物。近几年来，许多苗圃企业为了满足容器苗日益增长的需求，探索了不同形式的容器苗生产方式。从目前我国容器苗产品来看，多数容器苗质量堪忧。多数情况下，市场上见到的容器苗是大规格绿化苗木存苗的形式，而不是真正意义上的容器苗生产。

第一节　容器苗木生产的优势与问题

一、容器苗木生产的优势

（1）采用基质栽培，不受土壤条件的限制

为了保证苗木生长所需的良好通气与排水条件，容器栽培须采用栽培基质，苗圃地只是提供苗木生长的空间，所以对生产场地的要求不严格，作为容器苗生产的苗圃地可以是盐碱地、风沙地、工矿废弃地或裸岩山坡地等。由此可见，容器苗生产是盐碱土、废弃地、风沙地和其他不良土地的经济高效利用方式。另外容器苗木生产使用栽培基质替代土壤，病菌、杂草容易控制，减少了无土传病菌，既可以满足出口和远距离运输的要求，又减少了普通露地苗木生产中杂草防除中大量劳动力的投入，降低生产成本。

（2）保护土壤资源，实现资源持续利用

普通苗圃栽培，移苗时常带走大量肥沃耕层熟土，如移植一亩80cm（1亩=667m^2）高的蜀桧，可带走约80t的表土，不但增加运输费用，而且长期种植苗木对土壤的破坏性很大，直接影响土壤的持续生产能力。容器栽培多采用基质栽培，节约宝贵的土壤资源，实现土壤永续利用。

（3）成苗速度快，出圃率、生产率高

容器栽培系统是采用无土基质栽培、结合自动灌溉施肥系统，人为创造苗木生长的最优环境，水分、养分及通气条件良好，苗木生长旺盛，同时冬季可采用覆盖措施，苗木提早发芽，生长期加长，大大缩短生产周期，出圃率提高，苗木质量得以保证。容器苗木生产中，机械化水平大大提高。研究结果表明，利用双容器栽培苗木生长率比普通苗圃的生长率高30%～40%，生产周期缩短，出圃率高。单位面积苗木生产数量比普通苗圃生产增加3～5倍。比普通苗圃生产节水50%，节肥60%，减少了对环境的污染。成本降低，收入增加，生产率大大提高。

（4）苗木周年供应，成活率高，绿化见效快

普通苗圃中的苗木在移植过程中，无论带土球或裸根，都存在严重伤害苗木根系问题，此时要保证较高的成活率，必须在适宜的季节栽植，因此苗木销售受到季节限制。由于苗木根系受到伤害，缓苗需要较长的时间，绿化植树见效慢，并有成活率低的风险。容器栽培中，苗木直接在容器内生长，根系限制在容器内，起苗移栽过程中不对苗木根系产生破坏，因而栽后百分之百成活，栽后即开始生长，无缓苗期，植树绿化见效快。容器苗无论运输距离远近、何时移植，均不会对苗木根系造成影响，而且产品供应时间不受限制，不受植树季节限制，实现苗木周年供应，保证市场需求。

二、容器苗木生产中的问题

1.技术要求高

容器栽培是传统苗圃生产的一种现代化的苗木生产技术。容器苗木生产中，需要掌握容器控根、基质配制与理化性质调节、自动灌溉与定量化施肥的一系列技术，与传统苗圃栽培相比，技术要求高，需要有专业技术人员参与管理与生产。这对传统苗圃生产者来说是很大的挑战。

2.初期投入大

容器栽培改变了传统苗圃生产中土地加种苗的概念，需要专门的容器、灌溉排水系统、施肥系统、基质材料等，导致前期投入大大增加。尽管容器苗销售价格可以弥补前期投入高的问题，但对大面积苗木生产和生产周期长的项目来说，高额的前期投入是不得不考虑的问题。

3.容器栽培系统尚未成熟

容器苗木生产在我国尚处于探索阶段。一个完善的、适宜我国不同地区和条件的栽培系统及配套产品尚未形成，这需要一个研究、开发、使用、改进、完善的过程。同时，也要有改变传统观念、宣传、示范和推广的过程。

4.其他问题

容器栽培中，也会存在许多问题，例如地上容器栽培中，容器基质温度过高伤害根系；风导致容器苗木倒伏；冬季苗木发生冻害；根系从容器底部溢出；容器苗远距离运输、栽植不及时造成基质失水等问题，是生产中需要逐步解决的问题。

第二节　容器栽培基本原理

普通概念的容器栽培是指在容器中种植植物。我国用容器家庭养花具有悠久的历史，然而，在容器内种植植物与在普通土壤中种植有显著不同，容器种植首先遇到的是土壤通气不良问题，其次是由于根系受到限制，植物根系容易沿容器内壁缠绕老化问题。作为容器苗木生产，相对大田苗圃生产来说，根系吸收面积变小，水分、养分、温度变化加大，如果用容器进行园林苗木专业化生产，则需要解决这类的问题。

一、容器根系缠绕控制机理及其类型

由于容器苗的根系生长在有限的空间内，根尖会沿着器壁不断生长，根系在容器内壁缠绕，根系由具有吸收能力的根毛（白根）变成失去吸收能力的老根（黄根），最后形成纵横交织的根团（图8-1），形成根系畸形。根系畸形的容器苗易于受到干旱、热伤害等逆境胁迫，植物生长滞缓，移栽后成活率低。控根技术能够抑制根尖分生组织生长，促进侧根生长，从而改变根系在容器中的分布，阻止根系缠绕，有效解决根系畸形。不仅如此，由于控根容器使苗木的主根变短，侧根根尖数和平均长度、根系体积和表面积增加，从而提高苗木对水分和养分的吸收效率，使苗木缓苗时间短，移栽时对根系造成的伤害小，苗木成活率高，当年生长量大。

木本植物在容器内多年生长，会产生根系缠绕老化问题。因此，欲使木本植物长期在适宜大小的容器内健康生长，防止根系缠绕老化技术是保障苗木容器生产的关键问题。

图8-1 植物根系在容器内缠绕形成根球，根系老化，吸收能力下降

1.控根对苗木根系的影响

尽管控根机理不同，但是对根系构型的影响在很多方面是相同的，控根环境下根系构型的影响多集中在以下几个方面。

（1）须根增加

由于根尖的死亡，促进了侧根的发生，在容器基质中的根尖数增加，增加了侧根生长，使得根系构型接近须根，即为须根化。须根化的根系拥有更高的水分效率和氮吸收面积，有利于移栽后的苗木成活。

（2）根系体积增加

根系体积与移栽成活率有很大的关系，还与干高呈正相关。由于侧根的增加，根尖数增加，根系体积增加，移栽成活率提高。

（3）侧根长度增加

很多研究表明，苗木的一级侧根根长与移栽后的苗木表现有很大的关联。由于控根技术对侧根生长的促进，一级侧根的根系长度增加。当一级侧根触碰到控根试剂或孔槽时，更多的二级侧根就会发生。移栽后，新根的平均长度也增加，苗木成活率和移栽3年后的生长量较高。

（4）根系在土壤中分布上移

控根技术在改变了根系组成的同时，也使根系在土壤中的分布发生改变。在断根容器中，一旦主根根尖死亡，侧根会在接近容器中上部发生，一级侧根在容器中上部被断根，将引发更多的侧根，出现根系上移的现象，并且这种控根效果在苗木移栽到大田后会保持相当长的一段时间。新生长出的根系主要集中在土层的上部，二级或更高级别的侧根数也很多，从而提高了苗木质量。

（5）容器形状对根系结构的影响

容器苗的根尖在触碰到容器壁时会沿着容器壁生长。当在容器壁上设置有特殊孔槽或凸起时，根尖的生长就会发生变化，根系构型就会改变，这种根尖生长发生改变的现象被称为导根。Whitcomb Carl E.发现，在容器上同时设置有朝向容器壁外部和内部的脊柱突起进行导根，向外的脊柱状突起导根效果显著，而向内的脊柱状突起的导根效果不明显，当前应用比较广泛的“控根容器”就是使用这种原理设计的。“控根容器”的器壁上设置有向外的孔状突起［图8-2（a）］，向外的孔状突起顶端有孔，用于断根，把根系导向出口，控根效果会更显著。

2.容器根系控制类型

众所周知，植物枝条存在顶端优势，当顶端优势去除后，侧芽才得以萌发，根系也具有同样的特性。控根技术是通过抑制或杀死根尖来促发侧根。按照抑制或杀死根尖分生组织方式的不同，控根技术可分为空气控根、物理控根和化学控根3种类型。

(a)

(b)

图8-2　空气控根容器及根系发育

（1）空气控根

空气控根是利用根尖暴露到空气中根系会死亡的特性，把容器壁设计了不同形状和大小的通气孔，根尖伸到气孔遇到空气会干枯死亡，通过这种方式，防止了根系在容器的内壁形成缠绕，刺激基质内毛细根数量大大增加，有利于对水分养分的吸收，使苗木生长加快。

这类容器可以是塑料（图8-2）、无纺布等各种容器材料。容器外形的设计也可以多种多样。由于该类容器埋到地下或孔隙被遮挡就失去空气控根的作用，因此该类容器多适于地面上的容器苗生产，不适用于双容器和埋到土壤中进行的容器苗木生产。

（2）化学控根

化学控根是将化学制剂涂于育苗容器的内壁上，杀死或抑制根的顶端分生组织，实现根的顶端修剪，促发更多的侧根，达到控根的目的。植物根尖接触到二价的金属如Cu、Zn等会中毒死亡，根系停止伸长，刺激新的毛细根发育。利用这一特性，容器设计者在容器内壁涂抹含铜、锌的化合物如硫酸铜、碳酸铜、氢氧化铜、硫酸锌、碳酸锌、氢氧化锌等作为阻根剂。新根系生长，根尖接触到容器上的阻根剂就会死亡，使基质内部毛细根不断形成，导致基质内须根发达，有利于苗木对水分和养分的吸收，同时防止了根系在容器内壁的缠绕现象。由于铜是重金属元素，对环境可能造成污染，尽管随水淋洗流失的数量很少，但仍然受到关注（图8-3）。

图8-3　化学控根容器及根系发育

（3）微孔束根

微孔束根是物理控根的方法之一。物理控根是利用特殊材料做成容器，材料上具一定大小的孔径，较细的根系顶端能穿过，但不能增粗，由此实现根的顶端修剪、在容器内促发侧根的目的。微孔束根是先将苗木栽植到多孔网袋容器内，再植入土壤中栽培。根系穿过容器孔隙向外生长。由于空隙直径小，根系生长受到束缚，使生长在容器外的根系部分细小，生长在内部的根系继续生长，同时根系生长受到束缚后，刺激了新根的产生。这类容器叫微孔束根容器，也叫微孔网袋控根容器。这种栽培形式结合了容器栽培和大田土壤栽培的优点，所用土壤为当地土壤，不用专门的基质。由于部分根系生长在容器外，以及容器内外是连通的，容器内外水分、养分自由交换，因此水、肥等管理与大田苗木栽培相同。由于70%～80%以上的根系分布在网袋内，网袋外均为细小根系，这样起苗容易，对根系破坏小，苗木栽植后成活率相对传统的土球苗大大提高，同时减少了对土壤的破坏，减少运输费用（图8-4）。

图8-4 束根网袋容器及根系发育

二、容器栽培基质通透性

容器栽培不同于普通土壤栽培。大田生产中表层土壤与深层土壤是一个连续体，由不同大小的孔隙管道连通，当下雨或灌溉后，根系层土壤的多余水分通过这些孔隙排到下层土壤，使根系层土壤保持良好的通气环境。除非出现涝渍或地下水位太高的情况，否则土壤不会因通气不良影响苗木的生长。容器栽培条件下，由于容器底部垫面效应的影响，尽管有排水孔，但容器底部基质中仍含有较多的水分，造成容器内土壤通气条件差，影响容器内植物的生长。

栽培基质是容器栽培成功的关键之一。用基质代替土壤，容器内的基质比起大田土壤栽培需要更好的透气性。常用容器栽培基质是用粒径为0.9～1.25cm的树皮与草炭按照4∶1的比例混合而成。

推荐容器苗木生产基质物理特性为：灌溉、排出多余的水后的基质总孔隙度为50%～85%，通气孔隙度为10%～30%，容器容重（container capacity）45g/cm^3～65g/cm^3，有效水含量25%～35%，无效水含量25%～35%，容重0.19～0.70g/mL。基质中粗的颗粒占的比例高，通气孔隙度高，持水量相对低，使用的农药和养分容易从基质中淋失。因此，一个良好的栽培基质，应该是既要通气良好，又要保持水肥的能力强。

三、施肥

容器栽培有两种不同的施肥方式：一种是在苗木生长季节施用一次以上的控释肥料，第二种是通过灌溉设施施用水溶性肥料。

肥料施用过多，可造成盐害，且多余的养分容易淋洗，损失了肥料，也造成环境污染。因此，容器栽培中要适时监测基质养分状况，只有在苗木需要时才施肥。一般情况下肥料的养分比例大约3∶1∶2（N∶P_2O_5∶K_2O）。

1.控释肥与水溶性肥料

控释肥（Control Release Fertilizer，简称CRF）是通过薄膜技术使养分控制释放的肥料。正常情况下，这类的肥料肥效期分为几个月到一年，甚至更长的时间。根据苗木的特点可以选择不同肥效期的控释肥类型。由于控释肥中养分供肥机理和营养成分的不同，又有不同的类型。不管任何类型的肥料，养分在基质溶液中都会淋失，因此良好的灌溉管理是非常重要的。

水溶性肥料（Water Soluble Fertilizer，简称WSF）是一种可以完全溶于水的多元复合肥料，它能全部溶解于水中，更容易被作物吸收，而且其吸收利用率相对较高，可以通过喷灌、滴灌等设施实现水肥一体化施用，为苗木生长提供全面的营养物质，比起控释肥料更容易控制。

不同于大田土壤，磷在容器无土基质中容易淋洗，在生长季节施用全元素控释肥时，肥料中应该含有足够的磷素，一般不要直接往容器基质中施用磷酸盐。

2.肥料施用量

控释肥施用量因产品类型不同而不同，也受种植苗木的类型和容器大小的影响。施肥计划以满足植物正常生长而不产生养分流失为目标。养分淋洗不仅仅是肥料损失问题，更重要的是淋洗的养分污染环境。

肥料施用量应根据生产厂家推荐的用量，当基质溶液的EC值低于最佳值时应该再次施用。秋季和冬季（第一次霜冻后）也需要施肥。如果采用底面灌溉（subirrigation）控释肥用量应该减半。

3.容器基质养分检测

环境条件影响了控释肥料释放的时间长短，因此，及时检测栽培基质中的营养水平非常重要。检测基质营养状况，根据测定结果，确定再次施用肥料的频率，确保基质中期望的营养水平。由于只靠肉眼观察难以确定施肥过量或不足，所以，定期检测基质溶液中的营养水平非常重要。基质溶液养分浓度过高可能是由于基质组成、灌溉不足、水源或化肥类型和施用方法的不同而引起。在有塑料膜覆盖的环境条件下，容器基质养分（盐分）可能累积，而影响植物生长。基质内养分浓度过高，植物根系会受到伤害，最终阻碍植物对水分和养分的吸收。相反，降雨和过度灌溉淋洗基质养分，常导致基质营养不足，并威胁水质安全。

养分也是盐分，设施园艺中一般用基质的电导率（EC）来反映基质的营养状况。苗木生产过程中每月至少要监测基质电导率一次，如果在夏季，需要两周测定一次，跟踪基质中的养分浓度的变化。即使施用控释肥，苗木生长季节基质养分浓度有可能低于最佳水平。

冬季温棚容器栽培可引起控释肥养分释放，此时苗木已停止生长，有导致溶液养分浓度增高，植物根系受到毒害的危险。因此，要及时监测冬季温棚内越冬植物容器基质的EC状况，一般要求冬季监测2～3次基质EC值。生长季节2～4周监测容器基质EC值一次。

多数肥料，除尿素外，均为盐，当施入基质内，基质溶液中的肥料表现有电导特性。因此，电导率代表了基质内有效养分的含量情况。对只施用水溶性化肥，或控释肥+水溶性化肥的情况来说，理想的容器基质电导率为0.5～1.0mmhos/cm，对只施用控释肥的容器基质，其理想的容器基质电导率为0.2～0.5mmhos/cm。对多数容器观赏苗木来说相关指标范围见表8-1。然而，对某些敏感的植物来说，这些参数需要适当调整。对养分需求量少的植物，EC值低于表8-1的水平可能足够了。

灌溉水的电导率可对测定结果产生影响。通过测定灌溉水中的电导率，可以使我们了解灌溉水对浸提液或淋洗液电导率的影响有多大。这个因素在评价基质电导率时应该把灌溉水的电导率考虑在内。

表 8-1　施用不同类型的化肥条件下容器栽培基质主要养分指标水平*

指标	理想水平	理想水平
	单纯施用可溶性化肥、或控释肥与可溶性化肥混合施用	单纯施用控释肥
pH	5.0 ～ 6.0	6.0 ～ 6.0
EC/(mmhos/cm)	0.5 ～ 1.0	0.2 ～ 0.5
铵态氮，硝态氮/(mg/L)	50 ～ 100	15 ～ 25
磷，P/(mg/L)	10 ～ 15	5 ～ 10
钾，K/(mg/L)	30 ～ 50	10 ～ 20
钙，Ca/(mg/L)	20 ～ 40	20 ～ 40
镁，Mg/(mg/L)	15 ～ 20	15 ～ 20
锰，Mn/(mg/L)	0.3	0.3
铁，Fe/(mg/L)	0.5	0.5
锌，Zn/(mg/L)	0.2	0.2
铜，Cu/(mg/L)	0.02	0.02
硼，B/(mg/L)	0.05	0.05

*适用于评价中、高养分需求植物容器栽培基质应维持理想的养分水平。测定值基于弗吉尼亚理工大学浸提法（VTEM）。

4.基质盐分及其调节

电导率测定仪测定的只能是基质内各种可溶性盐的总量，而不能精确到每种盐的含量。基质内可溶性盐含量越高，电导率测定仪检测到的EC值也就越高。基质盐分含量过高影响植物及其根系的生长。基质含盐量过高危害作物的主要原因是造成生理干旱，即由于盐分浓度高，基质渗透压高于根细胞渗透压，使作物丧失了对水分和养分的吸收能力，轻者抑制作物生长并伴有各种缺素症，重者整个植株枯萎死亡。基质含盐量过高还可能引发根腐霉病。

如果灌溉过程中容器渗漏不够、施肥量大于植物所需量、灌溉水中难溶性盐分过多，需要密切注意基质EC值的变化，因为这些情况可能导致基质的盐渍化。

如果基质EC值过高，需要进行调节。可以通过减少施肥量或频率，如果使用水溶肥灌溉，应改为清水灌溉。进而用清水进行淋洗，降低基质内盐分含量。即首先用清水浇灌至有20%的基质溶液渗出，等基质不再有溶液渗出时，随即进行第二轮清水灌溉，然后让基质正常返回正常湿度。重新检测基质的EC值，以确保基质EC值回到正常水平。如果基质未降至正常水平则应重复以上步骤。

与高盐分含量相比，基质盐分过低时，由于缺乏养分，植物会出现发育迟缓或叶片变黄等症状。症状最为明显的是缺N，表现为生长缓慢，明显矮小，叶片发黄，严重缺N时叶片变褐死亡。

如果基质EC值过低，说明基质养分贫乏。此时，可增加施肥量。通过调整N肥的使用量可在1～2周内使植株回到健康状态，应注意的是，不要过量增加，以免对植物造成危害。相对而言，施用水溶肥效果要好于施用固体肥料。由于植物缺肥严重时，会造成植物的死亡，所以一旦植物出现缺肥症状，应及时调整。增减施肥频率也是很好的方法，在灌溉水中添加水溶肥进行灌溉代替清水灌溉直至基质EC值回到正常范围。

在施肥中，如果使用硝酸钙和硝酸钾等碱性肥料，则应同时追加P、Mg以及微量元素。如果使用N-P-K比例为20-10-20或20-20-20肥料，则应注意追加Ca、Mg等元素。

四、基质pH及其调整

基质pH值直接影响营养元素的有效性，特别是对微量元素的有效性影响很大。低pH值（小于5.8）可提高微量元素的可利用率，如铁元素和锰元素，植物过多摄入微量元素会导致植物出现中毒反应。相反，pH过高会影响植物对微量元素的吸收，尤其是铁元素，而且会影响土壤微生物的活性。

随栽培时间的变化，基质pH也会发生变化。影响基质pH值变化的原因有很多，最主要的有以下几个方面：①基质最初的成分构成及后期的添加物，包括石灰的用量；②灌溉水的酸碱度；③使用化肥的类型；④所种植物种类。很明显，在种植过程中更换种植作物种类和基质不太现实，所以调节基质pH值应从灌溉和施肥入手。

（1）降低基质pH值

如果基质pH偏高，可采用下列步骤：先将施用的肥料由碱性肥料（以硝酸盐为主）换为酸性肥料（以铵态氮为主）。如果效果不明显，把灌溉水的pH调整为5.8。如果达不到目的，再用0.3%的硫酸亚铁溶液喷洒叶面或将灌溉水pH调整为5.1。一般情况下就可以实现pH调低的目的。

如果基质pH经常性的升高，可参照以下方法：整个种植期都施用酸性肥料，如果达不到目标进而把灌溉水pH调整为5.1。如果还不行，则不是采取施用酸性肥料或调节灌溉水pH的问题能解决的。此时可能是基质起始施用的石灰粉过多的原因，配制基质时要减少石灰粉施用量或需要更换基质来解决。

（2）提高基质pH值

如果基质pH偏低，则需要提高基质pH。如果正在实施灌溉水酸化时，则需要停止。如果没有进行灌溉水酸化，则需要在生产中用碱性肥料，如果效果不佳，则进一步采用灌溉后使用0.4%的石灰水喷洒叶面。

如果基质pH经常性过低，可参照以下方法来改良：整个种植期都换成施碱性肥料。如果效果不明显，可在灌溉水中按1kg/m^{3}加入碳酸氢钾，这样每次灌溉可增加1meq/L的碱度及39mg/L的钾元素，同时应注意减少相应钾肥的施用。如果效果不佳，则是基质酸性过大，配制基质时需要适量增加石灰粉，或直接更换基质才能保证苗木生产中基质的适宜pH范围。

五、容器苗木生产灌溉系统

容器苗木生产的灌溉系统是一个容器苗圃的重要组成部分，一个设计合理的灌溉系统不仅能保证整个苗圃的水分供应，也能很好的节省生产成本，取得事半功倍的效果。

一个典型的灌溉系统由水源（蓄水池）、水泵、过滤器、输水管道、喷头或滴头、控制器等组成。蓄水池蓄水量的大小，一般根据整个苗圃干旱季节的最大用水量来考虑，要保证用水量最大的夏季水的供应，需要储备1个月左右的用水量，如有比较稳定的水源补充，蓄水池可以适当建小一点。水泵功率的大小要根据灌溉系统最大用水量时的流量来计算。在条件允许的情况下，可用独立的两台水泵来供水，能保证一台水泵发生故障时另一台水泵正常供水。一般的灌溉系统都要求有相对稳定的水压，所以要安装真空压力泵和变频器。各个支路系统的喷水时间和喷水频率通过电磁阀和与电磁阀连接的控制器来控制。控制器种类繁多，功能和价格差异很大，根据苗圃实际情况来选择。

容器苗圃常用的灌溉系统有两种类型：顶层喷灌与微灌。每种灌溉系统都有自己的优缺点。根据应用强度、地形条件、水的供应（如水质量和数量）、造价及其利润回报等来确定选择哪种灌溉类型。

1.顶层喷灌系统

顶层喷灌系统主要采用两种喷头：一种是旋转喷头，通过喷头旋转把灌溉水喷洒到生产区域；另一种是静止喷头，通过机械装置带动喷头给某一生产区域灌溉。

顶层喷灌系统是苗圃生产中最常见的灌溉类型，但对于容器生产来说也是最费水的一种灌溉类型。顶层灌溉的主要缺点是需要运行的水泵压力大和灌溉效率低。水泵水压大意味着消耗更多的能量和燃油。容器所占的面积只是苗床的一小部分，导致80%灌溉水白白流失。再加上植物的叶片把灌溉的水分散到容器以外的区域，风力的影响等，也降低了灌溉效率。顶层灌溉是把水喷洒到空中，然后再落到叶片、地面和容器中，此过程产生水分的蒸发，也会造成水的损失。

通过管道、防渗漏渠道可以把灌溉水收集到集水池中再重复利用。同时把容器中淋洗出的养分收集起来加以循环利用，有效地减少灌溉水损失，减少水土流失，减少肥料的施用量，防止了苗圃生产对环境的污染。因此，循环型苗圃雨水、灌溉水收集与循环利用灌溉系统在我国是苗圃生产发展趋势。

但灌溉水的再利用也能带来许多问题，如会引起病原菌传染和农药、盐分或化肥对植物的毒害情况。如果苗圃单纯依靠水塘供水时，在植物需水量大、长时间干旱时，盐分可造成很大的危害。灌溉水也能把施在叶片上的杀菌剂洗掉，造成药效降低和农药污染水源。总之，无论系统管理的效率多高，顶层喷灌仍会浪费水和能源。

2.微灌系统

微灌系统包括了毛管垫灌溉、微喷和滴灌等形式。由于微灌比其他灌溉系统有更好的灌溉效率所以受到青睐。微灌在低压、喷水量小的条件下灌溉效率高，如果管理运行适当，微灌可能是灌溉效率最高的一种灌溉系统。

微灌也有其缺点，如微喷头容易被基质颗粒、藻类和化学物质堵塞；喷头容易脱出容器、不抗冻等问题。

（1）毛管垫灌溉

温室、苗圃生产中应用了不同类型的毛管灌溉方法。其中一种方法是利用细的塑料管把灌溉水引到具有毛管功能的棉垫中，水像海绵一样通过毛细管的作用分布到棉垫的各个部位，容器中的基质通过基质的毛细管作用吸取毛管垫中的水分。施用该系统之前，需要先把容器基质浇透水，以便使容器基质与毛管垫之间形成连续的毛管水运动。毛管垫灌溉系统的比顶层灌溉用水量少60%。该系统具有其他底面灌溉系统相同的问题，时间长了就会发生容器基质盐分积累的问题，需要不定期的从上面顶层灌溉，淋洗积累的盐分。

（2）微喷

微喷是通过小的喷头把灌溉水喷洒到容器内的系统。避免了水喷到叶片上而把灌溉水洒到容器外，灌溉水直接输送到根际，喷水的数量调整到与植物所需水量相似，所以灌溉效率很高。该系统成本高，喷头喷水也有一定的范围，最好应用到容器大苗生产中。

（3）滴灌

滴灌通过滴头、滴箭、滴管把水直接输送到容器基质内，灌溉水量通过滴头、滴箭或滴管的出水量和灌溉时间来控制。由于水是通过滴水的形式供应的，水在容器内的分布是通过基质的毛管作用推进的，因此要求基质的均匀度、基质粒级适中，才能确保灌溉水供应到容器的不同部位。必要时增加滴头、滴箭或滴管，以避免水分供应不匀、局部浇水太多而发生渗漏，而其他部位基质仍然干燥的问题。另外，还要注意，两次灌溉不要让基质完全干掉，否则重新湿润容器内全部干掉的基质会很困难。

第三节　容器苗木生产的类型

一、双容器（PNP）栽培系统

普通容器栽培存在诸多问题。由于容器放在地面以上，空气温度变化较大，夏季高温及太阳照射，容器内的温度可能高达50℃以上。对多数绿化苗木，土温＞35℃时苗木根系生长停止，温度高于38℃时多数植物的根系受到伤害甚至死亡。冬季气温下降较快，而且气温比土壤温度低，加之冬季干燥、冷风，苗木容易受到伤害，甚至死亡。导致苗木生产受到影响，甚至导致严重损失。普通容器栽培，容器容易受到风的影响，容器连同苗木一起常被大风刮倒。扶起苗木费时费力，基质外溢、变松，根系也即受到影响，从而影响苗木的正常生长。为了防止苗木倒伏，需要安装苗木防风支持设施，这样会影响管理和增加投资。

双容器栽培系统是在普通容器栽培的基础上发展起来的大规格苗木生产系统。它是普通苗圃生产和普通容器栽培的一种替代形式。

所谓双容器（pot-in-pot）是有一个放在土壤中的外容器，也叫支持容器。另一个是栽有苗木的内容器，内容器放置于埋在地下的外容器（支持容器）中（图8-5）。内容器内壁涂有含Cu或Zn物质，起到防止根系缠绕老化的作用。结合采用栽培基质、自动灌溉与施肥设施，以及相适应的栽培与管理技术，实现苗木的工厂化生产。双容器栽培具有普通容器生产苗木的优点，又避免了普通容器苗生产中的夏季热害、冬季冻害等方面的限制。

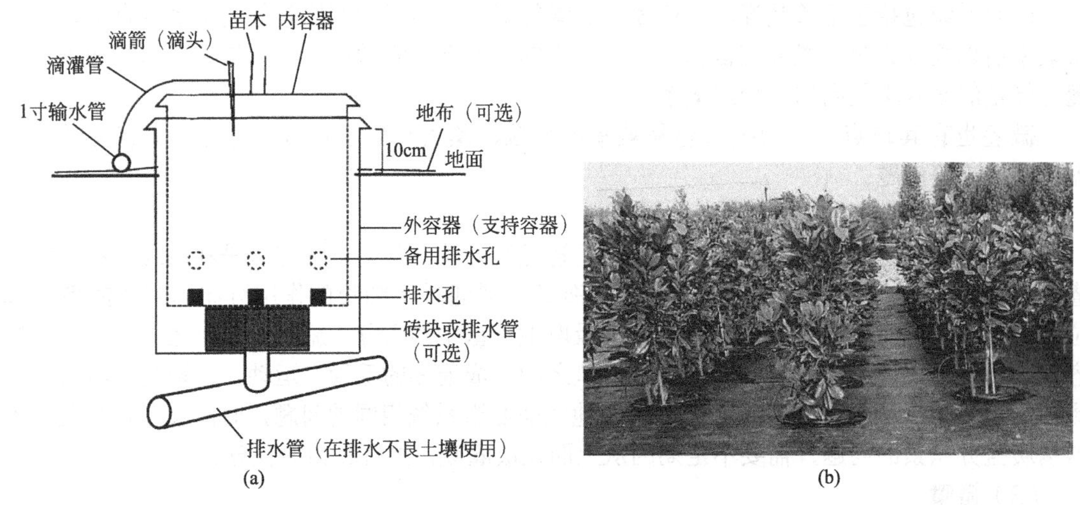

图8-5　双容器示意图（a）及田间栽培（b）

双容器栽培系统也存在不少问题。首先，双容器栽培内外容器、排水灌溉设备及安装等都增加了投资，导致初始投入比较高；由于容器埋入地下，如果底部土壤透水性差，可能导致排水不良；苗木根系可通过底部的透水孔伸到外容器和透过外容器排水孔扎入土壤中；在长期栽培中，内容器与外容器卡在一起；内容器底部凸起，导致基部不平，使种苗歪斜；由于容器埋到地面以下，苗木间距已经固定不变，失去空间利用上的灵活性。

二、控根网袋容器栽培

传统苗圃生产带土球起苗费时费力，增加运输费用。而地上容器苗生产夏季容器苗容易受高温伤害，冬季受到冻害，遇到大风倒伏，根系缠绕等问题。双容器栽培投资大，技术要求高。控根网袋容器栽培结合了大田苗木生产和容器苗生产的优点。控根网袋容器是一种新型材料编织而成的网袋——即束根容器。使用控根网袋容器栽植种苗后，然后放到土壤中栽培，容器内部和周边土壤的水分、养分及空气可以自由交换，种苗生长与大田苗木栽培相同，不受容器的影响。而根系从网袋容器孔隙长出后，随着根系生长加粗，受到容器孔隙纤维的束缚限制，根系失去顶端优势，促使根系向两侧分支，多数根系主要限制在容器内部，这样根系实质上得到修剪。不像普通容器苗生产那样根系遇到坚硬的容器壁会产生根系缠绕，生长在网袋容器的植物根系致密。据观察，根尖由地上部分输送来的碳水化合物积累而表现膨大。一旦植物从网袋内取出栽入容器或栽到园林工程中，新的根系很快生长和扩展。网袋容器底部应该是无孔的，这样可以防止根系向下扎入底部土壤，而便于起苗。这种方式生产苗木在起苗时有70%以上的根系保持在网袋内，大大减少了苗木移栽的死亡率。实验结果表明，用限根网袋容器生产的苗木土球内含有的根系与传统苗圃生产的苗木根系相同，但土球体积小一半。

控根网袋使用的是当地土壤，这样就降低了购买或配制基质的费用。使用土壤与施用基质相比，减少了由于高温干旱造成苗木死亡的几率。使用控根网袋生产苗木比双容器或普通容器减少了灌溉需求。由于种苗生长在土壤里，受到冬季冻害与夏季热害的危害相对普通容器要小的多，被风刮倒的可能性也大大降低。由于根系可以扎入土壤内，减少了肥料施用，节约了灌溉用水。

控根网袋规格有很多种，应该根据苗木销售时的规格选择网袋的规格，一般建议，生产5～7.5cm的苗木，其网袋规格应为45cm。

网袋容器不易埋得过深，要求栽植后容器稍微高出地面一点即可。如果容器埋得太深，根系会从容器上面长到邻近的土壤中。如果用机械挖坑，效率和质量更高，要求钻头的直径小于容器直径2.5cm即可。不要挖的过深，穴的底部应该平坦。

控根网袋容器苗在苗木休眠期间任何时间均可起苗。某些种类的苗木要在春季芽萌动后起苗，这主要看苗木的种类、运输、移栽时的天气条件以及栽植后养护管理情况而定。控根网袋容器苗木尽量不要在炎热的夏季起挖，以减少胁迫。应该注意的是，控根网袋容器土球体积比普通苗木土球体积小，这就意味着土壤中保持的水分少，春季不能满足叶片生长发育的需求，因此栽植后应及时灌溉。

苗木长到一定规格就可以销售了。由于网袋的外面的根系都是细根，因此用铁锹起苗相对比较容易。相对应，由于根系不如容器苗的根系强壮，操作中应该小心一些，对大规格容器必要时在容器外侧用尼龙绳上下固定一下，以免装在装载过程中出问题。起苗后如果苗木不能及时运出或栽植，需要进行保湿处理。控根网袋容器苗在栽植前要把网袋取下来，栽植后第一个夏季应该及时灌溉，确保生长需要的水分。同时，由于土球小于一般大田苗，栽植后需要仔细固定，直到根系发达，能够支撑地上部为止。

三、“袋到盆”栽培

控根网袋生产的苗木起苗时有30%的根系留在土壤中，而多数都是吸收根。因此夏季起苗常造成成活率低的问题。如果苗木先在控根网袋中长到指定规格后，再移植到普通塑料容器内，待根系长满后销售，就可实现苗木周年供应的问题，又可规避其他容器苗生产的技术要求高、前期投入大的缺点。利用此方法生产苗木是从控根网袋容器苗再过渡到普通容器栽培的方法，即“袋到盆（bag-to-pot）”栽培方法。一方面弥补控根袋苗木起挖时根系损伤而导致不能周年供应市场的缺点，另一方面，在容器中长满根系的苗木移植到工程上后比控根袋苗木更容易养护管理。另外在心理上也认为容器苗比控根袋苗更容易接受，价格卖的更高。对比研究表明，双容器生产技术要求高，生产中更容易出问题，多数情况下，生长速度慢于控根袋容器苗，费用也高许多。

四、空气控根容器栽培

空气控根容器主要有两种类型：一种是“控根容器”；另一种是无纺布容器。

“控根容器”是通过利用空气修根的功能而设计的专用苗木生产容器。“控根容器”由3个部件组成，即底、围边和插杆（图8-6）。底具有防止根腐病和控制主根盘绕的功能；围边是凸凹相间，外侧顶端有小孔，既可扩大围表面积，又为侧根空气修剪提供了条件，插杆拆卸方便，而且对固定、拉紧有特定的效果。

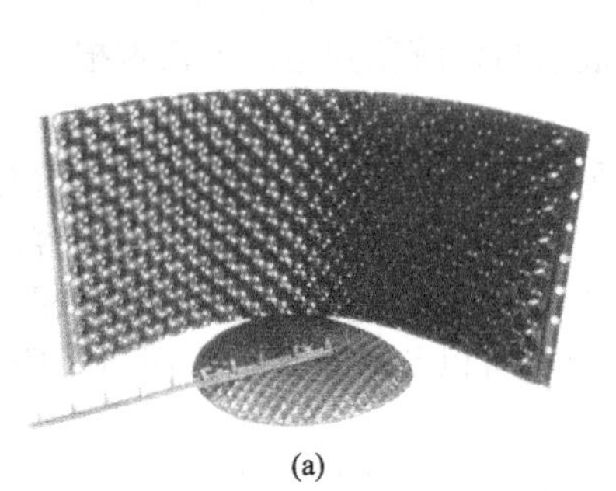

(a)

(b)

图8-6　控根容器（a）与苗木生产（b）

无纺布容器（图8-7）是利用无纺布具有空气修根功能的容器。无纺布本身是多孔的，对植物根系生长缠绕具有控制功能。

(a)

(b)

图8-7　无纺布控根容器（a）与苗木生产（b）

由于空气控根容器栽培是利用空气控根的，因此容器需要放在地面以上，暴露在空气中。这样基质水分会通过孔隙大量蒸发，导致水分损失加快，水分蒸发，盐分局部积累，可造成苗木盐害问题。因此，使用该类容器进行苗木生产需要及时补充水分，必要时还要顶面灌溉，淋洗积累的盐分。

容器放置在地上，容器基质温度受气温影响大，在夏季炎热地区，气温可达四十度，这对植物根系来说带来很大胁迫。另外受到太阳光照射也可引起基质温度过高的问题。冬季温度过低，会导致苗木生长受到影响甚至死亡的问题。苗木放置于地面以上，易受到风的影响，需要防风加固。

第九章

园林苗圃常见病虫草害及防治

园林苗圃中病、虫、草害是影响园林苗圃植物生长发育的重要因子。害虫通过取食造成园林植物机械损伤及营养的流失，影响植物生长发育；病害通过侵染植物，掠夺植物营养，导致植物品质下降，降低园林植物观赏价值；杂草通过与园林植物争夺生长空间，以及土壤养分、光照等生长条件影响植物生长。本章主要讲述园林苗圃中常见的病、虫、草害的基础知识及主要病害、害虫、杂草。通过学习能够掌握园林苗圃中主要病、虫、草害的识别及防治方法。

第一节　园林苗圃常见病害及其防治

病害是一种普遍的自然灾害。造成植物病害的病菌生长繁殖快，危害时间长，造成的损失相对严重。园林植物在城市绿化和风景名胜建设中占有重要地位，为保证这些植物的正常生长、发育，有效发挥其园林功能及绿化效益，病害的防治是必不可少的环节。

一、植物病害基础

1. 植物病害

园林植物在生长发育过程中，或种苗、球根、鲜切花和成株在贮藏和运输过程中，受到致病因素（生物或非生物因素）的侵袭，造成植株在生理和组织结构上的病理性变化，在外部形态上表现出生长不良、品质变坏、产量下降，甚至死亡，严重影响观赏价值及园林景观，这种现象称为园林植物病害。理解园林植物病害有两个基本点：一是园林植物病害具有一定病理变化程序；二是园林植物病害造成经济和观赏价值，以及生态景观上的损失。

（1）病害分类

按病原物类别划分可分为侵染性病害与非侵染性病害。

侵染性病害指由生物性病原引起的，能相互传染，有侵染过程的病害。按病原物类别可进一步细分为：真菌病害、细菌病害、原核生物病害、病毒病害、线虫病害及寄生性种子植物病害。真菌病害发生较多，常见病毒有：霜霉病、疫病、炭疽病、菌核病、锈病、白粉病等。非传染性病害指由非生物性病原引起的病害，此类病害无侵染过程，不能相互传染，有时也称为生理性病害。如光照不足、土壤营养失衡、温度过高或过低等情况导致植病黄化病、小叶病等。

按寄主植物类别划分，分为大田植物病害、果树病害、蔬菜病害、花卉病害及林木病害等。按传播方式可分为土传病害、气传病害、水传病害、虫传病害及种苗传播病害等。

此外，植物病害还可根据植物生育期、病害传播流行的速度及病害重要性来分，如苗期病害、主要病害、次要病害等。

（2）病害症状

病害症状是指植物患病后所表现出的病态，包含了两个部分：一是病状，指寄主植物发

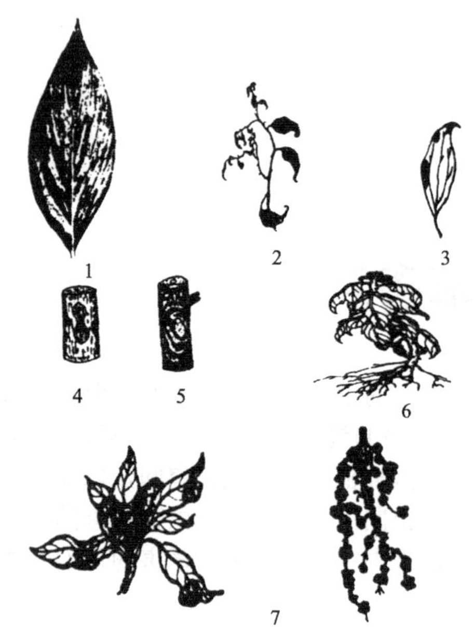

图9-1 症状类型

1—花叶——美人蕉花叶病（仿徐慧明）；2—黄化——樟树黄化病（仿花木病虫害防治）；3—斑点——阴香叶斑病；4—溃疡；5—腐烂；6—枯萎——菊花青枯病（仿花木病虫害防治）；7—畸形——杜鹃叶肿病（仿花木病虫害防治）、根结线虫病

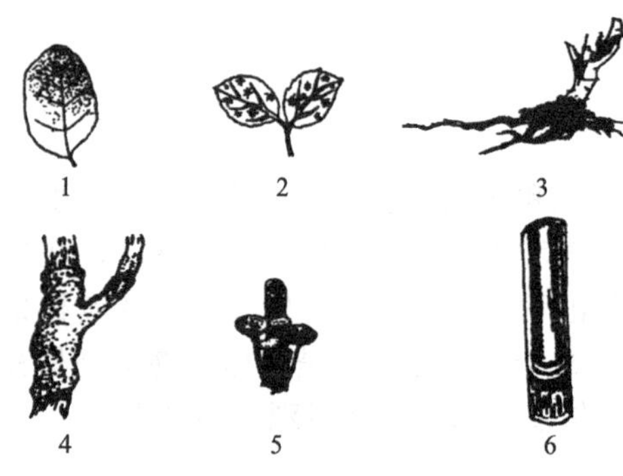

图9-2 病症类型

1—粉霉状物（紫薇煤污病）；2—锈状物（海棠锈病）；3—粒状物（仿天竺葵菌核病）；4—膜状物；5—伞状物；6—胶状物（菌脓）

病后所表现出的不正常状态（图9-1）；二是病症，指生物病原物在寄主植物上所表现出的具有特征性的结构物（图9-2）。园林植物发病后表现出的症状主要有：

① 变色　指植物患病后局部或全株失去正常绿色或颜色，但并不引起细胞死亡。包括褪绿、黄化、红叶、花叶等。

② 坏死和腐烂　由植物细胞和组织的死亡而引起。植物的根、茎、叶、花、果发生各种各样的坏死。多肉而幼嫩植物组织受害后发生腐烂，包括斑点、穿孔、疮痂、溃疡、腐烂。

③ 萎蔫　指植物由于失水而导致枝叶萎垂的现象。包括生理性萎蔫与病理性萎蔫。生理性萎蔫是由于土壤中含水量过少或高温时过强的蒸腾作用而使植物暂时缺水，若及时供水，则植物可以恢复正常。病理性萎蔫是由于植物维管束组织受到病原物的破坏或毒害，影响水分向上输送而发生的凋萎现象。这种萎蔫不仅不能恢复，而且能导致植株死亡。

④ 畸形　指由于病组织或细胞生长受阻或过度增生而造成的形态异常。包括矮化、矮缩、卷叶与缩叶、肿瘤等症状。

⑤ 流脂或流胶　植物体内的树脂或树胶自树皮流出，常称为流脂病或流胶病。其发生原因非常复杂，有生理性因素，也有侵染性因素，或是两类原因综合作用的结果。

（3）病症

植物发病后病原物在植物发病部位常表现出一些特征性的结构，称为病症。主要有下列几类。

① 霉状物　病部形成的各种毛绒状霉层，其颜色、质地和结构变化较大。如：黑霉、绵霉、青霉、绿霉、霜霉、灰霉、赤霉等。

② 粉状物　病部形成的白色或黑色粉层。分别是白粉病和黑粉病的病症。

③ 锈状物　病部表面形成的小疱状突起，破裂后散出白色或铁锈色的粉状物，分别是白锈病和各种锈病的病症。

④ 粒状物　是植物感病部位表面产生的黑色或褐色的颗粒状物。其大小、形状差异很大。

⑤ 点状物　在植物感病部位表面产生的黑色小点，是真菌的分生孢子器。

⑥ 索状物　是植物根部表面产生紫色或白色的菌丝索，即真菌的根状菌索。

⑦ 絮状物　在植物感病部位产生大量的灰白色或纯白色的棉絮状物，松软而稠密。如茄绵腐病。

⑧ 伞状物或马蹄状物　植物感病部位真菌产生肉质、革质等颜色各异、体型较大的伞状物或马蹄状物。如，杜鹃根朽病在后期出现的伞状物。

⑨ 胶状物（溢脓）　潮湿条件下，在病部产生的黄褐色似露珠的脓状黏液，即菌脓，干燥后形成黄褐色的薄膜或胶粒。这是细菌性病害特有的病症。如菊花青枯病，从横切茎或根上流出的乳白色或黄褐色细菌黏液。

2.园林植物病害发生的基本因素

（1）病原

病原指导致植物发病的因素。引起植物发病的病原分为生物性病原与非生物性病原。

① 生物性病原　生物性病原主要有下列几种。

a.真菌：在自然界分布很广，大约有100万～150万种。在园艺植物侵染性病害中，以真菌致病种类最多，危害最大。真菌引起的病害症状主要是坏死、腐烂和萎蔫，少数畸形。发病部位常有霉状物、粉状物、粒状物的病症出现。有无病症是真菌病害区别于其他病害的重要标志，也是现场进行病害诊断的主要依据。生产上常见的真菌性病害，如白粉病、锈病、灰霉病、炭疽病、溃疡病、菌核病等。

b.细菌：细菌是一类有细胞壁但无固定细胞核的单细胞原核生物。它不含叶绿素，少数能进行光合作用。大多数是腐生的，少数寄生性可引起人和动物的病害。植物感染细菌后，受害组织表面常为水渍状或油渍状。叶部受害后，后期颜色变为褐色至黑色，病斑周围出现半透明状的黄色晕圈。空气潮湿时，病部有菌脓溢出。感染部位腐烂后，病部常有恶臭味。生产上常通过取病健交界处的组织置于显微镜下观察是否有菌脓溢出作为判断是否是细菌性病害的依据。常见的细菌性病害，如桃、梅穿孔病、细菌性根瘤病等。

c.植原体：植原体是在植物黄化病害中发现的一类新病原，有100多种植物病害被认为是由植原体引起的。植物发病后表现的症状主要是丛枝、黄化、畸形。生产上常见的是丛枝兼黄化现象，常见病害如，泡桐丛枝病、苦楝簇顶病、扁柏黄化病、月季绿瓣病等。

d.病毒：病毒（包括类病毒）是一类非细胞形态的生物。可通过花粉、各种伤口侵入植株，引起植物发病。生产上常见的病毒病症状有畸形、变色（花叶、斑驳、黄化及碎色）、坏死等。由于其只有病状，没有病症。因此，往往易同非侵染性病害，特别是缺素症、药害和空气污染所致病害相混淆。生产上常见的病毒病，如仙客来病毒病、月季花叶病等。

此外，能引起植物病害的病原还有线虫、寄生性种子等。

② 非生物性病原　非生物性病原主要指植物生长环境中不适宜的物理、化学因素。物理因素，如温度、湿度、光照等气象因素；化学因素包括土壤养分失调、空气污染及农药等因素。当这些因素异常，或超过植物的忍耐限度时，植物就无法保持正常的生理活动，在生理和外观上表现出异常，产生病变。

（2）感病植物

植物病害的发生除病原外，还必须有感病植物存在。当病原侵染植物时，植物本身并不是完全处于被动状态，相反它要对病原进行积极的抵抗。但各种植物对不良因素的抗逆性各不相同。易遭受病原侵染的植物称为感病植物，对寄生生物而言，则称为寄主。

（3）环境

植物病害发生环境条件包括气候、土壤、栽培措施等非生物和人、昆虫、其他动物及植物周围的微生物区系等生物因素。这些错综复杂的关系，直接或间接地与园林植物病害的发生和发展相关联。传染性病害的发生，除必须存在病原物与寄主植物外，还必须有一定的环境条件；引起非传染性病害的也是环境条件，由于某种因子的不适宜，超出了植物的适应能力，引起园林植物病理变化而成为一种病因。因此，要正确估计环境条件在病害发生中的作用。

3.园林植物病害发生与诊断

（1）侵染性病害的侵染过程、侵染循环及诊断

① 侵染过程　病原物与寄主接触，侵入寄主，结果表现出寄主发病的过程，称为侵染过程，简称病程。侵染过程是一个连续的过程，常分为侵入前期、侵入期、潜育期和发病期四个阶段。实质上这四个阶段是一个连续的过程，从病原物与寄主接触到寄主发病为一个侵染过程，在寄主的整个生长季节可以有多次的侵染过程。

从植物病害防治的实践来看，防止病原物的侵入是很重要的防治措施。病原物在侵入寄主前均暴露在寄主体外，比较容易采取化学的、物理的和生物的防治方法加以控制。

② 侵染循环　一种病原物从一个生长季节开始侵染寄主引起发病到下一个生长季节再度侵染寄主引起发病的过程，称为侵染循环。这是一个生长季节间的循环，该过程包含病原物的越冬越夏、传播过程及一个侵染过程结束后，如何进入下一个侵染过程等问题。

③ 诊断　侵染性病害田间发生时，一般呈分散状分布，具有明显的由点到面的发展过程，即由一个发病中心逐渐向四周扩大的发展过程。有的病害在田间扩展还与某些昆虫有联系。此类病害的诊断常通过田间观察、症状鉴别、病原鉴定三个步骤来完成。

（2）非侵染性病害的诊断

非侵染性病害诊断常包括四个环节：田间观察、解剖检验、环境条件、病原鉴定。

a.田间观察：田间观察是诊断病害的首要工作。在观察中应详细记载和调查病害发生的普遍性和严重性、病害发展的快慢、在田间的分布、发生时期、寄主品种及生育期、受害部位、症状以及发病田的地势、土壤等情况，以及昆虫活动等环境条件。根据病害在田间分布、发展、病株发病等情况，初步判定病害的类别。

b.解剖检验：用新鲜细嫩的病组织或剥离表皮的病组织制作切片，并采用染色法处理，然后镜检有无病原物及内部组织有无病理变化。

c.环境条件：这类病害的发生与地势、地形、土质、土壤酸碱度等情况；与当年气象条件特殊变化等有关；与栽培管理情况，如施肥、排灌和喷撒化学农药是否适当以及因与某些工厂相邻而接触废气、废水、烟尘等有关。

d.病原鉴定：对非传染性病害的进一步鉴定，通常采用化学诊断法、人工诱导法及排除病因（即治疗试验）的检验法以及指示植物鉴定法等方法。

二、园林苗圃植物常见病害

1.叶部病害

（1）月季白粉病

白粉病是一类普遍存在于世界各地的病害，其寄主十分广泛，如月季、蔷薇、大丽花、丁香、牡丹、菊花、秋海棠等。通常是公园、花园、苗圃及温室中的一种严重病害。

月季白粉病主要为害叶片、叶柄、嫩梢、花蕾，被害部位着生白色粉状霉层。最后在白色霉层上产生黑色点状物，即其闭囊壳。叶片受害后，嫩叶叶片卷缩、变厚；生长期叶片叶面出现褪绿黄斑，逐渐扩大至全叶，最后枯黄脱落；叶柄与嫩梢受害后，病部略膨大向下呈弯曲状，节间缩短，芽不生长；花蕾受害，轻者花朵畸形，重者枯萎，丧失观赏价值（图9-3）。

① 病原及发病规律　病原菌有性态为毡毛单囊壳菌（*Sphaerotheca pannosa*）和蔷薇单囊壳菌（*S.rosae*），属子囊菌亚门单囊壳属。无性态是粘孢属（*Oidium*）。

病菌主要以菌丝体在寄主芽鳞内、枝条或落叶上越冬，有些地区可以闭囊壳越冬。病菌

生长发育适温为18～25℃，相对湿度55%～85%。在春末夏初（5～6月）及秋季（9～10月）发病严重。分生孢子与子囊孢子为初侵染来源，二者借助气流传播，在寄主生长期有多次再侵染。温度高、光照少、通风不良及昼夜温差大于10℃时，易造成病害大面积发生。温室栽培较露地栽培重，露地栽培又较盆栽发生重。

(a) 症状

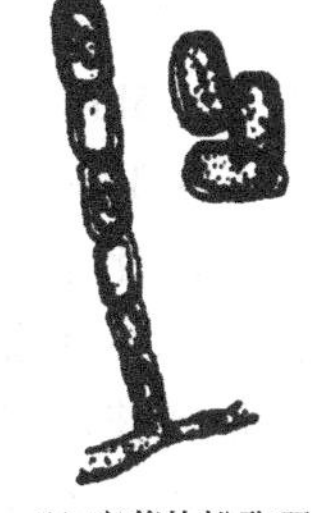

(b) 病菌的粉孢子

图9-3　月季白粉病

② 防治方法

a.秋季彻底清除枯枝落叶，集中处理，以减少初侵染来源；发芽前，剪除有病枝、芽；早期发现病叶及时摘除，清除田园内一切腐枝烂叶，集中烧毁。

b.改善发病条件，温室内注意通风透光。控制温度，控制施用氮肥，增施磷钾肥。加强栽培管理，使植株生长健壮，提高抗病能力。

c.化学防治：在寄主休眠期喷3～4波美度石硫合剂，铲除越冬病原；寄主生长期，施用70%甲基异硫磷可湿性粉剂1000倍、50%苯菌灵可湿性粉剂1000倍、25%三唑酮可湿性粉剂3000倍等农药进行防治。

温室内每亩用45%百菌清烟剂200～250g，隔7天用1次，可杀死白粉病菌。病害严重时，3～5天使用一次。

（2）贴梗海棠锈病

贴梗海棠锈病又称为赤星病。寄主如梨、山楂、垂丝海棠等。其转主寄主为桧柏、刺柏、南欧柏、圆柏、球桧等。其中以桧柏、欧洲刺柏和龙柏最易感病。贴梗海棠锈病为公园、绿地和苗圃的一种常见严重发生的病害。

病菌主要为害叶片和新梢，严重时也为害幼果。开始在叶片正面产生橙黄色，有光泽的小斑点，数目不等，一、二个至数十个，以后逐渐扩大为近圆形的病斑，病斑中部橙黄色，边缘淡黄色，最外面有层黄绿色的晕圈。天气潮湿时，其上溢出淡黄色黏液，即性孢子。粘液干燥后，小粒点变为黑色。病斑组织逐渐肥厚，叶片背面隆起，正面略微下陷，在隆起的部位逐渐长出灰黄色毛状物，后变黑干枯，此为病菌的锈孢子器，一个病斑上可长出十多条毛状物。锈孢子器成熟后，先端破裂，散出黄褐色粉末，即锈孢子。病斑以后逐渐变黑，一张叶片上病斑较多时，往往早期脱落。新梢被害后病部以上常枯死（图9-4）。

① 病原及发病规律　病原主要是梨胶锈菌（*Gymnosporangium haraeanum*），这也是我国锈病的主要病原。此外，在个别城市发现山田胶锈菌（*G. yamadai*）引发此病。二者均为转主寄生菌，缺少夏孢子阶段。

病菌以菌丝体在针叶树寄主体内越冬。该病菌有转主寄生的特性，在发病过程中需要经贴梗海棠、桧柏两类寄主。3～4月间病菌经气流传播侵染贴梗海棠、山楂、梨等叶片、幼果及嫩梢，因无夏孢子阶段，故在贴梗海棠生长期间无再侵染。7～11月间，病菌飞回桧柏寄主，第二年又侵染贴梗海棠以完成其生活史。

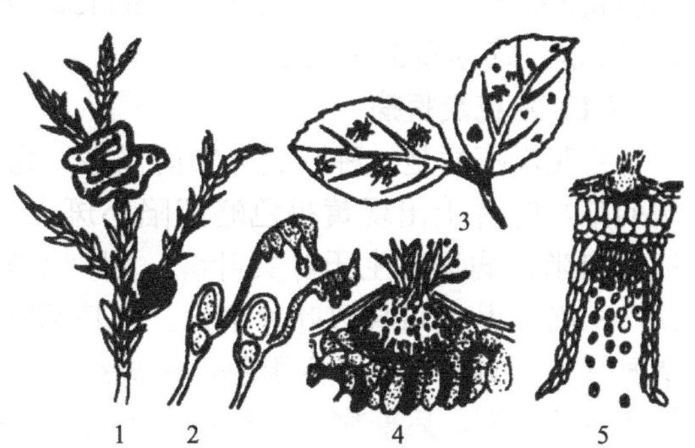

图9-4　海棠锈病

1—冬孢子角；2—冬孢子萌发及担子和担孢子；3—病叶（叶背）；4—性孢子器；5—锈孢子器

病害发生与流行与否与春雨发生早迟和多少有密切关系，雨量多，温度高，则发病早而重。反之则轻。

② 防治方法

a. 5km范围内避免桧柏等针叶树与贴梗海棠等混栽。

b. 3～4月间冬孢子角胶化前将病枝剪除或用1～2波美度的石硫合剂防治。

c. 化学防治：在3月下旬至4月下旬冬孢子角胶化期，雨前施用15%粉锈宁800～1000倍、65%代森锌500～600倍等农药防治，可保护新叶不受侵染；8～9月在桧柏上喷100倍等量式波尔多液，或用20%萎锈宁乳剂200倍，每半月施用一次，以防止病菌侵入。

（3）大叶黄杨褐斑病

褐斑病是大叶黄杨上普遍发生的叶斑病。发病初期，叶片上出现黄色小斑点，后变为褐色，并逐渐扩展成为圆形或不规则形病斑。病斑中央黄褐色至灰褐色，有时具有浅褐色同心轮纹。病斑正面散生许多黑色的小霉点，即病菌的分生孢子及分生孢子梗。叶背病斑上有少量的小霉点，发病严重时，病斑相互连接，有时占叶片面积的一半以上（图9-5）。

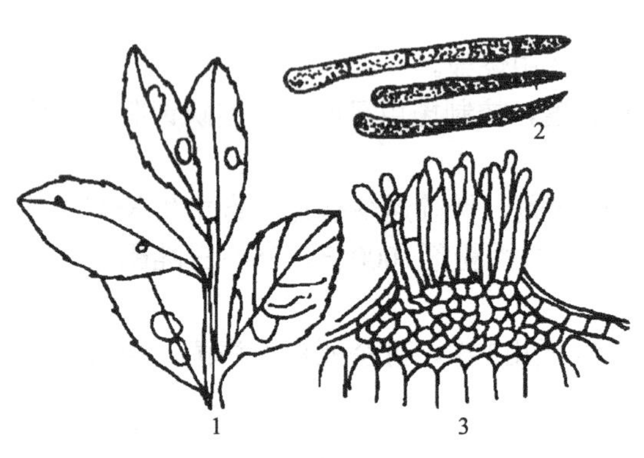

图9-5　大叶黄杨褐斑病

1—症状；2—分生孢子；3—分生孢子梗

① 病原及发病规律　大叶黄杨褐斑病病原是坏损尾孢菌（*Cercospora desiructrva*）。病菌以菌丝体和子座在病落叶上越冬，翌年春，形成分生孢子进行初侵染。分生孢子经风雨传播扩散。在华东地区褐斑病有2个发病高峰期，即5～6月及9～10月，10～11月发生大量落叶。管理粗放，多雨、排水不畅，通风不良条件下发病重，夏季炎热干旱，肥水不足，树势生长不良加重病害发生。

② 防治方法

a. 秋季清除枯枝落叶，春季发芽前喷5波美度的石硫合剂杀死越冬菌源；从健康无病的植株上取插条，扦插繁殖无病苗木；育苗床远离发病的苗圃。

b. 加强养护管理，控制病害发生。肥水要充足，尤其是夏季干旱时，应及时浇灌；在排水良好的土壤上建造苗圃；种植密度要适宜，以便通风透光降低叶片湿度。

c. 化学防治：发病严重地区从5月开始喷药。常用药有50%多菌灵可湿性粉剂500倍、高脂膜200倍、75%百菌清可湿性粉剂1500倍或50%退菌特可湿性粉剂800～1000倍，7～10天喷1次，连续喷3～4次。

（4）兰花炭疽病

兰花炭疽病是一种广泛分布的病害，为害严重。主要为害兰花叶片，也可为害果实。发病初期，叶片上出现黄褐色略凹陷小斑点，后逐渐扩大为暗褐色圆形或椭圆形斑，直径可达几厘米。病斑发生于叶尖叶缘，则为不规则形或半圆形。病斑可由叶尖向基部蔓延，达1/5～3/5叶片，可导致叶片枯死。叶基部发病可导致全叶迅速枯死，甚至整株死亡。随着病情发展，病斑由褐色变为黑色，中央组织变为灰褐色，有时具不规则轮纹。有些品种病斑周围有黄色晕圈。后期病斑上产生许多轮纹状排列的小黑点，即分生孢子盘（图9-6）。

① 病原及发病规律　兰花炭疽病病原主要为兰炭疽菌（*Colletotrichum orchidearum*），其次是兰叶炭疽菌（*C. orchidaerum f. eymbidii*），主要为害寒兰、蕙兰、建兰和墨兰等品种。

病原菌以菌丝体或分生孢子盘在病残体、假鳞茎上越冬。翌年，兰花展开新叶时进行初侵染。病菌由伤口侵入，或在细嫩叶片上直接侵入。潜育期14～21天。此病在3～11月均可发生，以4～6月梅雨季节发病最重。老叶片4～8月发病，新叶片8～11月发病。高温闷热，晴雨交替，通风不良，土壤积水等条件会加重病害发生。株距过密，叶片相互摩擦，易造成伤口发病。受蚧壳虫为害的兰花易发生炭疽病。喷灌后，造成田间湿度高，也有利于发病。

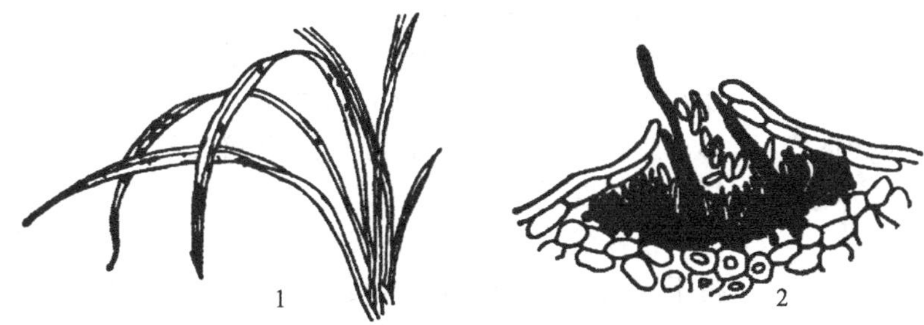

图9-6　兰花炭疽病

1—症状；2—分生孢子盘

② 防治方法

a.减少侵染源：注意清除病残体，尤其是假鳞茎上的病叶残茬。

b.园林技术防治：加强栽培管理，改善环境条件，控制病害发生。兰花栽培室要求通风透光良好，以降低湿度。夏季要遮阴。滴灌浇水，不能从植株上端淋水。

c.化学防治：发病初期，病斑初现时开始喷药。常用50%多菌灵可湿性粉剂500倍液、70%甲基硫菌灵可湿性粉剂800倍液、75%百菌清可湿性粉剂500～800倍液，70%福美双与福美锌可湿性粉剂500倍液等农药。

（5）桃缩叶病

桃树缩叶病是桃树上重要病害之一，全国桃区几乎均有分布。

病原主要为害桃树的幼嫩部分，以嫩叶为主，也可为害花、嫩梢和幼果。春季嫩叶发病，叶片变厚，呈卷曲状，颜色发红。春末夏初，在叶表生一层灰白色粉状物，即子囊层。最后病叶变褐色，焦枯脱落。枝梢受害后呈灰绿色或黄色，病部肥肿，枝条节间短，其上叶片丛生，严重时整枝枯死。花受害后，花瓣肥大变长，多脱落。幼果受害呈畸形，表面龟裂（图9-7）。

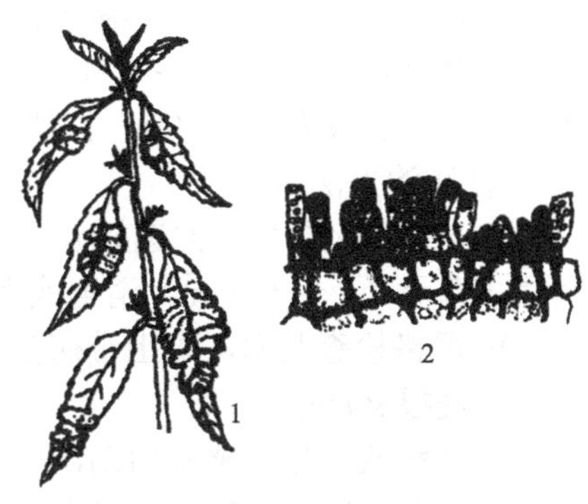

图9-7　桃缩叶病

1—病叶症状；2—外囊菌子囊及子囊孢子

① 病原及发病规律　病原有性态是畸形外囊菌（*Taphrina deformans*）。

病菌主要以厚壁芽殖孢子在桃芽鳞片中越冬，亦可在枝干的树皮上、土壤中越冬。翌年春，越冬孢子萌发，直接侵入或从气孔侵入寄主。病菌分泌多种生理活性物质刺激中层细胞大量分裂，胞壁加厚，叶绿素减少，从而使叶片生长不均而发生皱缩、肿胀、变红和质脆。初夏，在叶面形成子囊层，产生子囊孢子和芽孢子。芽孢子在芽鳞中和树皮上越夏，夏季温度高，不适于孢子的萌发和侵染，故再侵染对病害发展不重要。气象条件是影响此病流行的主要因素。凡是早春低温、多雨地区，桃缩叶病发生较重，早春温暖、干旱，发病较轻。品种间以早熟品种发病较重，晚熟品种发病较轻。

② 防治方法

a. 加强园林苗圃管理：在病叶表面未形成白色粉状层前摘除，集中烧毁。加强栽培管理促进树势早发，增强抵抗力。

b. 化学防治：桃芽膨大，花瓣露红时为防病关键时期。叶面喷施5波美度的石硫合剂、1∶1∶100波尔多液、50%多菌灵500倍液或40%克瘟散1000倍液，可有效防治桃缩叶病。

2. 根部病害

（1）苗木紫纹羽病

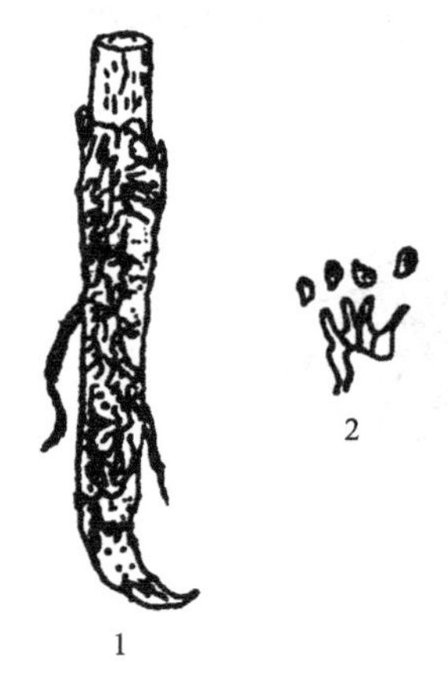

图9-8　紫纹羽病

1—病根上紫色网状菌丝束；2—担子和担孢子

紫纹羽病分布于云南、四川、北京、江苏、浙江、河南、黑龙江等地。被害植物达45科，76属，100多种。主要为害松、柏、杉、刺槐、榆树、杨树等，南方的橡胶等也常见此病。此病引起根部皮层腐烂，植株枯死。

植株受害后，从小根发病，逐渐蔓延至侧根及主根，甚至到树干。皮层腐烂后易于木质部剥离。病根及树干基部表面有紫色网状菌丝或菌丝束，有的形成一层质地较厚的毛绒紫褐色菌膜，如膏药状贴于树干基部。夏天在上面形成一层很薄的白粉状孢子层。在病根表面菌丝层中有时还有紫色球状的菌核。病株地上部分表现为顶梢不抽芽，叶短小、发黄皱缩、卷曲，枝条干枯，最后全株死亡（图9-8）。

① 病原及发病规律　病原为担子菌亚门的紫担子菌（*Helicobasidium purpureum*）。病菌对pH适应范围广，以pH 6～8时发育较好。子实体多形成于地势低、雨季积水、平时地表荫蔽、潮湿的环境。

菌丝、菌核、菌索在病根上生活，借菌丝索在土壤中蔓延或通过病根与健根的相互接触传播。该病4月发生，6～8月为发病盛期。地势低洼、排水不良的地方容易发病。一株植物发病后，就成为发病中心，向四周扩展。

② 防治方法

a. 苗圃地及栽培地的选择：以排水良好、土壤疏松的地方育苗和栽植为宜；重病区土壤可用多菌灵（5～10g/m^2）消毒或用禾本科植物轮作3～5年后育苗或造林。

b. 严格检查苗木，防止带病苗扩散。可疑苗木用20%硫酸铜溶液浸根5min，或用20%石灰水浸根30min。

c. 外科式治疗：感病初期，可将病根全部切除，切面用0.1%汞水消毒，周围土壤可用20%石灰水或25%硫酸亚铁溶液浇灌或用多菌灵消毒（5～10g/m^2）。

（2）苗木猝倒病

猝倒病又称立枯病，具有普遍性、多寄主、严重性的特点。主要为害观赏植物如檫木、香椿、榆树、枫杨、银杏、刺槐、仙客来、瓜叶菊、一品红、秋海棠、唐菖蒲、八仙花、紫罗兰等。此外，也为害经济林植物和森林中的杉属、松属等针叶树幼苗。在针叶树种中，除柏类较抗病外，其余都较感病。此病是一种全球性的苗圃病害。我国各地的针叶、阔叶树苗普遍发生，幼苗死亡率很高。幼苗在不同生长期发病，表现不同的症状（表9-1、图9-9）。

表9-1　幼苗受害症状

种芽腐烂型	茎叶腐烂型	幼苗猝倒型	苗木立枯型
播种后，土壤潮湿板结，种芽出土前被病菌侵入，破坏种芽组织，引起腐烂，地表表现缺苗	幼苗出土后，若温度大或播种量多，苗木密集，或揭除覆盖物过迟，被病菌侵染，使茎叶腐烂。也称首腐或顶腐型猝倒病	幼苗出土后，由于苗木幼嫩，茎部未木质化，外表未形成角质层和木栓层，病菌自根茎侵入，产生褐色斑点，病斑扩大，呈水渍状。病菌在颈部蔓延，破坏苗颈部组织，使幼苗迅速倒伏，引起典型的猝倒症状	苗木茎部木质化后，病菌从根部腐烂，病苗枯死。但不倒伏，故称立枯病

图9-9　苗木猝倒病的症状和病原

1—种芽腐烂型；2—茎叶腐烂型；3—猝倒型；4—立枯型；5—丝核菌；6—镰刀菌；7、8—腐霉菌；9—交链孢菌

① 病原及发病规律　引起猝倒病的病原有非侵染性和侵染性。非侵染性病原主要是由于苗圃积水，覆土过厚，土表板结，或地表温度过高等原因引起。侵染性病原主要是真菌中的镰孢菌、丝核菌和腐霉菌，有时也可由交链孢菌引起。

猝倒病是一种土传病害。镰孢菌、丝核菌和腐霉菌都有较强的腐生性，平时能在土壤的植物残体上腐生。分别以厚垣孢子、菌核、卵孢子度过不良环境，一旦遇到合适的寄主和潮湿的环境，便侵染为害。为害时病菌可直接侵入或从伤口侵入。三种病菌可单独侵染，也可同时侵染，这主要由当时的空气和土壤中的温度、湿度决定。病害主要发生于一年生以下的幼苗上，特别是自出土到1个月以内的苗木受害重。病害发生与前茬植物、圃地质量、施用未腐熟的有机肥及播种时间有关。

② 防治方法

a. 圃地选择：推广山地育苗、高床育苗及营养袋育苗。苗木不连作，避免易感病植物的栽培地块与洼地育苗。

b. 精选良种、适时播种：成熟度高、品质优良的种子，生活力、抵抗力强；适时播种，种子发芽顺利，生长健壮，抗病性能强。

c. 土壤和种子消毒：土壤消毒用多菌灵配成药土垫床和覆种，育名贵苗木时，可用福尔马林消毒土壤；酸性土壤用生石灰消毒，可抑制土壤中的病菌和促进植物残体的腐烂。种子消毒可用0.5%高锰酸钾（60℃）浸泡2h或用种子相同重量的敌克松或福美双处理。

d. 合理施肥：肥料以有机农家肥为主，化学肥料为辅。施肥方式以基肥为主，追肥为辅。但施用的有机肥一定要腐熟。

e. 化学防治：发病后，以敌克松、多菌灵或代森锰锌等药剂制成毒土施于苗木根颈部，如苗床较干，则配成液剂施用于苗木根颈部，或用1%硫酸亚铁或70%敌克松500倍液或1∶1∶200的波尔多液喷雾。

3. 枝干部病害

（1）香石竹枯萎病

枯萎病是香石竹上发生普遍，为害严重的一种世界性病害。我国上海、天津、广州等地均有发生。该病为害香石竹、石竹、美国石竹等多种石竹科属植物，引起植株枯萎死亡，损害大于其他病害。

香石竹枯萎病是一种维管束病害。可在植物生长的任何时期发生。病原菌首先侵染根系，根部变色，然后进入维管束系统，引起地上部症状。初期，植物下部一侧的叶片及枝

图9-10　香石竹枯萎病症状

条开始失绿，渐渐变成褐色，慢慢地萎蔫，嫩枝生长扭曲、畸形和生长停滞，幼株受侵染导致迅速死亡，这是此病初期的主要特点。以后基部叶片枯萎，叶脉失绿，并迅速向上扩展，叶片由正常的深绿色变成淡绿色，最终呈苍白的稻草色；基部节间失绿并产生褐色条斑，最终整株枯萎以至死亡。撕开条斑可见维管束组织有暗褐色条纹，从根部一直延伸到茎的地上部。横切受害茎组织，可见维管束有明显的暗褐色环纹（图9-10）。

① 病原及发病规律　该病由尖镰孢香石竹专化型（*Fusarium oxysporum Schlecht. F.* sp.）引起。

病原菌在病株残体或土壤中越冬，或存活于繁殖材料中。病株根系或茎部的腐烂处在潮湿环境中产生子实体。病菌孢子借气流或雨水、灌溉水的溅泼而传播。病菌从根尖和茎基部或插条的伤口侵入为害，病菌侵入维管束组织，并逐渐向上蔓延扩展。繁殖材料是病害传播的重要来源，被污染的土壤也是传播来源之一。一般在春夏季，若土壤温度较高，阴雨连绵，土壤积水的条件下，病害发生重。栽培中使用氮肥过多，以及偏酸性的土壤有利于病菌的生长和侵染，促进病害的发生和流行。品种间的抗病性有明显差异，有些品种受侵染后不表现明显的症状。

② 防治方法

a. 园林栽培技术防治：培育抗病品种；选用无病插条，建立无病母本圃；控制土壤含水量，避免损伤根系，可减轻危害；及时拔除病株并销毁，减少病菌在土壤中的积累；土壤消毒，或采用无土栽培；苗床或繁殖圃地被污染后，必须换土或进行消毒后再使用。

b. 化学防治：可选用50%多菌灵、70%甲基托布津或30%恶霉灵500液于种植前浇灌土壤。

c. 生物防治：据报道，用荧光假单胞菌（*Pseudomonas fluorescens*）处理根部，或用抑菌土处理土壤，可控制病害的发生。

（2）杨树溃疡病

杨树溃疡病是杨树上的重要枝干病害，发生普遍，为害严重，在北方常导致严重损失。该病目前已在我国主要杨树种植区，尤其是在陕西的中、南部，河北的中、南部等地普遍发生，严重影响造林后的成活及生长。除为害杨树外，还可为害核桃、刺槐、苹果、梧桐和榆树等多种树种。被害植株轻则影响生长，重则枯梢，严重的整株死亡（图9-11）。

该病主要发生于树干和主枝上。不仅为害苗木和幼苗，也能为害大树。幼树的溃疡病斑主要发生于树干的中、下部，大树受害时枝条上也可出现病斑。3月底至4月初，在树干上出现褐色、水渍状圆形或椭圆形病斑，直径约1cm，质地松软，后有紫红色液体流出。有时病斑呈水泡型，泡内充满褐色液体，树皮凸出，随后水泡破裂，流出淡褐色液体，遇空气变为黑褐色，病斑周围呈黑褐色。溃疡病斑除常见的直径为1cm水渍型及水泡型病斑外，还有直径为2～3cm的小斑型及直径为5～6cm大斑型两种。大斑型溃疡病斑深至木质部，变为灰褐色，病部树皮纵裂，树干上病斑密集，并相互连片，病部皮层变褐腐烂，当病斑环绕树干一周时，上部枝干枯死。

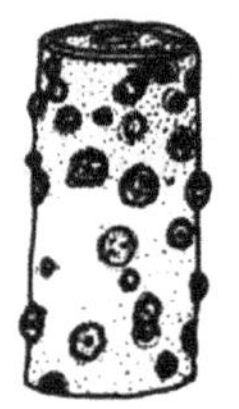

图9-11　杨树溃疡病

1—树干受害症状；2—分生孢子器；3—子囊壳、子囊和子囊孢子

① 病原及发病规律　该病病原是茶藨子葡萄座腔菌（*Botryosphaeria ribis*）。

病菌主要以菌丝体在发病组织内越冬。翌年春气温升到10℃以上时，菌丝开始活动，杨树表皮出现明显的病斑。病菌主要借风、雨传播，通过带菌苗木和插穗等繁殖材料调运可进行远距离传播。病菌主要通过伤口侵入，也可由皮孔或表皮直接侵入。南京地区于3月下旬开始发病，4月中旬至5月上旬为发病高峰，5月下旬至6月初基本停止，10月初又略有扩展。北京地区一年有两个发病高峰，分别在5月中、下旬至6月初及9月这两个阶段。

病害发生与温度、湿度和降雨量有密切关系。月均温在10℃，相对湿度60%以上，或小阵雨过后，病害开始发生。月均温在18～25℃，相对湿度80%以上，病害发展迅速。前年冬季气温高，次年春季发病提早。反之，发病推迟。不同树种存在抗病性差异。

② 防治方法　该病防治重点在预防，以园林技术防治为主，化学防治为辅，提高和诱导杨树的抗病性，抵御病菌侵袭。

a. 建立卫生苗圃，培养健壮幼苗，加强检疫，把好苗木质量关。禁用重病苗木；苗木或插条用苯来特100倍液浸泡2～3h，或用代森锰锌200～300倍液浸24h进行消毒处理。

b. 在起苗、运输、假植、定植中尽可能不伤害树干与根部。苗木运输、假植时间越短越好。

c. 定植前用水浸根，定植时根部用萘乙酸刺激生根，地面覆盖薄膜以防失水，树干喷洒高脂膜、甲基纤维素防止水分蒸腾。定植后及时灌水，保证成活。

d. 加强栽培管理，改善生长条件，提高抗病力；冬季剪除病枝烧毁，春季树干涂白。

e. 营造混交林。造林后前几年可进行林粮或进行间种沙打旺等牧草类绿肥，植后勤除草，加强管理。

f. 选用抗病树种，适地种树。一般而言，青杨派、青杨与黑杨的杂交种较感病；白杨派和黑杨派品种较抗病。路易沙、意大利214、健杨、毛白杨、波兰15等杨树品种比较抗病。小白杨、北京杨6号等比较感病。

g. 化学防治：化学防治以春秋防治相结合、秋季防治为主的防治策略，在主干上喷洒药剂，阻止病菌的侵入和蔓延。发病高峰前选用2∶2∶100波尔多液或50%多菌灵、70%甲基托布津500倍液或80%抗菌剂402的200倍液喷雾防治，效果较好。

第二节　园林苗圃常见害虫及其防治

园林植物中害虫种类繁多，危害巨大，有时可造成园林植物的毁灭性灾难。其中多种害虫危害隐蔽，防治困难，严重影响园林苗圃植物生产。生产上对园林苗圃植物害虫主要采用“预防为主，综合防治”的方针策略，以确保园林植物的安全生产。

一、植物昆虫学基础

昆虫属于无脊椎动物，节肢动物门，昆虫纲的一类生物，自然界中有100多万种。

1. 昆虫外部形态特征

昆虫身体分成头、胸、腹三部分。

（1）头部

昆虫头部着生口器、触角、眼等取食和感觉器官（图9-12），是昆虫取食和视觉中心。

① 口器　根据昆虫种类、食性和取食方式不同，昆虫口器可分为咀嚼式口器与吸收式口器两大类，其中咀嚼式口器是最原始的口器类型，是取食固体食物的昆虫所具有。由上唇、上颚、舌、下唇、下颚5个部分组成（图9-13）。其为害特点是植物受到机械损伤。如

蝗虫等。吸收式口器在咀嚼式口器基础上演化而来，其又可分为刺吸式口器、虹吸式口器等几种类型（图9-14）。其中生产上危害较大的是刺吸式口器的昆虫，如蚜虫、叶蝉、飞虱等，其为害能形成变色斑点、造成植物枝叶生长不均衡而卷缩扭曲，形成畸形叶等为害症状。生产上鳞翅目昆虫幼虫为害较重，其口器类型属于咀嚼式口器。

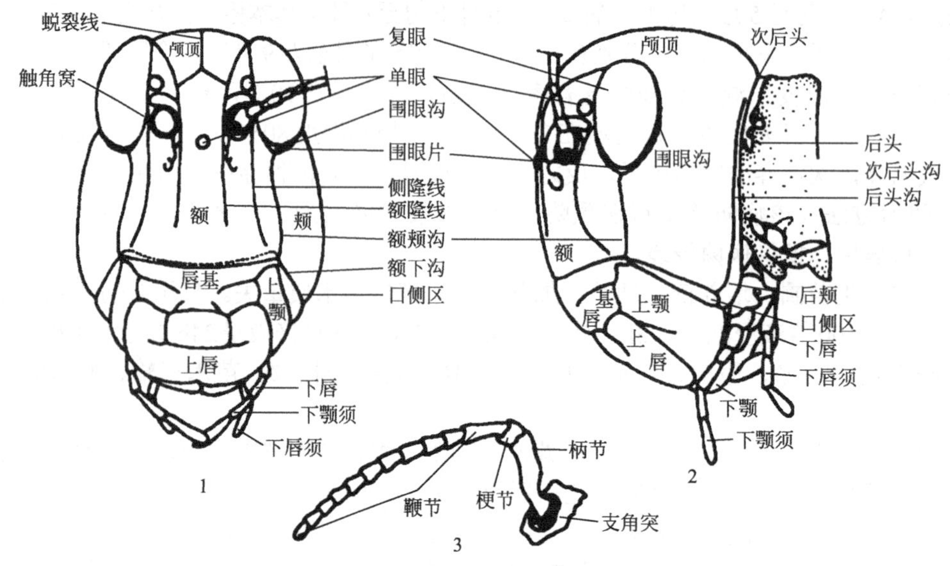

图9-12　东亚飞蝗头部

1—头部正面观；2—头部侧面观；3—触角构造

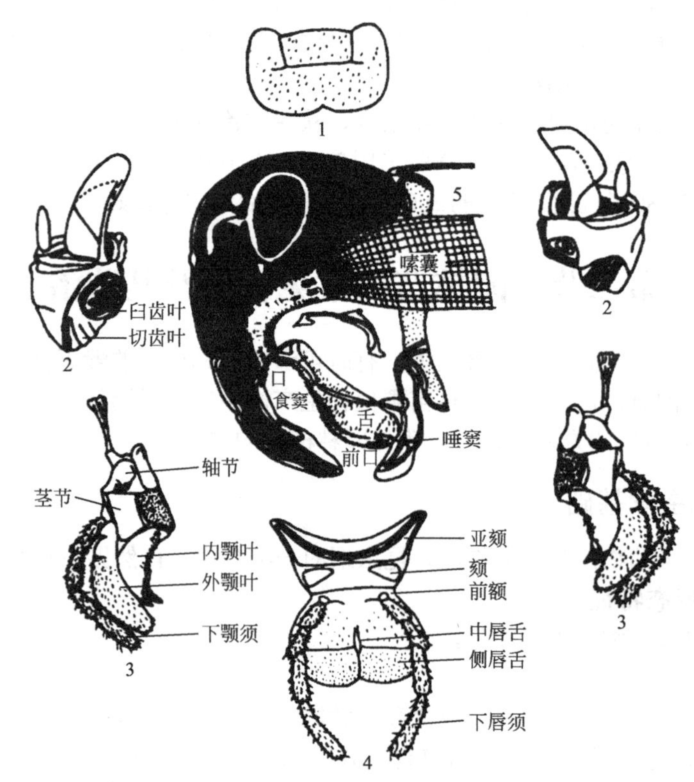

图9-13　东亚飞蝗口器构造

1—上唇；2—上颚；3—下颚；4—下唇；5—头部纵切面

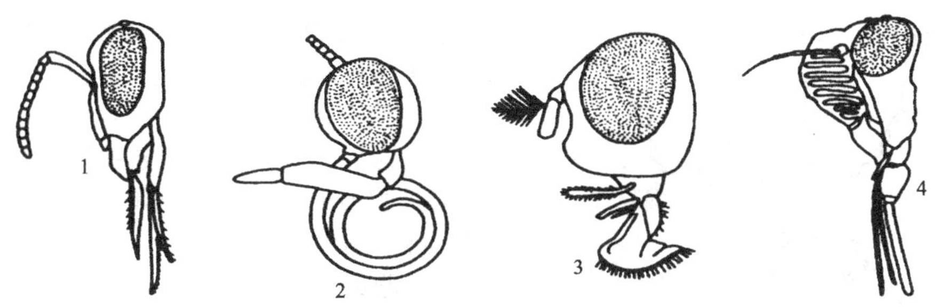

图9-14　其他常见口器类型

1—嚼吸式；2—虹吸式；3—舐吸式；4—刺吸式

② 昆虫触角　触角一般位于头前方或额的两侧，大多数种类昆虫具有1对触角。其上生有许多感觉器，具有触觉与嗅觉的功能，对昆虫觅食、求偶、避敌等活动具有重要作用。触角的基本构造分为三节：基部第一节称为柄节，同身体相连，通常粗短，其活动受肌肉控制；第二节称为梗节，一般比较细小，其活动受肌肉控制；第三节称为鞭节，是梗节以后各节统称，常由若干形状基本一致的小节或亚节组成，其活动受血压调节。直接受环境中气味、湿度、声波等因素的刺激而调整方向。不同种类的昆虫，其触角形状不同（图9-15）

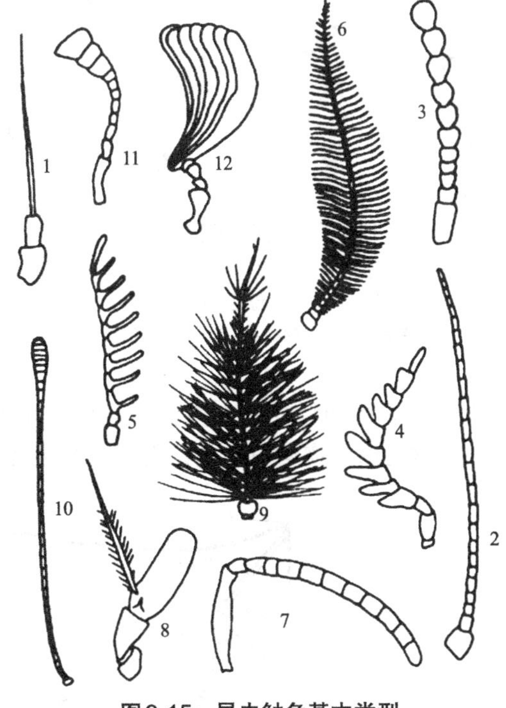

图9-15　昆虫触角基本类型

1—刚毛状；2—丝状；3—念珠状；4—锯齿状；5—栉齿状；6—双栉状；7—膝状；8—具芒状；9—环毛状；10—棍棒状；11—锤状；12—鳃叶状

③ 昆虫的眼　昆虫眼分为单眼与复眼两种。复眼在头顶上方左右两侧，由许多小眼组成，是昆虫主要的视觉器官；单眼通常3个，呈三角形排列于头顶与复眼之间。

（2）胸部

昆虫胸部是身体的第二部分，分为前胸、中胸与后胸。胸部3对胸足，分别着生于前胸、中胸与后胸，相应称为前足、中足与后足。此外，胸部还有2对翅，分别着生于中、后胸，相应称为前翅与后翅。足与翅是昆虫运动器官，因此，胸部是昆虫的运动中心。

① 胸足　昆虫胸足由6节组成，从基部到端部依次为基节、转节、腿节、胫节、跗节、前跗节。昆虫最原始的胸足类型是步行足（图9-16），其他形态的足是在此基础上演变而形成的（图9-17）。胸足功能与其生活习性相一致。

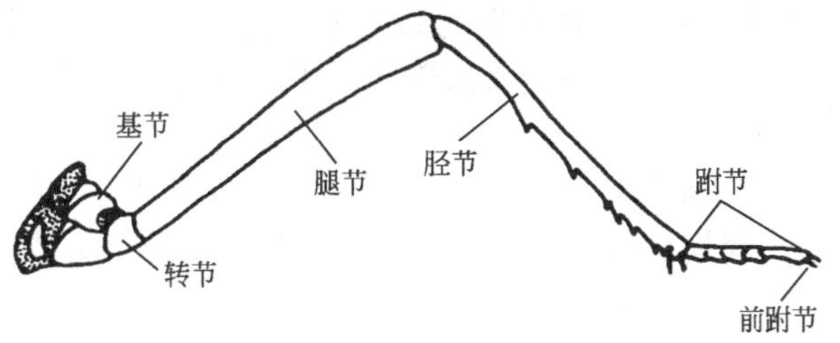

图9-16　昆虫胸足的基本构造

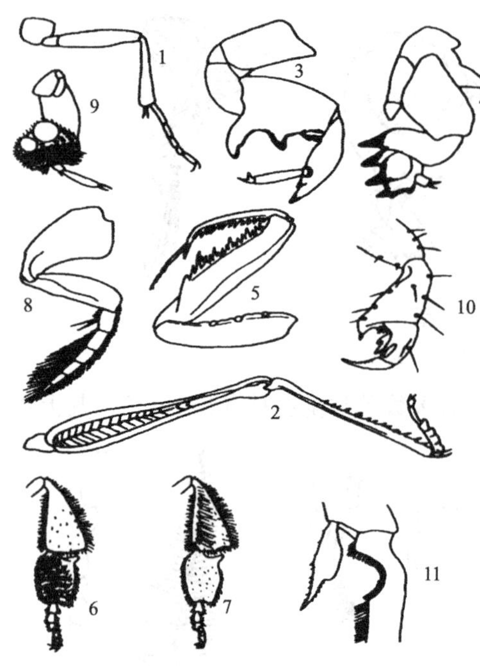

图9-17 昆虫胸足的基本类型

1—步行足；2—跳跃足；3、4—开掘足；5—捕捉足；6、7—携粉足；8—游泳足；9—抱握足；10—攀缘足；11—示净角器

② 翅 昆虫翅近似于三角形，翅面分布有翅脉（图9-18）。为了研究方便，昆虫学家在研究现代昆虫与化石昆虫的基础上，对各种昆虫翅进行了归纳与总结，提出了昆虫翅的模式脉相。昆虫翅一般是膜质的，为了适应环境的变化，产生了许多变异（图9-19）。

（3）腹部

是昆虫体躯的第三部分，一般由9～11节组成，外面着生外生殖器，如雌虫产卵器、雄虫交配器。有的还有1对尾须。是昆虫新陈代谢和生殖中心。

（4）昆虫体壁

昆虫体壁是由表皮层，皮细胞层与底膜组成。其上着生一些微毛、刺等衍生物。体壁是一种保护性组织，它决定昆虫体形和外部特征，防止体内水分过度蒸发和阻止微生物及其他有害生物的侵入；同时，也是一种调节性组织，有体壁特化的各种腺体和感觉器，还可以接受环境因子的刺激和分泌各种化合物，调节昆虫行为。

2.昆虫生物学特征

昆虫生物学习性是昆虫在长期的进化过程中形成的种的行为特征。主要包括昆虫生殖方式、食性、发育与变态、趋性等方面的行为特征。了解昆虫生物学习性是识别害虫与进行害虫防治的基础。

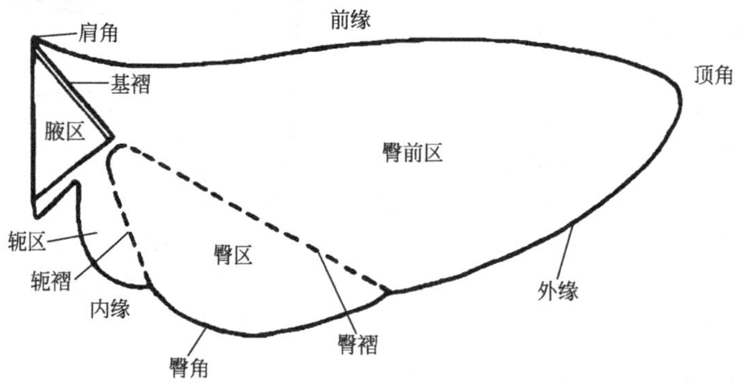

图9-18 昆虫翅的基本构造

（1）生殖方式

① 两性生殖 自然界中昆虫普遍存在的繁殖方式是两性生殖，即通过雌雄交配后，精子与卵子结合，雌虫产下受精卵，再发育成新个体的生殖方式，也称为两性卵生。如玉米螟、黄刺蛾等。

② 孤雌生殖 又称单性生殖，指卵不经过受精就能发育成新个体的生殖方式。它又可分为经常性的单性生殖、周期性的单性生殖（异态交替，或世代交替）、偶发性单性生殖三种方式。如蚜虫、蚧壳虫、家蚕等。

除了上述两种生殖方式外，昆虫中还有幼体生殖、多胚生殖及卵胎生生殖等方式。

（2）昆虫发育

昆虫发育共分为四个阶段：卵、幼（若）虫、蛹、成虫。不同发育阶段，在形态与特征上存在差异，其对环境的适应能力也不同。

① 卵　是昆虫发育的起点虫态。其发育时间有长有短，短的1～2天，长的可达数周至数年。昆虫从产下卵至孵化所经过的时间称为卵期。不同昆虫卵的形态不同（图9-20）。

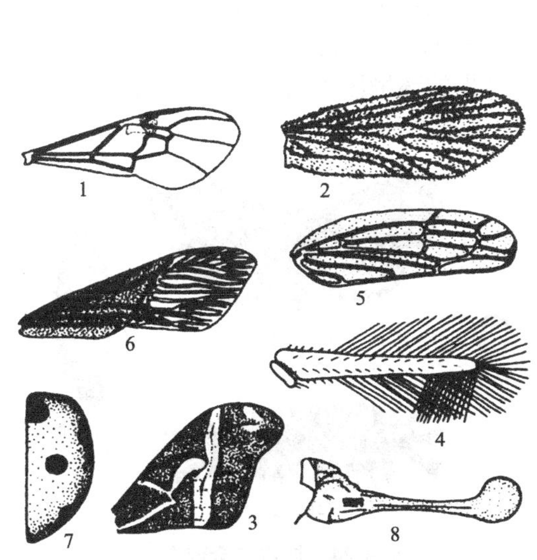

图9-19　昆虫翅的基本类型

1—膜翅；2—毛翅；3—鳞翅；4—缨翅；5—覆翅；6—半鞘翅；7—鞘翅；8—平衡棒

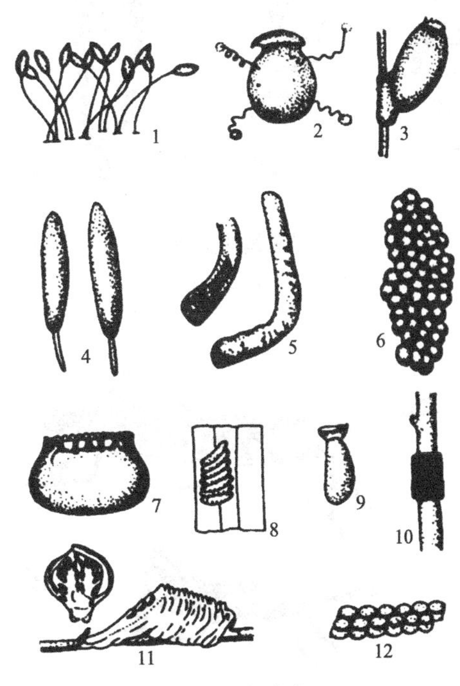

图9-20　卵的类型

1—草蛉；2—蜉蝣；3—头虱；4—高粱瘿蚊；5—东亚飞蝗；6—玉米螟；7—美洲蜚蠊；8—灰飞虱；9—米象；10—天幕毛虫；11—中华螳螂；12—菜蝽

② 幼（若）虫　胚胎发育完成后，幼（若）虫从卵中破卵壳而出的过程称为孵化。昆虫从孵化到化蛹或成虫所经历的时间，称为幼（若）虫期。卵孵化之后就成为幼（若）虫，是昆虫发育的第二个阶段。刚孵化出的幼（若）虫称为1龄虫，以后每蜕皮一次就增加1龄。根据足多少及发育情况，把幼虫分为四种类型（图9-21），即：原足型，如寄生性膜翅目昆虫；多足型，如黏虫、棉铃虫等；寡足型，如鞘翅目金龟甲、瓢虫幼虫；无足型，如双翅目蝇类幼虫等。

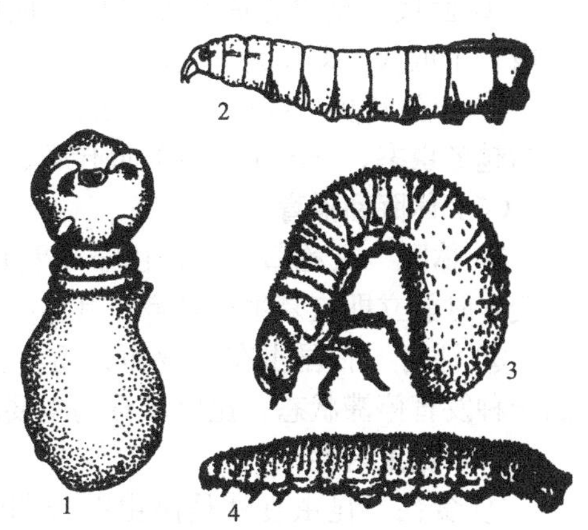

图9-21　全变态昆虫幼虫类型

1—原足型；2—无足型；3—寡足型；4—多足型

③ 蛹　蛹是完全变态类昆虫从幼虫到成虫所必须经过的一个阶段，是成虫的准备阶段，是昆虫生命活动中的薄弱环节，有利于防治。昆虫由幼虫转变为蛹的过程称为化蛹。从化蛹到成虫羽化所经历的时间称为蛹期。昆虫蛹有三种类型，即：离蛹（裸蛹）、背蛹、围蛹（图9-22）。

④ 成虫　成虫期实质是生殖时期，是昆虫发育的最后一个阶段。不完全变态昆虫末龄

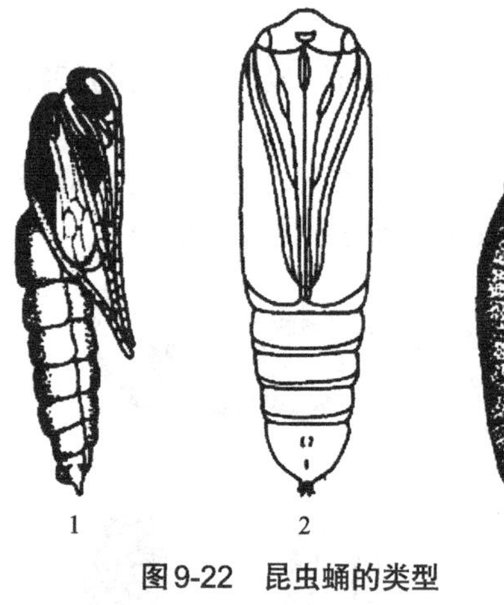

图9-22　昆虫蛹的类型

1—离蛹；2—被蛹；3—围蛹

若虫脱皮变为成虫或完全变态昆虫的蛹由蛹壳破裂而出变为成虫，称为羽化。成虫期主要任务是交配、产卵、繁殖下一代。有一些昆虫，同种性别，具有两种以上个体的现象，称为多型现象，如蚜虫、蜜蜂等。

（3）昆虫变态

昆虫胚后发育过程中，在外部形态和内部器官等方面，要经过一系列变化，即若干次由量变到质变的几个不同发育阶段，这种变化称为变态。

昆虫变态有两种类型：一是不完全变态（图9-23），如蚜虫、飞虱等昆虫；二是完全变态（图9-24），如棉铃虫、刺蛾、玉米螟等昆虫。影响昆虫变态的因素主要是激素，外界的环境因素对变态有一定的影响。

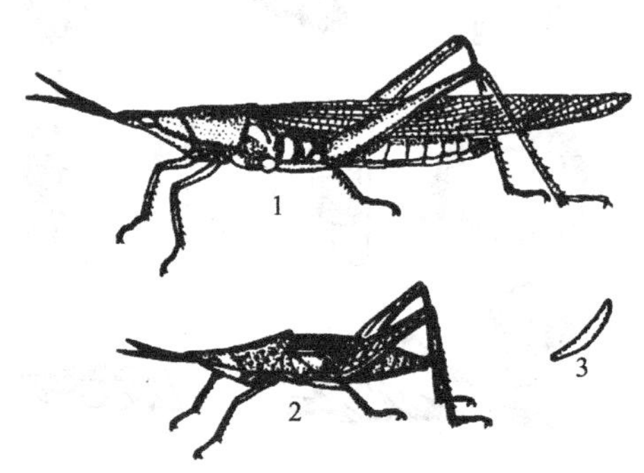

图9-23　昆虫不完全变态（短额负蝗）

1—成虫；2—若虫；3—卵

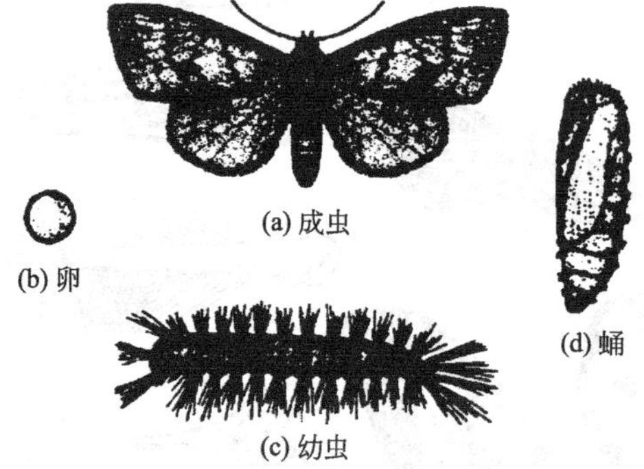

图9-24　昆虫完全变态

（4）昆虫世代和年生活史

① 世代　昆虫完成从卵到成虫性成熟并开始繁殖时为止的个体发育周期，称为世代。完成一个世代，即作为一代。

② 年生活史　或称生活年史，指一种昆虫从越冬虫态开始活动起在一年内的发生过程。包括越冬虫态、一年中发生的世代数、各代及各虫态历期、生活习性等。

（5）休眠和滞育

① 休眠　又称蛰伏，是由于不利环境条件引起的生命活动的暂时停滞现象，当环境条件变好时能立即恢复生长发育。其主要由温度、食料等原因引起。

② 滞育　指昆虫在温度和光周期变化等外界因子诱导下，通过体内生理编码过程控制的一种发育停滞状态。昆虫滞育的主要因素是光周期。

（6）昆虫习性

① 食性　昆虫食性是昆虫在长期演化过程中形成的各自特殊的选择取食对象的习性，称为食性。分为植食性、肉食性、腐食性、杂食性。生产上的害虫是植食性昆虫。按取食范围不同，植食性昆虫又可分为单食性、寡食性、多食性。

② 假死性　指有些昆虫在受到突然惊动时，立即将足收缩，身体卷曲或从植物株上掉落到地面，这种习性称为假死性。

③ 趋性　昆虫的趋性是一种较高级的神经活动，也是一种无条件反射，是昆虫对任何

一种外部刺激源产生的反应活动。按刺激源性质可分为趋光性（对于光源的反应）、趋温性（对于温度的反应）、趋化性（对化学物质的反应）等多种。

④ 昆虫本能　是一种复杂的神经生理活动，为种内个体所共有的行为。如昆虫筑巢、结茧等。本能常表现为各个动作之间相互联系及相继出现。

⑤ 保护色及拟态

a. 保护色：指某些昆虫具有与生活环境中背景相似的色彩。如菜粉蝶的蛹色随化蛹场所而改变。当在甘蓝叶上时表现为绿色或黄绿色；在土墙上时则表现为褐色或浅褐色。

b. 拟态：一种生物与环境中另一种生物相似从而获得保护自己的现象。如竹节虫体型形似竹节；枯叶蝶停息时，翅背极似枯叶。

⑥ 群集、迁飞、扩散　昆虫群集有两种情况：一是暂时性群集，一般发生于昆虫生活史中某个阶段，往往是由于有限空间内昆虫个体大量繁殖或大量集中的结果；二是长期性群集，群集时间较长，包括整个生活周期，群集后往往不再分散，如群聚型飞蝗。

扩散是指昆虫个体在一定时间内发生空间变化的现象。如，食料条件不足时，昆虫会扩散。

迁飞是指昆虫通过飞行，大量持续地远距离迁移。它是昆虫从空间上逃避不良环境条件的一种策略。许多常见昆虫有迁飞习性，如，小地老虎、黏虫、东亚飞蝗等。

3. 影响昆虫发生的因素

（1）气候因子对昆虫的影响

① 温度　昆虫是变温动物，其体温主要取决于环境温度的变化。因此，环境温度对昆虫生命活动有重要影响（表9-2）。不同种类的昆虫对温度反应存在差异。大部分昆虫对温度的反应都有一定的范围，在此范围内，昆虫各项生命活动处于最适状态，寿命最长，生命活动旺盛，这个范围称为有效温区或适宜温区。对昆虫而言，其发育需要一定的热量积累，发育所经过的时间与该时间内有效温度的积是一个常数，这个常数称为有效积温常数。这个规律称为有效积温法则。

表9-2　温度对温带地区昆虫的作用及温区划分

温度/℃	温区		温度对昆虫的作用
45～60	致死高温区		短时间内造成昆虫死亡
40～45	亚致死高温区		死亡决定于高温强度与持续时间
30～40	高适温区	有效温区	发育速率随温度升高而减慢
22～30	最适温区		死亡率小，生殖力最强，发育速率接近最快
8～22	低适温区		发育速率随温度降低而减慢
-10～8	亚致死低温区		代谢过程变慢，引起生理机能失调，死亡决定于低温持续时间与强度
-40～-10	致死低温区		因组织结冰而死亡

② 湿度　湿度包括空气相对湿度、降雨等。湿度对昆虫的影响主要表现为影响昆虫的发育速率及成虫的存活率与繁殖能力。降雨对昆虫的影响在于影响空气湿度和土壤含水量，从而影响植物的生长状况，间接影响昆虫。暴雨对一些弱小的昆虫，如蚜虫等，有机械冲刷作用。

③ 光照　光是影响昆虫生命活动的一个重要气候因子。其对昆虫影响主要取决于光的性质、强度和光周期的变化。

光的性质主要是光的波长，如三化螟对330～440nm范围内的光趋性强。对多数夜蛾科的昆虫而言，黑光灯的诱虫效果比普通灯泡要高10%～20%。

光强则影响昆虫昼夜节律、交尾、产卵、取食、栖息、迁飞等。如：有翅桃蚜春秋迁飞的最适光强为5000～25000 lx（勒克斯）；褐飞虱迁出盛期时光强为14～20 lx，高峰为20～30 lx。

光周期变化规律具有稳定性，对昆虫的生命活动起着重要的信息作用，是引起昆虫滞育的重要因子。如，三化螟南京种群在光周期为13小时30分时进入滞育状态。

（2）生物因子对昆虫的影响

生物因子主要包括食物、天敌。

① 食物　昆虫与寄主植物是取食与被取食的关系，寄主植物的质与量可以影响昆虫的繁殖、发育速率及存活率。

昆虫对不同种植物及同种植物的不同部位有一定的选择能力，而植物体表次生化学物质对昆虫有诱集作用。如十字花科芥子苷对黄曲条跳甲、小菜蛾有引诱力；玉米螟初龄幼虫趋向于含糖在0.001～0.03mol/L的玉米组织中钻蛀。

② 天敌　自然界中能够捕食或寄生昆虫的生物，或使昆虫致病的微生物，都是昆虫的天敌。如，瓢虫、草蛉、小茧蜂、赤眼蜂等天敌昆虫。如细菌、真菌、病毒、线虫等病原微生物，以及一些以昆虫为食的螨类、蜘蛛、鸟类、蛙等有益生物。

（3）土壤因子对昆虫的影响

土壤主要通过其温湿度、理化性状影响昆虫在土中的分布、活动。如，春季温度上升，土壤中昆虫向地表运动，秋季温度下降，土中昆虫向下运动。土壤湿度对产于土中的昆虫卵影响较大，如金龟甲的卵在不同湿度的土壤中其孵化率不同，当土壤湿度在15%～35%时，卵的孵化率最高，低于5%时，卵全部死亡。

二、园林苗圃植物常见害虫

依据园林苗圃害虫为害特点，把园林害虫分为以下几个类别，即食叶性害虫：金龟子、叶甲、蝗虫类、叶蜂类、螟蛾类、夜蛾类等；刺吸性害虫：主要有蚧壳虫类、粉虱类、蚜虫类、蝉类（蚱蝉）、叶蝉类、木虱类等；钻蛀性害虫：如，天牛类、吉丁虫类、蠹虫类、蔗扁蛾、食心虫等；地下害虫类：如蝼蛄、地老虎、蛴螬、地蛆、叩头甲、蟋蟀、白蚁等。

1.食叶性害虫

园林苗圃中食叶性害虫主要分在鳞翅目、鞘翅目、直翅目、膜翅目四个目。其为害特点是取食植物叶片，造成缺刻、孔洞等伤口。影响绿化效果和绿化面貌，以及植物养分的制造和积累，使水分蒸发，植物机体失去平衡。还会造成植物大量落叶，可使某些枝条干枯，以至整株枯死。

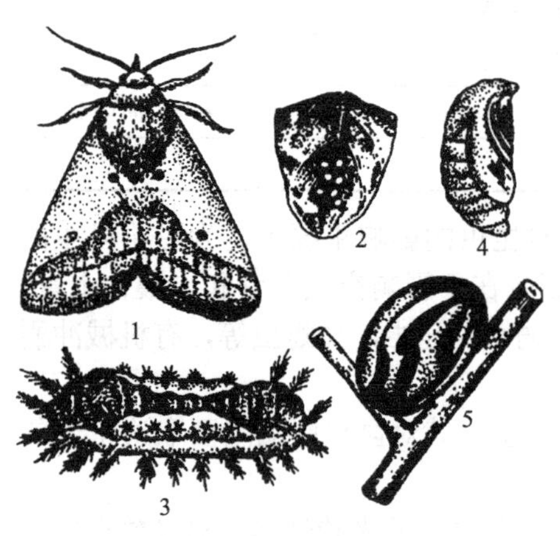

图9-25　黄刺蛾

1—成虫；2—卵；3—幼虫；4—蛹；5—茧

（1）黄刺蛾（*Cnidocampa flavescens*）

① 分布与危害　幼虫俗称洋辣子（图9-25）。全国各地均有发生，寄主植物达120多种。属于多食性害虫，可为害各种果树，如桃、苹果、梨、杏、梅、山枣等，以及各种林木及花卉，如泡桐、杨树、柳树、榆、月季、樱花等。

初龄幼虫群集啃食叶肉，叶片被害呈网孔状；幼虫3～4龄后分散后取食叶片。被害叶片呈现出孔洞、不规则缺刻等症状；幼虫5～6龄食量大增，可将叶片啃光仅剩叶柄及主脉。

② 发生特点　该虫在北方，如华北、辽宁等地一

年发生一代，在江、浙、沪等地一年发生2代。以老熟幼虫在树干上结茧越冬。在江苏越冬幼虫第二年5月上旬开始化蛹，6月上、中旬越冬成虫盛发，6～7月第一代幼虫为害严重，7月中下旬一代幼虫化蛹，8月上旬一代成虫盛发，8月上旬～9月第二代幼虫为害，秋后，9月末～10月第二代幼虫结茧越冬。为害时间主要集中在6～9月份。

成虫夜间活动，白天静伏于叶背面，有趋光性。卵产于树叶近末端叶背处，散产或数粒产在一起，雌虫一生产卵49～67粒。卵期5～6天，成虫寿命4～7天，卵多在白天孵化，初孵幼虫先食卵壳，再食叶肉，被害叶片呈筛网状，长大后蚕食叶片。幼虫共7龄，历期22～23天。

黄刺蛾天敌主要有：大腿蜂（*Brachymeria afscurata*）、上海青蜂（*Chrysis shanghaiensis*）、姬蜂、胡蜂、螳螂等。

③ 防治方法

a. 人工防治：冬季或7～8月间在被害枝干上采茧，结合观赏树木的整枝修剪，剪除虫枝，集中烧毁（如，黄刺蛾）。有的刺蛾（如，褐刺蛾、扁刺蛾等）结茧在树木周围的土下越冬，可结合松土翻地、施肥等措施，挖除地下虫茧，消灭其中的幼虫；或利用刺蛾初孵幼虫有群集性，被害叶呈透明枯斑，小面积范围内可组织人力摘除虫叶、消灭幼虫。

b. 灯光诱杀：利用成虫趋光性，在生产上使用黑光灯诱杀成虫。

c. 保护和利用天敌：天敌活动期尽量少打甚至不打农药，或隔行打药。

在幼虫低龄期，喷施苏云金杆菌1500～2400mL/hm^2，0.36%百草1号或1.2%烟参碱合剂1000倍。

d. 化学防治：防治幼虫应在3龄前防治，重点在于防治1代幼虫。幼虫大发生时，喷施90%晶体敌百虫1000倍液、40%乐斯本乳油1500倍液、50%杀螟松乳油1000倍液、2.5%溴氰菊酯3000倍液或灭幼脲3号1000倍液。

（2）大蓑蛾（*Clania variegata*）

① 分布与危害　又名大袋蛾，大皮虫，吊死鬼，大避债虫（图9-26）。国内分布于华南、华东、中南、西南等地。国外分布于日本、印度、马来西亚等地。主要为害梨、苹果、柑橘、桃、李、梅、杏、枇杷、龙眼等以及泡桐、刺槐、法桐、柳、榆、茶、水杉等多种果树和林木及月季、桂花、樱花等花木。寄主共90个科，600多种植物。

初孵幼虫取食树叶表皮、叶肉，留下另一层表皮，形成透明枯斑或不规则的白色斑块。2龄后取食造成叶片缺刻和孔洞，为害严重时，能将叶片吃光，继而取食枝干皮层和林木、果树芽梢、花果，影响生长和结实。

② 发生特点　在华东地区，1年发生1代，华南、福建部分地区1年2代。以老熟幼虫在护囊内挂在寄主的枝梢上越冬。翌年5月上、中旬化蛹，5月中、下旬越冬成虫羽化，并交配产卵。雌成虫羽化后仍在护囊内，头部经常露出囊外，腹部向上不断分泌并释放性激素，引诱雄蛾进行交配。交配后，雌蛾将卵产于护囊内，每只雌蛾最多可产5800多粒，平均每只雌蛾一生产卵3400多粒。雌虫产卵后干缩死亡。6月中、下旬左右幼虫

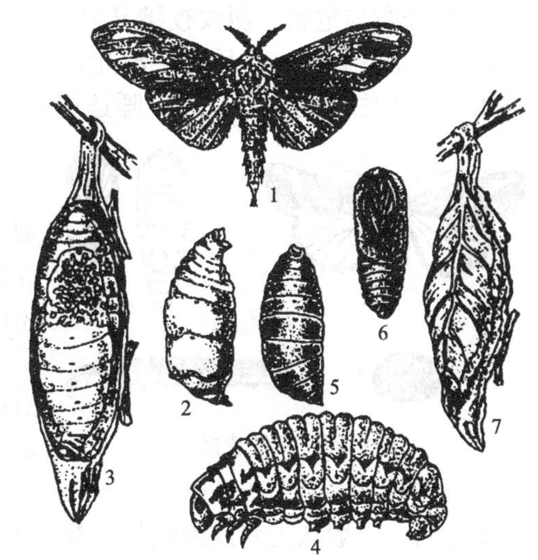

图9-26　大蓑蛾

1—雄成虫；2—雌成虫；3—雌成虫在护囊内产卵状；4—幼虫；5—雌蛹；6—雄蛹；7—护囊

孵化后先取食卵壳，3～5天后爬出护囊吐丝下垂，随风传播。初孵幼虫降至寄主上后，并不立即取食，而是先营造护囊，一面吐丝，一面缀叶表碎片，粘于丝上围成一圈，3～4h便可营造一个与虫体大小相当的囊袋，虫体匿居其中。随幼虫的取食、蜕皮、长大，囊袋不断的加长增宽。幼虫取食迁移时，均负囊而行。其有明显的趋光性，多聚集于树冠顶部和树枝梢顶为害。7～9月幼虫老熟，为害最重。11月幼虫封囊越冬。越冬时，幼虫将护囊用丝系于植株的枝条上，少数在枝干或叶脉上。袋口用丝封闭。越冬幼虫抗寒力强。该虫一般于7～8月气温偏高、干旱时为害猖獗。雨水多影响幼虫孵化，并易引起病害流行而大量死亡，不易成灾。

袋蛾天敌对其有控制作用。天敌主要有野蚕黑瘤姬蜂（*Coccygomimus lnctuosus*）、袋蛾大腿小蜂（*Brachymeria fiskei*）、红尾追寄蝇（*Exorista xanthaspis*）等。此外，还有灰喜鹊、瓢虫、蜘蛛等。

③ 防治方法

a. 人工防治：冬季结合修剪，摘除虫囊，消灭越冬幼虫。对于植株不太高的园林植物，在成虫产卵期，摘除虫囊，消灭雌成虫和卵。

b. 物理防治：利用大袋蛾的趋光性，用黑光灯诱杀雄成虫，或利用性信息素诱杀雄成虫，使雌成虫不能交尾产卵。

c. 生物防治：幼虫和蛹期有多种寄生性和捕食性天敌，如鸟类、姬蜂、寄生蝇等，其中伞裙追寄蝇的寄生率可达50%以上，应予以保护；也可用苏云金杆菌制剂如青虫菌、灭蛾灵、HD-1等，每克含孢量100×10^8以上，每公顷用药1800mL，兑水900kg喷雾；或用核型多角体病毒制剂，以每毫升含多角体病毒1×10^6喷雾制剂每公顷用药4500～6000mL，兑水900kg喷雾。

d. 化学防治：在2龄幼虫盛期及时喷药防治。80%敌敌畏乳油或50%马拉硫磷乳油100mL、2.5%溴氰菊酯乳油50mL、5%巴丹可湿性粉剂50～100g、25%灭幼脲悬浮剂100mL兑水100L喷雾。根据幼虫多在傍晚活动的特性，宜在傍晚用药。虫龄大时，喷药的浓度可适当提高，喷药时必须保证护囊充分喷湿。此外，喷雾时注意喷到树冠的顶部。

（3）斜纹夜蛾（*Spodaptera litura*）

① 分布与危害　斜纹夜蛾又名莲纹夜蛾（图9-27）。国内各地均有发生。主要分布于长江流域各地。在河南、陕西、河北、山东等地呈间歇性大发生。寄主植物已知有99科290多种植物，水生植物中如荷花、睡莲等；观赏植物类如菊花、康乃馨、牡丹、月季、木芙蓉、扶桑、绣球等。

图9-27　斜纹夜蛾

1—成虫；2—卵；3—幼虫；4—蛹

幼虫多为6龄，少数7～8龄。低龄幼虫取食叶肉，剩留一层表皮和叶脉，受害叶片呈窗纱状；高龄幼虫取食叶片造成缺刻，严重时除主脉外，全叶皆被吃尽。还可钻食甘蓝的心球，将其内部吃尽，引起腐烂。

② 发生规律　年发生世代数从北向南逐渐增加。山东省年发生4代，河北3～4代，江苏、江西、湖南及湖北等地5～6代，广东6～9代。在福建、广东以南终年为害，在长江流域可以老熟幼虫、蛹越冬，但基数不高。一般认为斜纹夜蛾的主要虫源由南方迁入。成虫昼伏夜出。白天隐藏在植株茂密处、土缝、杂草丛中。夜晚活动，以20～24时为盛。成虫有趋光性和趋化性，还需补充营养。成虫喜食花蜜、糖醋液及果实发酵物。卵喜产于茂盛高大的植株中部叶片背面，块产。雌虫一生可产8～17块卵块，1000～2000粒，最多达3000余粒卵。幼虫多为6龄，少数

7～8龄。初孵幼虫群集于卵块附近取食，2、3龄时分散为害，4龄后进入暴食期，食料不足时有群体转移为害的习性。各龄幼虫均有假死性，但以3龄后表现更为明显。幼虫白天隐藏于阴暗处，晚上取食。幼虫老熟后入土化蛹。以土壤含水量20%左右最宜化蛹、羽化。土壤板结时，则在表土下或枯叶内化蛹。

斜纹夜蛾是一种间歇性暴发的害虫。发育最适温度为28～30℃，在33～40℃条件下仍能正常生活。其不耐低温，长时间生活于0℃下，基本不能存活。长江中下游地区为害盛期在7～8月。

③ 防治方法

a. 人工防治：结合园林农事操作，及时摘除卵块和有初孵幼虫的叶片。

b. 物理防治：利用成虫趋光性，用黑光灯诱杀；或利用成虫的趋化性，用糖醋酒混合液加少量敌百虫诱杀，其比例为，糖：醋：酒：水=3 ∶ 3 ∶ 1 ∶ 9。

c. 化学防治：防治时间掌握在幼虫初孵期。每公顷用90%晶体敌百虫1～1.5kg或45%马拉硫磷乳油、50辛硫磷乳油或20%菊马乳油1000～1500mL，20%氰戊菊酯（速灭杀丁）乳油、2.5%溴氰菊酯（敌杀死）乳油、10%氯氰菊酯乳油500～600mL，5%定虫隆乳油375mL，1.8%阿维菌素乳油250～375mL，加水1000～1500kg喷雾。喷雾应均匀，以保证效果。

2. 刺吸性害虫

刺吸性害虫是园林植物害虫中较大的一个类群，主要分布在同翅目、半翅目、缨翅目及蜱螨目。通过吸取植物的汁液，掠夺植物的营养造成危害，一般不影响植物的外观形态的完整。受害器官常表现为褪色、发黄、卷缩、畸形、萎蔫、营养不良，严重为害时造成整株枯萎或死亡。同时，由于刺吸造成的伤孔，常成为病原微生物的侵入途径而诱发植物的病害，如煤污病等。同时，害虫的迁飞是病毒传播的重要途径。据记载桃蚜至少可传播107种病毒病。

（1）桃蚜（*Myzus persicae*）

① 分布与危害　属于同翅目蚜科，又称烟蚜、桃赤蚜，是一种世界性害虫（图9-28）。全国各地均有发生，主要为害菊花、金鱼草、仙客来、风仙子、矮牵牛、广玉兰、大叶女贞、木槿、桃、梅花、樱花、黄山栾等园林植物，其寄主植物达300多种。

成若蚜均聚集于叶背与嫩梢处吸食植物汁液，被害叶片呈不规则的卷缩、叶色变黄、严重时叶片干枯脱落。桃蚜排泄物能诱发煤污病，并影响植物光合作用。此外，桃蚜传播植物病毒病对园林植物的影响更大。据记载桃蚜至少可传播107种病毒病。

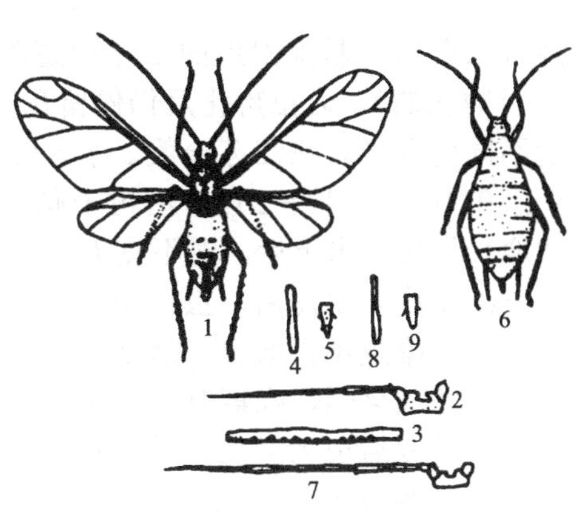

图9-28　桃蚜

有翅胎生雌蚜：1—成虫；2—触角；3—触角第3节；4—腹管；5—尾片

无翅胎生雌蚜：6—成虫；7—触角；8—腹管；9—尾片

② 发生特点　桃蚜年发生世代数各地不同，在北方年发生10代左右，南方40代左右。江苏年发生30代左右，其生活史复杂。一般春秋季完成一代需要13～14天，夏季3～10天。在寒冷的地区以卵在桃树的花芽和叶芽处越冬，在温暖的地方以无翅胎生蚜在植株的心叶里越冬，也可在一些草花上越冬。翌年3、4月越冬虫态开始孵化或繁殖，4～5月份是繁殖的高峰。当春季干旱时，此虫发生为害严重。蚜虫喜欢在嫩头、嫩梢、嫩叶上吸取汁液。如寄主不宜取食，则产生有翅蚜到处扩散蔓延为害。到10

月中、下旬产生性母蚜。性母蚜产生雌雄蚜，雌雄交配产卵越冬。

有翅蚜对黄色有正趋性，绿色次之，而对银灰色有负趋性。夏季高温与大雨对蚜虫有抑制作用。高温季节虫口多减少，8月中下旬～9月再次严重发生。桃蚜天敌很多，对桃蚜控制作用较大。主要天敌有菜蚜茧蜂（*Diaeretiella*）、烟茧蜂（*Aphidius gifuensis*）等寄生性天敌，以及异色瓢虫（*Leis axyridis*）、龟纹瓢虫（*Propylaea japonica*）等捕食性天敌。

③ 防治方法　控制蚜虫，在策略上重点应防治无翅胎生雌蚜，一般要求控制在点片发生阶段。为了防蚜治病，策略上要将蚜虫控制在毒源植物上，消灭在蚜虫迁飞扩散前，即在产生有翅蚜之前防治。

a. 园林技术防治：结合园林抚育、苗圃管理，清洁园林苗圃地，铲除杂草，剪除虫叶、虫苗，防止其蔓延扩散。

b. 物理防治：利用蚜虫忌避银灰色反应的习性可采用银色反光塑料薄膜避蚜。利用其对黄色的趋性，在生产上常用黄色板诱蚜。

c. 化学防治：桃蚜为害季节，可选用20%杀灭菊酯乳油2000倍或洗衣粉150倍、25%灭蚜威乳油1000倍喷雾。此外，50%抗蚜威可湿性粉剂、10%吡虫啉可湿性粉剂、2.5%溴氰菊酯乳油均可用于蚜虫防治。保护地可用22%敌敌畏烟剂等防治。无公害生产上可用1.2%烟参碱合剂1000倍，或25%阿克泰水分散剂8000倍防治。

d. 保护天敌：用药时注意选用对天敌杀伤力小的农药，选用适合的生物农药防蚜。如用2.5%鱼藤酮乳油或25%硫酸烟碱乳油50mL兑水30～40kg喷雾。

（2）草履蚧（*Drosicha corpulenta*）

① 分布与危害　又名草鞋蚧、日本履绵蚧、草履硕蚧（图9-29），同翅目，绵蚧科，主要分布在上海、江苏、浙江、福建、广东、广西壮族自治区、湖北、湖南、河南、河北、辽宁、山东等省。为害桃、柿、枣、苹果、樱桃、梨、无花果、月季、海棠、罗汉松、广玉兰、八角金盘、蜡梅、女贞、大叶黄杨等花木。早春若虫上树，群集植物嫩芽吸食，使得树势减弱，降低产量及观赏价值。

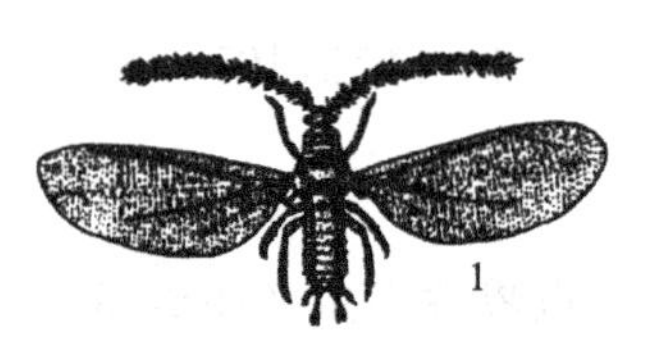

图9-29　草履蚧

1—雄成虫；2—雌成虫

② 发生特点　1年发生1代，以卵及少数1龄若虫在树干基部附近的土壤中越冬。越冬卵在第二年1月下旬开始孵化（也有在当年12月孵化的）。若虫孵化后仍停留在卵囊中，待温度回升后出来上树。出土时间因各地温度不同而有异。在江苏一般2月下旬至3月，3月上、中旬上树较多，若虫上树时间集中于上午10点至下午2点，沿树干爬至嫩枝、幼芽吸食汁液。为害以4月份最为严重，虫体增长最快。出土后，遇不良天气又可入土，后再出土活动。若虫于3月下旬至4月上旬第一次蜕皮。蜕皮后，虫体增大，活动力增强，开始分泌蜡粉。4月下旬，第二次蜕皮。蜕皮后，雄虫不再取食，潜伏于树皮裂缝、树干基部、杂草落叶中、土块下等处分泌白色蜡质薄茧化蛹，蛹期10天左右。5月上中旬，雄虫大量羽化。4月底至5月初，雌若虫第三次蜕皮后成为成虫，并在树上继续为害，等待雄成虫前来交尾。雌雄交尾后，雄成虫死亡。雌成虫一直为害到6月中、下旬开始下树，钻入树干周围5～7cm深的土中分泌白色絮状卵囊，将卵产于其中。卵在卵囊中越夏过冬。雌虫产完卵死亡，每头雌成虫平均产卵40～60粒，多的可达120粒左右。卵期天敌有大黑蚁（*Camponotus*）和大红瓢虫（*Rodolia rufopilosa*）；若虫期天敌为红环瓢虫（*R. limbata*）、黑缘红瓢虫（*Chilocorus rubidus*）等。

③ 防治方法

a. 人工防除：秋冬季结合挖树盘、施基肥等农事操作挖除土中的白色卵囊，集中烧毁。也可将无毒的河泥倾倒在受害树干基部可以阴杀若虫的孵化；早春（1月初至2月）在初龄若虫出土上树为害前，在树干基部刮除老皮涂上宽超过10cm的粘虫胶，以阻止若虫上树。涂胶后要定期检查，除去粘着的草履蚧，并加涂粘虫胶，以防胶失效；6月份雌成虫下树入土产卵前，在树干基部挖环形坑，坑内压实，并放些土块，再在其上放上些树木、草把以诱集雌虫产卵，然后将树叶、草把、卵囊等一起集中烧毁。

b. 保护和利用优势天敌：如红环瓢虫、黑缘瓢虫等天敌对该虫有一定的控制作用。

c. 药剂防治：防治时间掌握在若虫初龄期，在早春若虫出土为害时喷药。

涂干法：若虫上树初期，在树干上刮宽20～30cm的树环。要求老皮见白，嫩皮见绿，然后涂上乐果，久效磷等原液。

喷雾法：若虫上树初期，每隔7天喷洒50%马拉硫磷乳油1000～1500倍、25%亚胺硫磷乳油800倍、50%辛硫磷乳油1000倍、花保或棉油皂100倍可防治该虫。喷药时注意将树干周围土壤喷透。

（3）侧多食跗线螨（*Polyphagotarsonemus latus*）

又名茶跗线螨、白蜘蛛，真螨目，跗线螨科。

① 分布与危害　全国各地均有发生，是一种世界性害螨（图9-30）。寄主植物有仙客来、柑橘、茉莉、茶等多种草本及灌木花卉类观赏植物。常在嫩叶、嫩茎、花、幼果等部位为害，被害部呈黄褐色或灰褐色。严重为害时，嫩叶沿外缘向叶背卷曲，叶肉增厚。叶质变硬变脆，受害嫩梢扭曲畸形。嫩叶、心叶受害后，萎缩畸形，花基扭曲呈舌状，花瓣残缺，严重影响观赏价值。是我国南方茶树上的主要害螨。

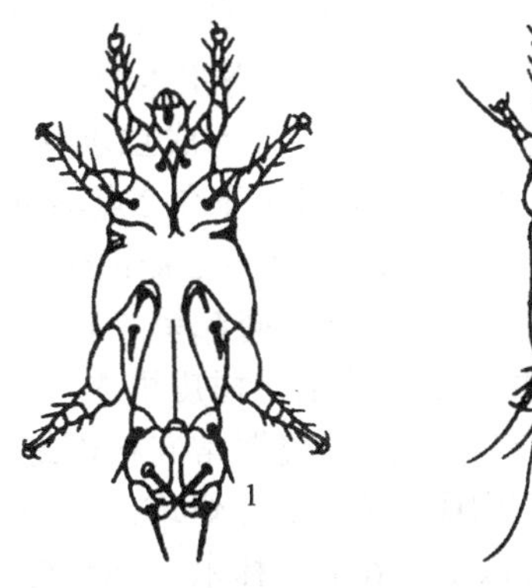

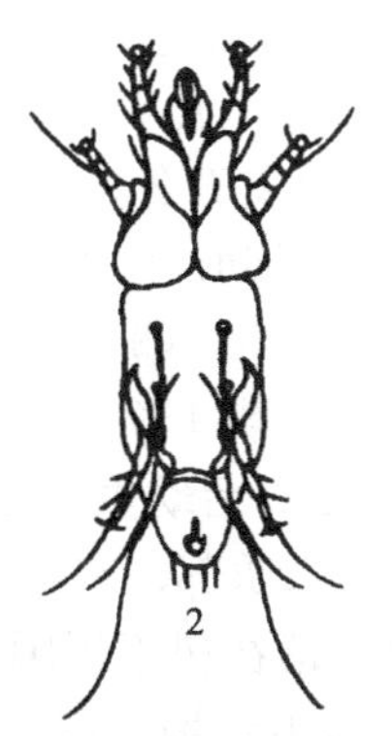

图9-30　侧多食跗线螨

1—雌成螨腹面观；2—雄成螨腹面观；3—雄螨足Ⅳ

② 发生特点　江苏省年发生20代左右，以雌成螨在被害卷叶内、芽腋内、叶腋内、皮层缝隙间、叶柄缝隙中、空蚧壳等处越冬。在冬季温暖的地区及北方的温棚内，可终年繁殖。当平均温度在5～6℃时，各螨态均可越冬，第二年3～4月活动，6～7月间危害严重。多数在嫩叶叶背上为害，少数在叶正面为害，以两性生殖为主产生雌性螨，也有单性生殖，但后代都为雄性。成螨性活泼，尤其雌性成螨，交尾后1～2天即产卵，卵产在叶背或芽尖，每雌产卵24～246粒，雌螨平均寿命12.4天，最长达24天。雄性平均寿命10.7天，最长达17天。越冬雌成螨可达6个月左右。

暴雨、多雨能冲刷螨体使螨量减少。一年内，5月前为害轻，6～9月为害严重，10月后随气温下降，螨口数量逐渐减少。

③ 防治方法

a. 园林技术防治：加强植物栽培养护，注意苗圃内植物间通风透光，以降低湿度。结合园林田间管理铲除杂草，清除枯枝落叶，营造一个不适宜螨类生存的田间生态环境。同时，合理施肥，以增强树势，提高对螨类为害的抵抗力。

b. 化学防治：在螨类为害季节，以15%的噻嗪酮乳油3000～4000倍、50%的螨卵酯可湿性粉剂800倍、10%的灭虫灵乳油3000～4000倍，隔6～7天喷1次，连喷2～3次。或以10%吡虫啉可湿性粉剂50g加水100～125kg喷雾、0.3～0.5波美度石硫合剂或20%螨死净悬浮液50mL加水75～100kg喷雾防治。

温室内防治：可用溴甲烷、敌敌畏等熏蒸，以杀死幼螨、若螨、成螨。

c. 保护和利用天敌：化学防治时选用选择性农药，以保护如瓢虫、草蛉、小花蝽、捕食螨及蓟马等天敌。

3.钻蛀性害虫

（1）星天牛（*Anoplophora chinensis*）

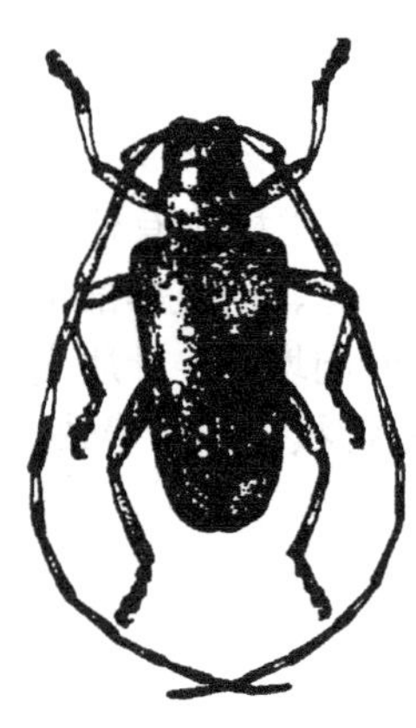

图9-31 星天牛成虫

① 分布与危害 鞘翅目，天牛科（图9-31）。国内分布北起吉林、辽宁，西到甘肃、山西，东到福建、台湾，南至广东。为害梨、苹果、柑橘类、桃、杏、无花果、樱桃、枇杷等果树，以及柳、白杨、法国梧桐等观赏树木及行道树。星天牛以幼虫危害树干，尤其是一些大树的主干，结果造成许多孔洞，并向外排出黄白色木屑虫粪，堆积在树干周围的地面。受害轻的植株养分运输受到阻碍，重的主干被全部蛀空，整株枯萎、易被风吹倒而全株死亡，造成巨大损失。成虫仅取食嫩枝皮层，被害处呈不规则的条状伤痕或产卵时咬破树皮，造成伤口。

② 发生特点 福建、浙江1年发生1代，也有3年发生2代或2年发生1代的现象，11～12月以幼虫在被害寄主木质部越冬。翌年4月越冬幼虫化蛹，5月上旬开始羽化，5～6月为成虫羽化盛期。成虫晴天中午在树冠枝条间活动，尤其上午10点至下午2点活动最盛。5～8月上旬产卵，5月下旬至6月中旬为产卵盛期，卵产在离地面30～50cm的主干上，产卵时，成虫在树皮上咬成裂口，然后于树皮下产卵1粒，产卵处外表隆起呈“T”或其他形状的裂口，每头雌虫一生产卵20～80粒。1～2周后幼虫孵化，幼虫在树皮里先向下，围绕树皮蛀食。幼虫在皮下蛀食1～2个月后方蛀入木质部，在木质部的位置常向根部蛀入。粪便部分阻塞孔口，上部分挤破树皮，排出树外，落在树干周围地面上常成烘堆。老熟幼虫用木屑、木纤维将虫道两头堵紧构建蛹室，并于其中化蛹。以4～6年生林木，郁闭度大，通风不良，林地卫生差，杂草丛生的防护林带、片林受害严重，2年生以下或9年生以上的林木受害轻。

③ 防治方法

a. 栽培管理：加强水肥管理，使植株生长旺盛，保持树干光滑，以减少天牛成虫产卵的机会。冬季修剪虫枝，消灭越冬幼虫。

b. 捕杀成虫：尽量消灭成虫于产卵之前，在成虫盛发期，晴天中午常可见到成虫在树干基部或树枝上活动、交尾、产卵，这时可进行捕杀，效果很好。

c. 刮除虫卵和初孵幼虫：在6～8月检查树干及大枝条，如有产卵裂口，即用小刀将卵刮除。当初孵幼虫为害处树皮有黄色胶质物流出时，用小刀挑开皮层，用钢丝钩刺杀皮层里的幼虫，在刮刺幼虫及卵的伤口处，涂浓石硫合剂防伤口被病菌侵入。

d. 钩杀幼虫：在幼虫为害期，最好在未进入木质部前，用钢丝钩杀（钩杀之前，先将蛀孔的虫粪清除）。

e. 种植隔离带：用抗性树种将敏感树种隔离开，以阻止天牛传播扩散。

f. 生物防治：保护鸟类，可对天牛起到良好的控制作用；利用白僵菌、绿僵菌防治幼虫。

g. 施药塞洞：幼虫进入木质部后，用小棉球浸80%敌敌畏乳油或40%乐果乳油5～10倍液塞入虫孔；或用磷化铝毒签塞入虫孔，再用黏土封口。如遇虫龄较大的天牛幼虫时，要注意封闭所有的排泄孔及相通的老虫孔。隔5～7天查一次，如再遇有新鲜的虫粪时，向虫孔内注入40%乐果乳油1mL，再用湿泥堵塞虫孔，毒杀幼虫，效果很好。

h. 除古树名木外，清除受害严重的虫源树，对已遭天牛严重为害且难以恢复生长的树木，坚决清除。

（2）桃蛀螟（*Dichocrocis punctiferalis*）

① 分布与危害　鳞翅目，螟蛾科害虫（图9-32）。国内分布于南北各地区。为害桃、梨、杏、板栗、枇杷、龙眼、苹果、山楂、无花果、芒果、向日葵、法国梧桐及松杉等果树苗木，是长江流域桃树上的主要害虫。初孵幼虫多在果梗、果蒂基部或果与叶片接触处吐丝作蒂潜食，蜕皮后从果梗基部钻入果内，沿果核蛀食果肉。同时不断排出褐色粪便堆在虫孔外。前期为害幼果，使果实不能发育或成僵果。虫害果常引发褐腐病。

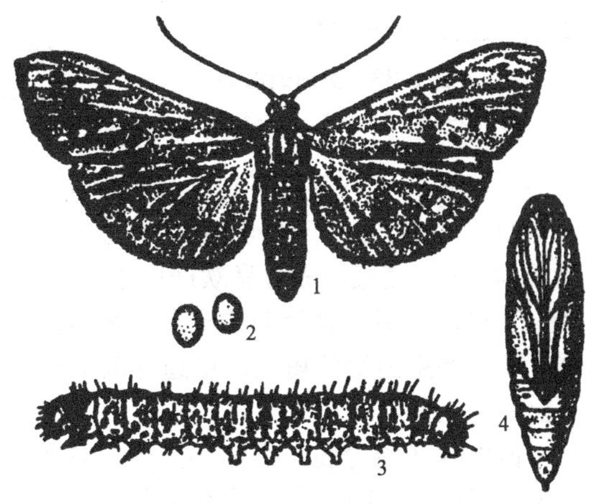

图9-32　桃蛀螟

1—成虫；2—卵；3—幼虫；4—蛹

② 发生特点　生活史从北向南，年发生2～5代，江苏省年发生4代，以老熟幼虫越冬，越冬场所复杂。长江流域一般多在向日葵遗株和落叶、玉米、高粱等的遗株或蓖麻的种子中越冬。以向日葵花盘及玉米茎秆中最多；北方，在果枝翘皮裂缝中、树洞里、果实、种子内、堆果场、高粱穗等处越冬。第二年4月化蛹，由于化蛹期不整齐，所以第一代蛾发生期延长，造成后面世代重叠，5～9月均有幼虫为害桃果、玉米、向日葵、大枣及园林植物。在江苏南京，各代成虫发生期：越冬代5月中旬，第1代6月中、下旬至8月上旬，第2代7月下旬至8月上旬，第3代8月上旬，第4代9月中、下旬。

成虫夜间活动，需吸取花蜜，或桃和葡萄等成熟果实的汁液作为补充营养。成虫有较强趋光性，对黑光灯趋性强，对糖、醋、酒混合液也有趋性。成虫夜间产卵，卵喜产在枝叶茂密处的桃果上及两个或两个以上互相紧靠的桃果上。一个果内有几条虫，有些转果为害。幼虫老熟后，一般在果内或果枝上及两果的接触处结白茧化蛹。

③ 防治方法

a. 园林技术防治：冬季清除玉米、向日葵、高粱、蓖麻等遗株。4月前将寄主树翘皮刮净（长江流域，尤其是桃树）以消灭越冬幼虫，是防治桃蛀螟的重要措施。

b. 物理防治：在成虫羽化盛期，用黑光灯或糖、醋、酒混合液诱杀。

c. 化学防治：在第一、第二代成虫产卵高峰期喷药防治。药剂选用20%增效氰马乳油或20%氰戊菊酯乳油50mL，加水100kg，或用50%马拉硫磷乳油或20%菊杀乳油50mL，加水75kg，或用50%杀螟硫磷乳油50mL，加水50kg等。

（3）美洲斑潜蝇（*Liriomyza sativae*）

① 分布与危害　双翅目，潜蝇科。是一种世界性害虫，分布很广，从热带、亚热带到温带都有分布（图9-33）。已知寄主植物24科120多种，其中以葫芦科、豆科、茄科、菊科、

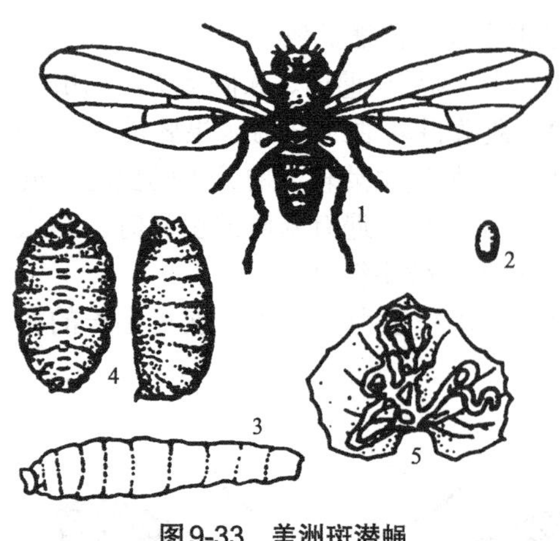

图9-33 美洲斑潜蝇

1—成虫；2—卵；3—幼虫；4—蛹；5—叶片虫道

锦葵科等植物受害重。该虫主要以幼虫潜食寄主叶肉造成为害。在叶片正面出现灰白色状弯曲的蛀道，端部呈针尖状，终端明显变宽，虫道两侧边缘具有明显的交替排列的黑色粪便。成虫在叶片上刺孔产卵、取食，形成密布的小白点。成虫、幼虫为害均可破坏叶肉细胞和叶绿素，削弱叶片光合作用，从而导致植株发育延迟或枯死。幼虫化蛹前咬破叶片，脱出化蛹。刺孔、伤口及隧道是病原物的侵入通道，易引起病害。此外，该虫还可传播植物病毒病。

② 发生规律　在南方，如海南、广东、昆明等地一年发生17～24代，周年发生，无越冬现象。在江苏省年发生9～11代，辽宁7～8代。江苏省自然条件下不能越冬，在保护地可以继续为害。各地为害期从5～11月中下旬，是多种花卉植物上的重要害虫。在江苏省属于秋季多发型：8月至11上中旬、8月下旬至10月中旬最为严重。成虫白天羽化，有趋光性、趋黄性。成虫羽化后24h即可交尾，成虫喜欢产卵于已伸展的叶片上。产卵时，雌成虫用产卵器刺破寄主叶片上表皮，然后吸食汁液或产卵，每雌约产100粒卵。幼虫孵化后潜食叶肉，每虫道1头幼虫。随着幼虫龄期的增大，虫道逐渐加长增粗。幼虫3龄时咬破叶片表皮爬出虫道，在叶面或土壤中化蛹。

该虫耐寒能力弱。蛹怕湿，当土壤含水量接近饱和，覆土厚度达5cm时，羽化率下降。暴风雨可造成田间积水，导致幼虫大量死亡。该虫在发生区近距离传播，主要通过成虫的迁移或随气流扩散，远距离传播主要靠寄主作物或产品的流通，也可能与气流携带传播有关。其天敌主要是茧蜂类。

③ 防治方法

a. 植物检疫：对该虫进行严格的检疫措施，防止其扩散传播。一旦发现，可用溴甲烷熏蒸处理，以防扩散为害；对来自该虫发生区的瓜果豆菜类，要严禁带叶，禁止用寄主植物的叶片、茎蔓作为铺垫、填充和包装材料；对被侵染的观赏植物的叶片、切条等寄主作物及其繁殖材料，可先置于温室3～4天，使其孵化，然后再冷藏1～2周杀死幼虫。

b. 园林技术防治：及时清除杂草及栽培寄主植物的老叶、残株，集中高温堆肥或烧毁。保护地栽培下，在育苗移栽前注意棚室内清洁；深翻土地，将蛹深埋；大水漫灌，造成田间积水，增加土壤湿度，提高蛹死亡率；采用20～25目的银灰色防虫网育苗或栽培，可有效防止该虫侵入苗圃，并可有效防止其它害虫侵入。

c. 诱杀成虫：利用黑光灯、黄色板及粘蝇纸诱杀成虫。

d. 生物防治：防治时，选用对该虫杀伤力大，而对天敌杀伤力小的生物农药、植物农药等，并改变施药方法，减少施药次数，以保护天敌，发挥天敌的自然控制作用；饲养释放寄生蜂防治该虫，每周释放斑潜蝇茧蜂13000头，对防治温室花卉上的美洲斑潜蝇效果良好；幼虫发生初期喷施1.8%害极灭乳油300～400mL/hm^{2}或1%灭虫灵乳油500～600mL/hm^2。

e. 化学防治：大棚内，成虫高峰期利用“灭蝇灵”熏杀成虫，连熏2～3次。

田间防治：掌握在成虫高峰期至卵孵盛期或初龄幼虫高峰期时用药。防治间隔5～7天，连续用药2～3次，可控制其为害。1.8%阿维菌素乳油300～400mL/hm^2、48%的毒死蜱乳油、10%氯氰菊酯乳油、10%灭蝇胺悬浮剂等药都对该虫有较好效果。另外，园林植物栽培前或斑潜蝇蛹期可用3%米乐尔颗粒剂、50%辛硫膦乳油及40%甲基异硫磷乳油拌细土，撒施可杀死落地虫蛹。

4.地下害虫

地下害虫是指活动为害期或主要为害虫态在土中的一类害虫。我国记载的地下害虫大约有320多种，属于8个目，32个科。常见的有蝼蛄、地老虎、蛴螬、根蛆、金针虫、白蚁、蟋蟀、根蚜等。地下害虫分布广、危害大、食性杂、为害隐蔽，常给花卉和苗木生产带来严重的经济损失。

（1）华北大黑鳃金龟（*Holotrichia oblita*）

① 分布与危害（图9-34） 国内分布于华北、西北、华东、华中、长江以北地区。寄主有玉米、高粱、苹果、杏、杨、柳、槐等植物。成虫取食寄主叶片，幼虫为害寄主根部及幼苗。

② 发生特点 华北地区2年完成1代。以幼虫与成虫交替越冬。越冬成虫于次年4月下旬开始出土，5月中、下旬为出土盛期。6～7月为交尾产卵盛期。7月中、下旬为卵孵化盛期，秋季幼虫发育至2、3龄，危害小麦等植物。11月上旬，幼虫开始筑土室越冬，越冬幼虫多为3龄。次年4月上、中旬越冬幼虫上升至表土层为害寄主植物根部组织，5月中旬至6月上旬是取食盛期。7～9月老熟幼虫进入化蛹期，然后陆续羽化为成虫。羽化后成虫当年不出土，在土室内越冬。成虫有趋光性、群集性、假死性。大量施用未腐熟厩肥的田块虫量多。

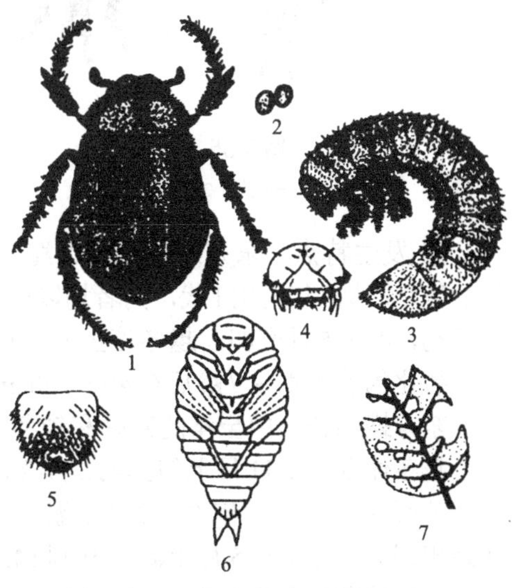

图9-34 华北大黑鳃金龟

1—成虫；2—卵；3—幼虫；4—幼虫头部正面；5—幼虫肛腹片；6—蛹；7—叶片被害状

③ 防治方法

a.人工防治：在成虫出土为害期，利用其趋光性与假死性，进行黑光灯诱杀与人工捕杀。

b.园林技术防治：秋末深翻土地，将成、幼虫翻到地表，造成机械损伤，或使其冻死，或被天敌捕食；施用腐熟的有机肥，用薄膜覆盖、堆闷，高温杀死肥料中的害虫。

c.化学防治：种子或土壤处理：在播种、扦插、埋条以及小苗移栽时，以辛硫磷处理种子或土壤可防幼虫。用5%辛硫磷颗粒剂或3%甲基异硫磷颗粒剂，均匀地撒于田间，浅犁翻入土中或撒在播种沟内；或每公顷用50%辛硫磷乳油1200～1500mL、90%晶体敌百虫1200～1500g、50%西维因可湿性粉剂1200～1500g加水1200～2000kg，配成药液，每株植物根部浇灌150～200mL；在成虫聚集取食时，可用50%辛硫磷乳油1000倍、40%氧化乐果乳油1500倍、20%氰戊菊酯乳油2000倍喷雾。

（2）蝼蛄类

① 分布与危害 蝼蛄俗称拉拉蛄、土狗子等，属直翅目蝼蛄科。国内记载的有6种，发生普遍的主要有华北蝼蛄（*Gryllotalpa unispina*）（图9-35）、东方蝼蛄（*G. orieatalis*）（图9-36），前者发生遍及全国，后者主要分布于北纬32度以北（江苏北部、华北、东北、西北等）。江苏省是两种蝼蛄混生区，苏南以东方蝼蛄为主，苏北以华北蝼蛄为主。

蝼蛄以成虫和若虫在土中取食刚播下的种子、嫩芽和幼根或咬断幼苗、根茎，也蛀食块根、块茎，食性很杂，是苗圃、花圃、草坪上的主要害虫之一。其能在地表挖掘坑道，而把幼苗拱倒，导致幼苗的根系与土壤分离，使植物失去水分干枯死亡。或造成断苗缺垄，严重影响苗木、花卉生产。

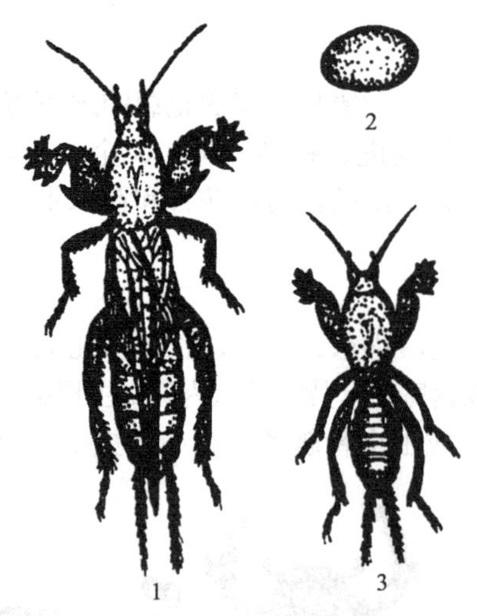

图9-35　东方蝼蛄

1—成虫；2—卵；3—若虫

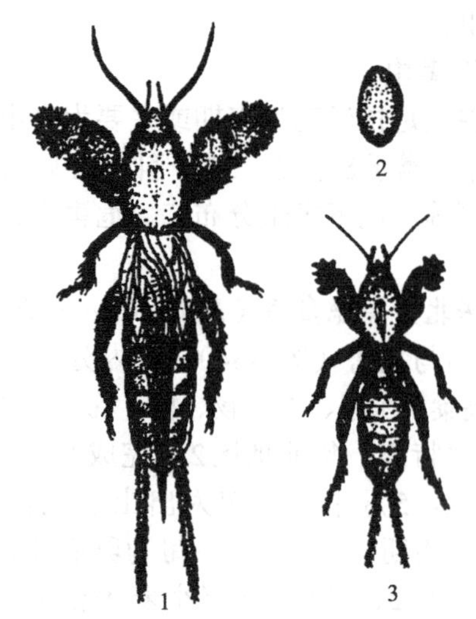

图9-36　华北蝼蛄

1—成虫；2—卵；3—若虫

② 发生特点　东方蝼蛄在黄淮海地区1年发生1代，华北、西北、东北地区，2年发生1代；华北蝼蛄3年发生1代，两者均以成、若虫在土中越冬。以东方蝼蛄为例：越冬成虫3～4月活动，4～5月产卵。越冬若虫5～6月羽化为成虫，5～9月均可产卵，产卵盛期在6、7月，孵化的若虫4～7龄后在40～60cm深的土中越冬（华北蝼蛄越冬深度可达150cm）。

东方蝼蛄在土中全年的升降和越冬为害可分为四个时期，即：

越冬休眠期：11月上旬到第二年2月下旬初，成、若虫在地下40～60cm处越冬。

苏醒为害期：翌年春，2月土温上升到5℃左右，开始上升活动，气温在9～10℃田间开始出现为害；4～5月土温上升到14.9～26.5℃时是越冬成、若虫为害最重的时期。此时正是各种幼苗发芽生长期、展叶期，蝼蛄一边在土中造成隧道拱倒幼苗，一边取食根部、嫩茎造成缺苗断垄。

越夏繁殖为害期：6～8月，高温炎热，平均温度为23.5～29℃，土壤温度为23～33.5℃，此时蝼蛄向土下活动进入产卵盛期、越夏。

秋播作物暴食为害期：9月份气候凉爽时，上升到表土，形成第二次为害高峰，一直到10月上、中旬至11月初。

蝼蛄成虫白天潜伏在土下隧道或洞穴中，夜间外出取食、交尾、产卵。两种蝼蛄成虫均有强烈的趋光性。华北蝼蛄因身体笨重，飞翔力差，灯诱量较少，多落于灯光周围的地面上。蝼蛄喜好香、甜物质，对煮至半熟的谷子、炒香的豆饼和麦麸皮等较为喜好。蝼蛄对未腐烂的马粪、未腐熟的厩肥等有趋性。此外，蝼蛄喜欢在潮湿的土壤表土层活动。非洲蝼蛄喜在潮湿的地方产卵；华北蝼蛄喜在盐碱地内、高燥向阳、靠近地埂、畦堰或松软油渍状土壤里产卵。

③ 防治方法

a. 灯光诱杀：利用蝼蛄趋光性，以黑光灯诱杀。高温、闷热、无风的夜晚诱杀效果好。

b. 挖巢灭卵：产卵盛期，结合除草，发现产卵孔后，再向下挖5～10cm深可挖到卵或成虫。

c. 毒饵诱杀：用40%甲基异硫磷乳油50～100mL适量兑水后与5kg炒香的麦麸、豆饼、米糠拌匀，制成毒饵。也可用40%乐果乳油、90%晶体敌百虫制毒饵。毒饵制成后，在田间开沟施用或开穴施用或将毒饵撒施于土面上。根据蝼蛄周年活动为害特点，一般认为从谷雨至夏至是防治蝼蛄的最有利时机。

（3）小地老虎（*Agrotis ypsilon*）

① 分布与危害　属鳞翅目，夜蛾科。幼虫别名地蚕、切根虫等（图9-37）。小地老虎是一种世界性害虫，国内分布遍及各省区，但以长江流域东南沿海各省发生最为严重，是一种多食性害虫。可为害100多种植物，是苗木、花卉、果树、草坪为害较大的一类害虫。为害轻者可造成断苗缺垄，重者可造成毁田重种，有的可爬至苗木上咬食嫩茎和幼芽。

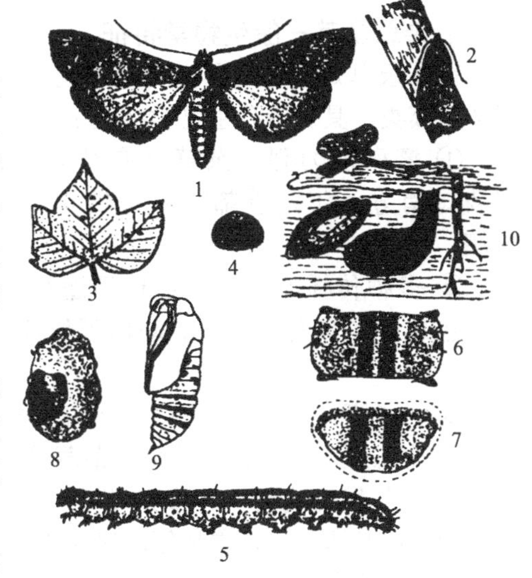

图9-37　小地老虎

1—成虫；2—成虫休止状；3—产于叶片上的卵；4—卵；5～7—幼虫及其第4腹节背面、臀板；8—土茧；9—蛹；10—幼虫危害状

② 发生特点　全国各地年发生世代数随气候不同而不同。江苏省发生4～5代。属于一代多发型。生产上造成严重为害的均是1代幼虫。在长江以南以幼虫和蛹在土中越冬，长江以北不能越冬。越冬北界为1月份0℃等温线或北纬33度。小地老虎是一种迁飞性害虫。以江苏发生为例：3月上旬～4月下旬发现成虫，有的年份可推迟到5月上旬，5月中下旬终见。3月下旬～4月上旬为成虫产卵盛期。4月初～4月上中旬卵孵化，4月中下旬幼虫达2～3龄，4月下旬～5月上旬，幼虫进入为害盛期，幼虫6龄。5月下旬幼虫在土内筑土室化蛹，6月下旬羽化。羽化后，成虫陆续迁出，此后各代在田间很少发现。

成虫有趋光性与趋化性，对有酸甜味的物质及枯萎的泡桐树叶有趋性。产卵常选择粗糙多毛的土表面产卵。产在土表的约70%，草根约20%，叶片约10%，一头雌成虫一生约产100多粒卵。含水量在20%以上的土壤、黏土、低洼地、杂草滋生地块，有利于幼虫生存。

③ 防治方法

a. 园林技术防治：除草灭虫。杂草是地老虎产卵场所及幼龄幼虫的食料，也是幼虫向作物田间转移的桥梁，用泡桐叶诱集幼虫，然后进行人工捕杀。

b. 灯光诱杀，以黑光灯或糖、醋、酒混合液或甘薯、胡萝卜等发酵液诱杀成虫。

c. 化学防治：幼虫3龄前田间施药防治效果较好。每公顷用可用50%辛硫磷乳油200mL，拌湿润细土30kg，做成毒土，于傍晚顺垄撒施于幼苗根际附近。也可用90%晶体敌百虫1000～1500mL或2.5%溴氰菊酯乳油、10%氯氰菊酯乳油300～400mL，加水1000～1500kg，在幼虫低龄时向植物嫩叶、生长点喷雾。

3龄后用毒草、毒饵诱杀。以2.5%溴氰菊酯乳油对水喷在碾碎炒香的棉籽饼、豆饼或麦麸上。傍晚时，在受害寄主附近每隔一定距离撒一小堆或在受害寄主根际附近围施。毒草可用90%晶体敌百虫0.5kg拌铡碎的鲜草70～100kg。

第三节　园林苗圃常见杂草及其防治方法

目前清除杂草费用占苗圃中人工费用的一半以上，多数情况下是管理人员对苗圃化学除草技术与原理不了解所造成的。因此，认识杂草，学习化学除草剂及杂草防除基本知识，对减少除草费用，提高生产效益，确保苗圃管理水平具有重要意义。

一、杂草基础

1.杂草及其一般生物学特征

苗圃杂草是指妨碍和干扰苗木生产的各种植物。主要为草本植物，也包括部分小灌木、蕨类及藻类。具有下列生物学特征：

① 繁殖能力强　杂草具有结实多、繁殖能力强的特性，且杂草结实具有连续性，在我国南方一年四季都可开花结实。杂草种子具有自然落粒性，随风、水传播或进入土壤。

② 多种传播方式　杂草传播途径多样，引种、播种、浇灌、施肥、耕作、整地、移土、包装运输等人类生产活动均可传播杂草；人、机械、风、水、鸟、动物也可传播杂草种子。

③ 种子寿命长　杂草种子具有很强的生命力，寿命可达几年、十几年甚至更长。

④ 生态适应性和抗逆性强　杂草具有很强的生态适应性和抗逆性。

⑤ 生长发育优势　许多杂草具C4光合途径，生长发育迅速，竞争力强，且地下根茎、地上匍匐枝发达，一旦立足便能迅速生长，增加苗圃的管理成本。

2.杂草分类

杂草分类是识别杂草的基础，杂草的识别则是对杂草进行生物、生态学研究，特别是对杂草进行防除与控制的重要基础。杂草可从以下几个方面进行分类。

（1）根据形态学分类

根据杂草的形态特征对杂草进行分类，大致可分为三类：

① 禾草类　主要包括禾本科杂草。其主要形态特征是：茎圆或略扁，有节和节间区别，节间中空。叶鞘开张，常有叶舌。胚具1子叶，叶片狭窄而长，平行叶脉，叶无柄。

② 莎草类　主要包括莎草科杂草。茎三棱形或扁三棱形，无节与节间的区别，茎常实心。叶鞘不开张，无叶舌。胚具1子叶，叶片狭窄而长，平行叶脉，叶无柄。

③ 阔叶草类　包括所有的双子叶植物杂草及部分单子叶植物杂草。茎圆形或四棱形。叶片宽阔，具网状叶脉，叶有柄。胚常具2子叶。

形态学分类方法比较粗糙，但在杂草的化学防除中有其实际意义。许多除草剂就是由于杂草的形态特征而获得选择性。

（2）根据生物学特性分类

本分类方法主要根据杂草所具有的不同生活型和生长习性所进行的分类。由于杂草的生活型随地区及气候条件而变化，故按生活型的分类方法不能十分详尽。但其在杂草生物、生态学研究及农业生态、化学及检疫防治中仍有重要意义。

① 一年生杂草　在一个生长季节完成从出苗、生长及开花结实的生活史，如马齿苋、铁苋菜、马唐、稗、藜、异型莎草和苍耳等种类。

② 二年生杂草　在两个生长季节或跨两个年度完成从出苗、生长及开花结实的生活史。寿命超过一个年度但不超过二个年度。通常是冬季出苗，翌年春末夏初开花结实，如野燕麦、看麦娘、波斯婆婆纳、猪殃殃、飞廉、黄花蒿等杂草。

③ 多年生杂草　指一次出苗，可在多个生长季节内生长，并开花结实的杂草。可以用种子及营养繁殖器官繁殖，并渡过不良气候条件。

另外，还可以根据生境、植物系统分类对杂草进行分类。

二、园林苗圃中主要杂草

1. 禾本科杂草

（1）狗牙根（*Cynodon dactylon*）

多年生草本，有根茎及匍匐茎。叶鞘有脊，叶互生，下部叶因节间短缩似对生。穗状花序指状着生于秆顶；小穗两侧压扁，常1小花，无柄，双行覆瓦状排列于穗轴的一侧，灰绿色或带紫色；颖有膜质边缘，几乎等长或第二颖稍长；外稃草质，有3脉，内稃几乎等长于外稃，花药黄色或紫色（图9-38）。

幼苗：第一片真叶带状，叶缘有极细的刺状齿，叶片具5条平行脉，具很窄的环状膜质叶舌，顶端细齿裂，叶鞘亦有5脉，紫红色，第二片真叶线状披针形，有9条平行脉。

分布于黄河流域以南各省、区。

（2）马唐（*Digitaria sauguinalis*）

茎匍匐，节处着土常生根。叶舌长1～2mm，叶鞘常疏生有疣基的软毛。总状花序3～10枚，指状着生秆顶；小穗双生（孪生），一有柄，一无柄或有短柄；第一颖钝三角形，长约0.2mm；第一颖长为小穗的1/2～3/4，成熟时第二颖边缘具短纤毛。第一外稃与小穗等长，中央3脉明显，第二外稃边缘具短柔毛（图9-39）。

图9-38　狗牙根

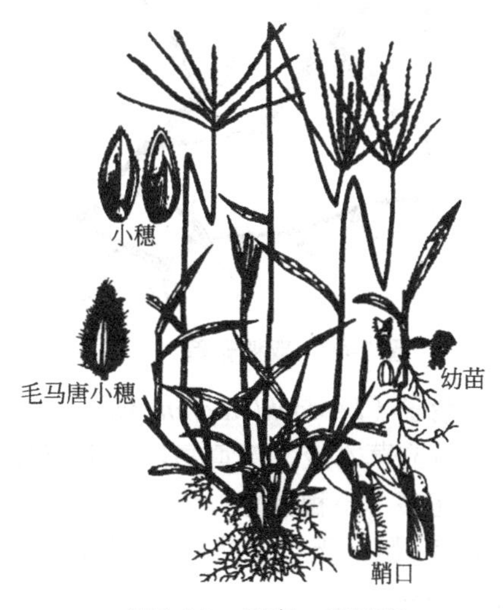

图9-39　马唐、毛马唐

幼苗：第一片真叶卵状披针形，有19条直出平行脉，叶缘具睫毛。叶片与叶鞘之间有一不甚明显的环状叶舌，顶端齿裂。叶鞘表面密被长柔毛。第二片叶叶舌三角状，顶端齿裂。

分布于全国各地，是旱秋作物、果园、苗圃的主要杂草。

（3）双穗雀稗（*Paspalum distichum*）

多年生，有根茎。秆匍匐地面，节上易生根，茎节处被有茸毛。鞘边缘有纤毛，叶舌长1～1.5mm。总状花序2枚，叉状位于秆顶得名；小穗两行排列，椭圆形，第一颖缺，第二颖被微毛；第二小花灰色，顶端有少数细毛（图9-40）。

幼苗：胚芽鞘棕色。第一片真叶线状披针形，有12条直出平行脉；叶舌三角状，顶端齿裂，叶耳处有绒毛；叶鞘边缘一侧有长柔毛。

分布于秦岭、淮河一线以南地区，多发生于湿润旱地。

（4）狗尾草（*Setaria viridis*）

植株直立，基部斜上。叶鞘圆筒状，有柔毛状叶舌、叶耳，叶鞘与叶片交界处有一圈紫色带。穗状花序狭窄呈圆柱状，形似“狗尾”，常直立或微弯曲。数枚小穗簇生，全部或部分小穗下托以1至数枚刚毛，刚毛绿色或略带紫色，颖果长圆形，扁平，外紧包以颖片和稃片，其第二颖几与小穗等长（图9-41）。

幼苗：胚芽鞘紫红色，第一片真叶长椭圆形，具21条直出平行脉，叶舌呈纤毛状，叶鞘边缘疏生柔毛，叶耳两侧各有1紫红色斑。

种子萌发的温度范围10～38℃，最适15～30℃，最适土壤深度2～5cm，子实在深层土壤中可存活10～15年。

全国各地均有分布。是园林苗圃主要杂草之一。

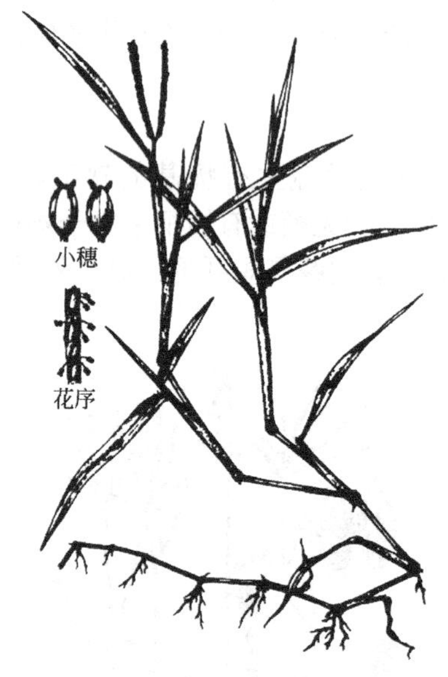

图9-40　双穗雀稗

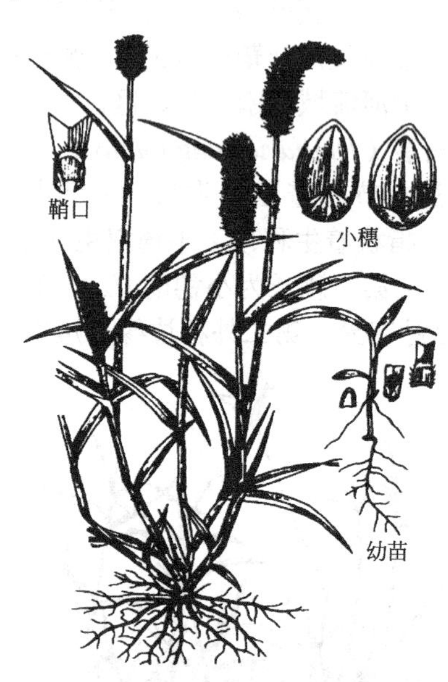

图9-41　狗尾草

（5）千金子（*Leptochloa chinensis.*）

一年生直立草本或下部匍匐，茎下部几节常曲膝，生不定根。叶鞘无毛，叶柔软，叶舌膜质。圆锥花序；小穗紫色，含3～7朵小花，使整个花序呈紫色，复瓦状成双行排列在穗轴一侧，颖有1脉，无芒；外稃有3脉，无芒，顶端钝，无毛或下部有微毛。颖果长圆球形，长约1mm（图9-42）。

幼苗：第一片真叶长椭圆形，具7条直出平行脉；叶舌白色膜质环状，顶端齿裂；叶鞘短，边缘薄膜质，脉7条；叶片、叶鞘均被极细短毛。

种子萌发的适宜温度在20℃以上。干旱与淹水都不利于种子萌发。土壤湿度低的旱地发生严重。

分布于秦岭、淮河一线以南地区，多发生于湿润旱地。

2.菊科杂草

（1）一年蓬（*Erigeron annus*）

二年生草本。茎直立，茎叶都生有刚状毛。基生叶卵形或卵状披针形，基部狭窄呈翼柄；茎生叶披针形或线状披针形，顶端尖，边缘齿裂；上部叶多为线形，全缘；叶缘具缘毛。头状花序排成伞房状或圆锥状；总苞半球形，总苞片3层；缘花舌状，雌性，2至数层，舌片线形，白色或略带紫蓝色；盘花管状，两性，黄色。瘦果披针形，扁平，有肋，冠毛异型，雌花有1层极短而成环状的膜质小冠；两性花外层冠毛为极短的鳞片状，内层糙毛状（图9-43）。

幼苗：子叶阔卵形，无毛，具短柄。下胚轴明显，上胚轴不育。初生叶1片，倒卵形，全缘，有睫毛，腹面密被短柔毛。后生叶叶缘疏微波状。

东北、华北、华东、华中、西南等地区分布，是果、茶、桑园主要杂草。

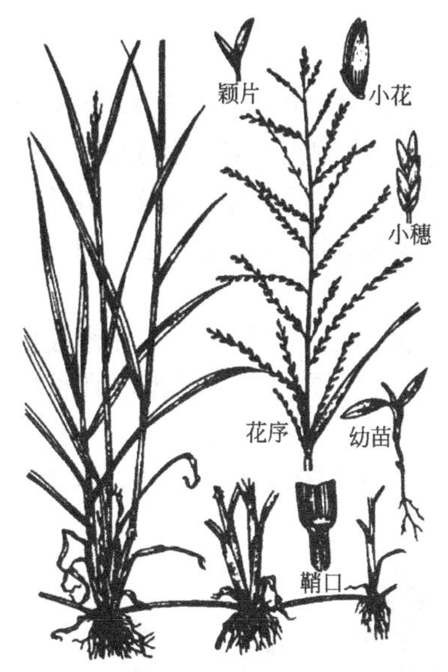

图9-42 千金子

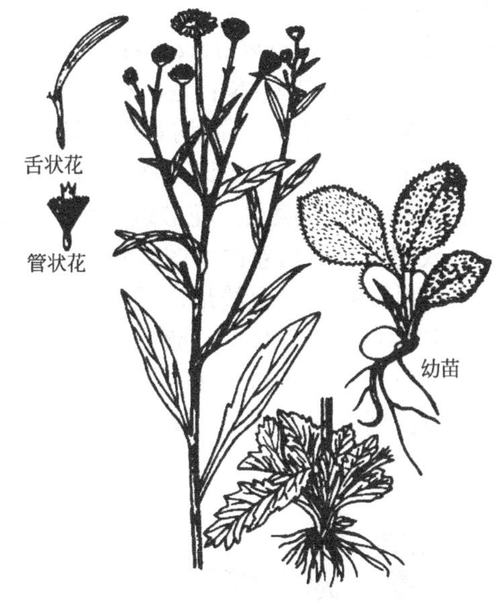

图9-43 一年蓬

（2）小飞蓬（小白酒草）（*Conyza canadensis*）

一或二年生草本，全株绿色。茎直立，有细条纹及脱落性粗糙毛。基部叶近匙形，上部叶线形或披针形，无明显的叶柄，全缘或有齿裂，边缘有睫毛。头状花序直径约4mm，再密集呈圆锥状花序或伞房圆锥状花序；总苞片2～3层，线状披针形；缘花雌性，细管状，无舌片，白色或微带紫色；盘花两性，微黄色。瘦果长圆形，略有毛，冠毛1层，污白色，刚毛状（图9-44）。

幼苗：子叶阔卵形，光滑，具柄。下胚轴不发达，上胚轴不育。初生叶1片，近圆形，先端突尖，全缘，具睫毛，密被短柔毛。第二后生叶矩圆形，叶缘出现2个小尖齿。

分布在东北、华北、华东和华中。

（3）刺儿菜（*Cephalanoplos segetum*）

多年生，有长的地下根茎，且深扎。幼茎被白色蛛丝状毛，有棱。叶互生，基生叶花时凋落，叶片两面有疏密不等的白色蛛丝状毛，叶缘有刺状齿。雌雄异株，雌花序较雄花序大；总苞片6层，外层甚短，苞片有刺。雄花冠短于雌花冠，但雄花冠的裂片长于后者。有纵纹四条，顶端平截，基部收缩（图9-45）。

幼苗：子叶椭圆形，叶基楔形。下胚轴极发达，上胚轴不育。初生叶1片，缘齿裂，具齿状刺毛，随之出现的后生叶几乎和初生叶对生。

根茎繁殖为主，种子繁殖为辅，春季萌发。

图9-44 小飞蓬

块茎发芽的温度13～40℃，以适温30～35℃。

全国分布。北方及南方地下水位低的旱地发生较多，是较难防除的杂草之一，但其不耐湿，水旱轮作可有效防治。

3.大麻科杂草

葎草（拉拉藤）（*Humulus scandens*）

一年或多年生缠绕草本；茎、枝、叶柄有倒生皮刺。叶对生，叶片掌状深裂，裂片5～7个，叶缘有粗锯齿，两面均有粗糙刺毛，背面有黄色小腺点。花雌雄异株，圆锥花序，雄花小，淡黄色，花被和雄蕊各5个；雌花排列成近圆形的穗状花序，每2朵花有1卵形苞片，有白刺毛和黄色小腺点，花被退化成1膜质薄片。瘦果扁圆形，淡黄色。种子有肉质胚乳，胚曲生或螺旋状向内卷曲（图9-46）。

幼苗：子叶狭披针形至线形，无柄。下胚轴发达，紫红色，上胚轴短，并密被斜垂直生的短柔毛。初生叶2片，对生，卵形，3深裂，裂片边缘有粗锯齿或重锯齿，具长柄，后生叶掌状分裂。全株除子叶和下胚轴外，均密被短柔毛。

种子萌发的适宜温度10～20℃；土层深度2～4cm。子实在土壤中的寿命仅1年。

全国各地均有发生。

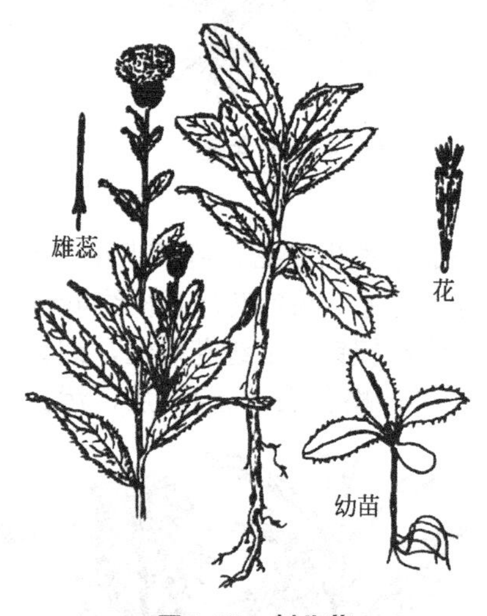

图9-45　刺儿菜

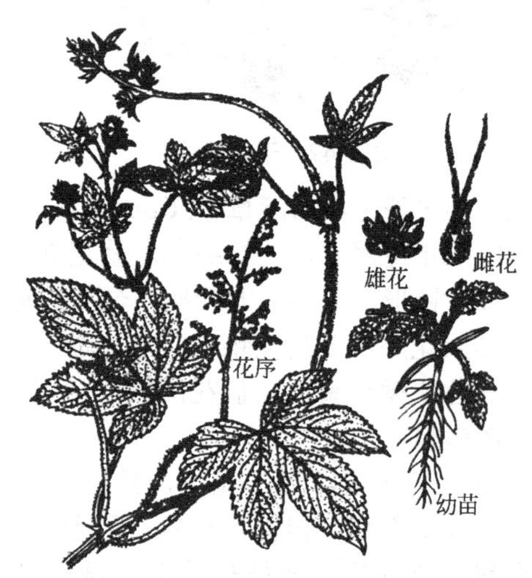

图9-46　葎草

4.葡萄科杂草

乌蔹莓（*Cayratia japonica*）

多年生草质藤本，茎有卷须。掌状复叶，小叶5片，排成鸟足状，中间小叶椭圆状卵形，两侧小叶渐小，成对着生于同一叶柄上，各小叶均有小叶柄。伞房状聚伞花序腋生或假顶生；花萼杯状；花瓣4，黄绿色，顶端无小角；雄蕊4；花盘橘红色，4裂；子房2室。浆果倒卵形，成熟时黑色（图9-47）。

幼苗：子叶阔卵形，有5条主脉，具叶柄。下胚轴发达，上胚轴不发达。初生叶1片，3小叶掌状复叶，叶缘具不等的锯齿。第二后生叶始，变为5小叶的掌状复叶，排成鸡爪状。

主要分布在淮河以南各地。

5.旋花科杂草

日本菟丝子（*Cuscuta japonica*）

一年生寄生草本。茎缠绕，较粗壮，黄色，常带淡红色，有紫红色瘤状斑点，分枝多。无叶。穗状花序，侧生；苞片与小苞片鳞片状，卵圆形；花萼碗状，肉质，5裂，裂片卵圆形，背面常有紫红色瘤状斑点；花冠状，淡红色或绿色，5浅裂，裂片卵状三角形；雄蕊5枚，花药卵圆形，黄色，几无花丝，鳞片5枚，长圆形，边缘流苏状，子房球状，花柱细长，柱头2裂。蒴果卵圆形，近基部周裂。种子1～2粒，黄棕色（图9-48）。

分布遍及南方各省区。常生于林缘、山坡及路旁的草本植物或灌木上。对果园、森林植被和绿化有较大的危害。

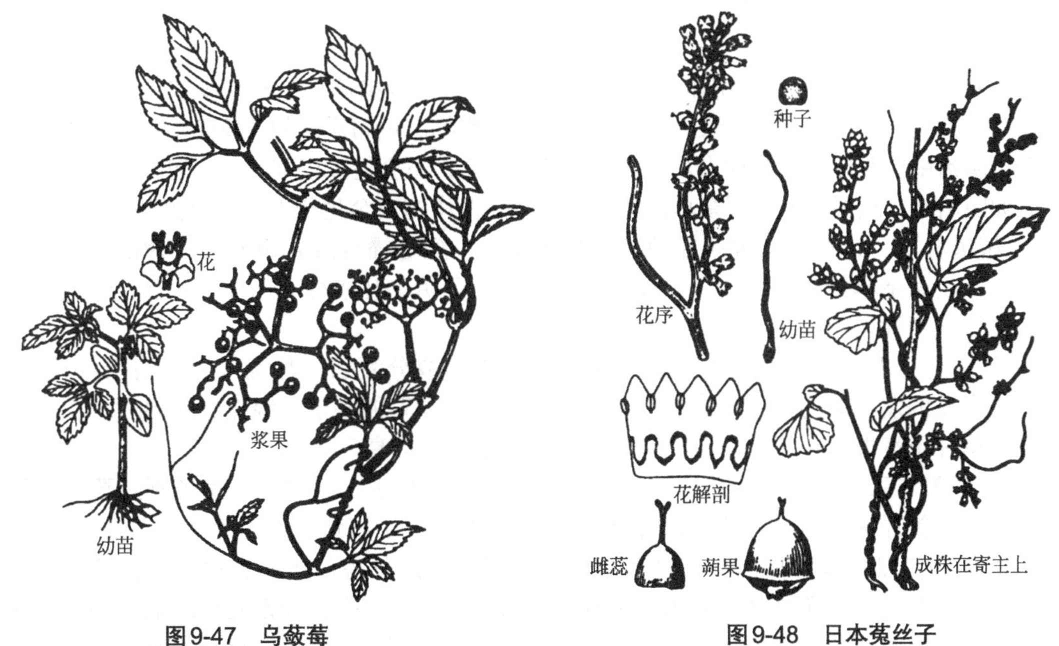

图9-47 乌蔹莓　　图9-48 日本菟丝子

三、园林苗圃杂草常用防治方法

1. 物理性除草

物理性除草是指利用人工或机械设备防除杂草的方法。

① 人工除草　指通过人工拔除、割刈、锄草等措施有效防治杂草的方法，也是一种最原始、最简便的方法。人工除草费工费时，劳动强度大，除草效率低。但是，在不发达地区仍然是主要的除草手段。在发达地区或较发达地区，在某些特殊作物上也主要以人工除草为主，有时亦被作为一种补救除草措施应用。

② 机械除草　是在作物生长的适宜阶段，根据杂草的发生和危害情况，运用机械驱动的除草机械进行除草的方法。主要包括中耕除草机、除草施药机以及用于耕翻并兼有除草效果的耕翻机。机械除草显著提高了除草效率、降低了劳动强度、用工少及不污染环境等优点。

③ 物理防治　是利用物理的方法，如火、电、辐射等手段杀灭控制杂草的方法。物理防治包括火力除草、电力除草及薄膜覆盖抑草等方法。

火力除草是利用火焰或火烧产生的高温使杂草被灼伤致死的一种除草方法。但火力除草消耗了大量有机物，不利于提高土壤肥力、改善土壤结构，也不符合持续高效农业的要求，而且还易对其他植物产生伤害。

薄膜覆盖抑草已广泛应用于园林苗圃除草。常规无色薄膜覆盖主要是保湿、增温，能抑制部分杂草的发育。近年来，生产上采用有色薄膜，不仅能有效抑制刚出土的杂草幼苗生长，而且能通过有色薄膜的遮光极大地削弱已有一定生长年龄的杂草的光合作用，在薄膜覆盖条件下，高温、高湿，杂草又是弱苗，能有效地控制或杀灭。

目前，药膜（含除草剂，如乙草胺、甲草胺、都尔等）或双降解药（色）膜的推广应用，对作物的早生快发和杂草的有效防治发挥着越来越大的作用。试验表明，乙草胺、甲草胺、都尔等多种药膜均有除草效果，持效期可达60～70天，且对幼苗安全。药膜除草为保证防治效果，应注意地面要整平，使药膜与地面充分接触；保证播种时墒情要好，药膜破洞要小，注意用土封口；尽量减少作物幼苗与除草药膜直接接触，以防产生药害。

2. 农业技术防治

农业技术防治指利用农田耕作、栽培技术和田间管理等措施控制和减少农田土壤中杂草种子基数，抑制杂草的出苗和生长，减轻草害，提高作物产量与质量的杂草防治方法。农业防治是杂草防治中重要环节。其优点是对作物与环境安全，不会造成任何污染，可操作性强。但是，农业防治难以从根本上削弱杂草的侵害，从而确保作物安全生长发育和高产优质。

① 精选种子　杂草种子混杂在苗圃作物种子中，随着播种进入田间，成为苗圃杂草的来源之一，也是杂草传播扩散的主要途径之一。实践证明，凡播种前选种、配合合理地种植制度、进行精细管理的苗圃，大多能避免杂草的危害。

② 施用充分腐熟的有机肥　有机肥种类多、组成成分复杂，易混入大量的杂草种子，且保持相当高的发芽能力，未经高温腐熟，便不能杀死杂草的种子。经充分腐熟后，不仅绝大多数杂草种子丧失发芽能力，而且有效肥力也得到大幅提高。

③ 清理田边杂草　田边、路旁等都是杂草容易栖息和生长的地方，是苗圃杂草的重要来源之一。在新开垦的苗圃，杂草以每年20～30m的速度由田边、路边等地向苗圃中蔓延。为减少杂草的自然传播和扩散，减轻杂草侵入农田产生的草害，传统农业曾提倡铲地皮深埋，清除田边杂草。为充分利用农田环境资源，减轻草害，可提倡在苗圃周边适当种植一些植物，如大豆、向日葵或种植多年生的蔓生绿肥，如三叶草等，一可美化苗圃周边环境，二可增加收入。

④ 覆盖治草　秸秆覆盖等可减轻杂草为害。

⑤ 耕作治草　借助于土壤耕作的各种措施，在不同时期，不同程度上消灭杂草幼芽、植株或切断多年生杂草的营养繁殖器官，进而有效防治杂草的一项农业措施。间歇耕法（即立足于免耕，隔几年进行一次深耕）是控制农田杂草的有效措施。在多年生杂草较少的农田，以浅旋耕为宜。在多年生杂草发生较重的苗圃，深耕是一种有效的防治多年生杂草的方法。中耕除草是作物生长期间重要的除草措施，其原则是除草除小，连续杀灭，提高工效与防效，不让杂草有恢复生长和积累营养的机会。

⑥ 以水治草　种植前以一定深度的水淹没可控制或减轻草害。水层淹没一方面使正在萌发或已经萌发的旱生性杂草幼苗窒息而死，另一方面抑制旱生性杂草种子的萌发或迫使其休眠，或使其吸胀腐烂死亡，从而减少土壤中杂草种子库的有效数量，减少杂草的萌发和生长，减轻杂草对苗圃植物的干扰和竞争。

3. 化学防治

化学防治是应用化学除草剂有效防治杂草的方法。对大部分多年生、深根性杂草，人工拔除难以根除，施用除草剂进行化学防除最为有效。其缺点是污染环境并对人类健康有害。优点是其效率高、成本低。化学防除的关键是除草剂的选择，并采用适当的方法和用药时间。

（1）除草剂的类型

按对植物的选择性，可分成选择性除草剂与灭生性除草剂。选择性除草剂是对不同的植物存在选择性，能杀死某些植物而对另一些植物安全，甚至只可杀某种或某类杂草的除草剂。这类除草剂有2,4-D、2甲4氯、苯达松、百草敌、稳杀得等除草剂。如禾草克只对早熟禾、双穗雀稗等禾本科杂草有效，而对双子叶植物是安全的。灭生性除草剂对植物无选择性或选择性很少，其只用于苗圃播种前或栽培前的除草。如草甘膦、百草枯等除草剂。

按使用时间分，可分为苗前处理除草剂、苗后处理除草剂及苗前兼苗后处理剂。苗前处理除草剂也称土壤处理除草剂，是指于土表施用或混土处理的除草剂，对未出苗的杂草有效，对出苗的杂草活性低或无效。多年生禾本科杂草常需用该类型除草剂防治。如大多数酰胺类、取代脲类除草剂等；苗后处理除草剂又称茎叶处理除草剂，对已出苗的杂草有效，但不能防治未出苗的杂草，如喹禾灵、2甲4氯和草甘膦等；苗前兼苗后处理剂既能作苗前处理剂，也可作苗后处理剂使用，如甲磺隆、异丙隆等。

根据在植物体内的传导方式可分成内吸性传导型除草剂，这类除草剂可被植物根或茎、叶、芽鞘等部位吸收，并经传导组织从吸收部位传导至其他器官，破坏植物体内部结构与生理平衡，造成杂草死亡。如2甲4氯、稳杀得、草甘膦等；触杀性除草剂，这类除草剂不能在植物体内传导或移动性很差，只能杀死植物直接接触药剂的部位，不伤及未接触药剂的部位，如敌稗、百草枯等。

根据对不同杂草的活性分，可分为禾本科杂草除草剂，如芳氧苯氧基丙酸类除草剂能防除很多一年生和多年生禾本科杂草，对其他杂草无效；莎草科杂草除草剂，主要用来防除莎草科杂草的除草剂，如莎扑隆能防除水、旱地多种莎草；阔叶杂草除草剂，主要防除阔叶杂草的除草剂，如2,4-D、百草敌、苯达松等；广谱除草剂，可有效防除单、双子叶杂草的除草剂，如玉农乐可有效防除玉米地的禾本科杂草和阔叶草。灭生性的草甘膦对大多数杂草有效。

除了上述分类外，还有按作用方式、化学结构等进行分类。

（2）常用除草剂种类（表9-3）

表9-3　园林苗圃常用除草剂

除草剂类别	除草剂种类	防除对象
苯氧羧酸类	2,4-D、2甲4氯、2,4-D丙　酸、2,4-D丁酸、2甲4氯丙酸、2甲4氯丁酸等	苋、藜、苍耳、大巢菜、田旋花、波斯婆婆纳、播娘蒿等
苯甲酸类	杀草畏、麦草畏、敌草索等	刺儿菜、牛繁缕、苋等阔叶杂草
芳氧苯氧基丙酸类	喹禾灵、精喹禾灵、吡氟氯草灵禾草灵、吡氟禾草灵等	禾本科杂草如看麦娘、野燕麦等
环己烯酮类	稀禾定、稀草酮	阔叶作物田中禾草
酰胺类	甲草胺、乙草胺、丙草胺、丁草胺、异丙甲草胺等	主要防治禾本科杂草
取代脲类	绿麦隆、异丙隆、敌草隆、莎扑隆	一年生禾本科杂草与阔叶杂草
磺酰脲类	绿磺隆、甲磺隆、胺苯磺隆等	阔叶杂草，有些种类可防禾本科杂草
氨基甲酸酯类	燕麦灵、甜菜灵	燕麦灵对野燕麦有特效，也可防治看麦娘、雀麦等杂草；甜菜灵茎叶处理防阔叶杂草
三氮苯类	嗪草酮、西玛津、扑草净等	主防一年生杂草，对阔叶杂草防效好于禾本科杂草
硫代氨基甲酸酯类	杀草丹、禾大壮、燕麦畏、灭草猛等	禾草、阔叶草、莎草、稗草、野燕麦
二苯醚类	乙氧氟草醚、乳氟禾草灵等	阔叶草、莎草
N-苯基肽亚胺类	利收、速收	阔叶草
二硝基苯胺类	氟乐灵、地乐胺等	主要防治一年生禾本科杂草
有机磷类	莎稗磷、草甘膦、抑草磷等	随除草剂品种不同而不同。如草甘膦对一年生与多年生杂草均有效；莎稗磷防一年生杂草，如稗、马唐、牛筋草等
其他	氟草定、苯达松、农思它等	氟草定防猪殃殃、繁缕、泽漆等，苯达松防阔叶杂草与莎草；农思它防一年生禾本科杂草与阔叶杂草

（3）园林苗圃杂草发生特点

我国园林苗圃杂草特点：一是种类多，包括一年生、多年生杂草。其中常见的杂草约40个科，150多种，主要以菊科、禾本科、莎草科、藜科、旋花科为主。旱田杂草是苗圃杂草的主要组成部分，同时许多荒地、路旁、沟边等杂草如狗牙根、独行菜、葎草、蒿属等杂草也是苗圃中常见杂草；二是发生期长。一年四季均可发生。其中一二年生杂草主要是春季杂草或夏季杂草。春季杂草以阔叶杂草为主，不易形成草害。夏季杂草以禾本科杂草为主，为害严重；三是多年生杂草多，如白茅、水花生、乌敛梅、双穗雀稗、狗牙根、刺儿菜等繁殖能力强，地下繁殖器官不易根除；四是杂草发生有区域性。

（4）苗圃地杂草化学防除方法

以一年生杂草为主的苗圃应以土壤封闭处理为主，茎叶处理为辅；以多年生杂草为主的苗圃则以茎叶处理为主，土壤封闭处理为辅；幼苗苗圃常套种植物，而实生苗圃难以定向喷雾，则要用选择性较强的除草剂。常用除草剂有：40%阿特拉津胶悬剂3750～4500mL、50%西玛津可湿性粉剂2250～3000g、24%果尔乳油900～2100mL、65%圃草定颗粒剂1500～3000g（或与阿特拉津、敌草死复配）、10%草甘膦水剂11250～15000mL（加入少量硫酸铵或洗衣粉或柴油或三十烷醇等助剂可显著提高除草效果）、20%百草枯水剂3000～6000mL（可与果尔复配）。上述除草剂以每公顷兑水450～600kg喷雾。

4. 生物防治

生物防治是利用不利于杂草生长的生物天敌，如某些昆虫、病原真菌、细菌、食草动物或其他高等植物来控制杂草的发生、生长蔓延和危害的杂草防治方法。其目的不是根除杂草，而是通过干扰或破坏杂草的生长发育、形态建成、繁殖与传播，使杂草的种群数量和分布控制在经济阈值允许水平之下。生物防治比化学除草具有不污染环境、不产生药害、经济效益高的优点；比农业防治、物理防治简便。目前主要生物防治措施有：

一是以虫治草。如叶甲防治空心莲子草、穿孔螟防治仙人掌、泽兰实蝇防治紫茎泽兰等；

二是以病原微生物治草。如泽兰尾孢菌防治紫茎泽兰、一种寄生锈菌对灯芯草粉苞苣的防治；

三是生物除草剂的应用。目前处于研究阶段；

四是其他生物防治。如动物防治，牛、羊、鹅、鸭、微生物代谢物的利用等。

附录

附录一 园林苗圃中常用杀虫剂的种类及特点

药剂类型	药剂名称	常见剂型	作用原理	防治对象	使用方法	性质	
有机磷类	敌百虫	90%晶体、80%可湿性粉剂、2.5%粉剂	胃毒作用，兼有触杀作用	咀嚼式口器害虫	喷雾、喷粉、灌根	高效、低毒、低残留、广谱性	
	乐果	40%乳油	触杀、内吸作用，兼有胃毒作用	多种害虫	喷雾、涂抹	广谱性，豆类、瓜类的幼苗易引起药害	
	辛硫磷	50%乳油	触杀、胃毒作用	地下害虫、鳞翅目幼虫	喷雾、拌种、浇灌	高效、低毒、残留危险小，遇碱、光易分解	
	乙酰甲胺磷	40%乳油	触杀、内吸作用	食心虫、刺蛾、菜青虫等	喷雾	高效、低毒、低残留、广谱性，遇碱易分解	
	毒死蜱	48%乳油	触杀、胃毒、熏蒸作用	鳞翅目幼虫、蚜虫、害螨、潜叶蝇、地下害虫	喷雾	高效、中等毒性，土中残留期长	
氨基甲酸酯类	抗蚜威	50%可湿性粉剂	触杀、内吸、熏蒸作用	蚜虫	喷雾	高效、速效、中等毒性、低残留、选择性杀虫剂	
	丁硫克百威（好年冬）	20%乳油	触杀、胃毒、内吸作用	蚜虫、叶蝉、食心虫、介壳虫、害螨等	喷雾	广谱性，残效期长	
	拉维因（硫双威）	75%可湿性粉剂、37.5%胶悬剂	触杀、胃毒、内吸作用	棉铃虫、烟青虫、甜菜夜蛾、斜纹夜蛾等	喷雾	高效、广谱、持久、安全	
沙蚕毒素类	杀虫双	25%水剂、3%颗粒剂	较强的胃毒与触杀作用，一定的内吸与熏蒸作用	多种园艺植物害虫	喷雾、毒土、泼浇	广谱、安全、低残毒，根部吸收力强	
拟除虫菊酯类	溴氰菊酯	2.5%乳油	触杀作用	多种园艺害虫	喷雾	中等毒性	高效、低毒，田间残效期5～7天，连续使用害虫易产生抗药性
	氰戊菊酯	20%乳油	触杀、胃毒作用	多种园艺害虫	喷雾	中等毒性	
	三氟氯氰菊酯	2.5%乳油、5%乳油	触杀、胃毒作用	鳞翅目害虫、蚜虫、叶螨等	喷雾	广谱性，杀虫作用快，残效长	
	高效氯氰菊酯	5%乳油、10%乳油	胃毒、触杀作用，具杀卵活性	多种鳞翅目害虫、蚜虫、蚊幼虫	喷雾	中等毒性，稳定性好，抗雨水冲刷	

续表

药剂类型	药剂名称	常见剂型	作用原理	防治对象	使用方法	性质
特异性昆虫生长调节剂	灭幼脲	25%悬浮剂	胃毒、触杀作用	桃小食心虫、松毛虫、小菜蛾等	喷雾	低毒、遇碱及较强酸易分解。田间残效期15～20天，对人、畜、天敌昆虫安全
	除虫脲	20%悬浮剂	胃毒、触杀作用	鳞翅目幼虫、柑橘木虱等	喷雾	低毒、遇碱易分解
	定虫隆（抑太保）	5%乳油	胃毒作用为主，兼有触杀作用	对鳞翅目幼虫有特效	喷雾	高效、低毒
	噻嗪酮（扑虱灵、稻虱净）	25%可湿性粉剂	胃毒、触杀作用	飞虱、叶蝉、介壳虫、温室粉虱等	喷雾	药效高，残效期长，残留量低，对天敌安全
其他杀虫剂	吡虫啉（蚜虱净）	10％、25％可湿性粉剂	内吸、触杀、胃毒作用	蚜虫、飞虱、叶蝉	喷雾	速效，残效期长，对天敌安全
	氟虫腈（锐劲特）	5%悬浮剂、0.3%颗粒剂、5%拌种剂	胃毒作用为主，兼有一定的触杀、内吸作用	半翅目、鳞翅目、缨翅目、鞘翅目害虫	喷雾、拌种、撒施	中等毒性，杀虫谱广，残效期长
微生物杀虫剂	阿维菌素（爱福丁）	0.3%、0.9%、1.8%乳油	触杀、胃毒作用，微弱的熏蒸作用	双翅目、鞘翅目、同翅目、鳞翅目和螨类	喷雾	高效，广谱性杀虫杀螨剂
	苏云金杆菌（Bt）	10^{10}活芽孢/g可湿性粉剂，10^{10}活芽孢/mL悬浮剂	胃毒作用	双翅目、鞘翅目、直翅目、鳞翅目害虫	喷雾	

附录二　园林苗圃中常用杀菌剂的种类及特点

药剂类型	名称	常见剂型	作用原理	防治对象	使用方法	特点
无机杀菌剂	波尔多液（硫酸铜：生石灰：水）	石灰半量式、等量式、倍量式（1∶0.5∶100叫半量式）	保护作用	霜霉病、疫病、炭疽病、溃疡渍、锈病、黑星病等	喷雾	杀菌力强，防病范围广，附着力强，不易被雨水冲刷，残效期达15～20天
	石硫合剂	24～32波美度（Be′）		白粉病、锈病、螨类、介壳虫等	喷雾	不能与忌碱性农药、铜制剂混用或连用
有机硫杀菌剂	代森锌	60%、65%、80%可湿性粉剂	保护作用	番茄晚疫病、果树与蔬菜霜霉病、炭疽病、苹果黑星病、葡萄褐斑病、黑豆病	喷雾	遇碱或含铜药剂易分解，在阳光下不稳定。对人、畜低毒，对植物安全
	代森锰锌	70%可湿性粉剂、25%悬浮剂		梨黑星病、苹果与梨的轮纹病、炭疽病，苹果早期落叶病、番茄早疫病等	喷雾	遇酸遇碱分解，高温潮湿条件下易分解
	福美双	50%可湿性粉剂		葡萄白腐病和炭疽病、梨黑星病、草莓灰霉病、瓜类霜霉病	喷雾	遇酸易分解，不能与含铜药剂混用

续表

药剂类型	名称	常见剂型	作用原理	防治对象	使用方法	特点
有机磷杀菌剂	乙膦铝（疫霜灵）	40%可湿性粉剂	保护与治疗作用	对霜霉属与疫霉属真菌引起的病害有较好的防效	喷雾	遇酸遇碱分解，双向传导
取代苯类杀菌剂	甲霜灵	25%可湿性粉剂	保护与治疗作用	对霜霉菌、腐霉菌、疫霉菌所致病害特效	喷雾	高效，强内吸性杀菌剂，可双向传导，极易引起抗药性
	甲基托布津	50%、70%可湿性粉剂，50%胶悬剂，36%悬浮剂	治疗作用	炭疽病、灰霉病、白粉病、褐斑病、苹果与梨轮纹病、茄子绵疫病等	喷雾	遇碱性物质易分解，极易引起抗药性
	百菌清	75%可湿性粉剂、40%悬浮剂	保护作用	苹果早期落叶病、炭疽病、轮纹病、白粉病、葡萄霜霉病、白腐病、黑痘病、蔬菜霜霉病	喷雾	附着性好，耐雨水冲刷，不耐强碱
杂环类杀菌剂	多菌灵	25%、50%可湿性粉剂	治疗作用	子囊菌亚门与半知菌亚门引起的多种植物病害	喷雾	遇酸遇碱易分解
	三唑酮（粉锈宁）	15%、25%可湿性粉剂，1%粉剂	治疗作用	白粉病、锈病、葡萄白腐病	喷雾	对酸碱都较稳定
	苯来特	50%可湿性粉剂	治疗作用	子囊菌亚门与半知菌亚门引起的多种植物病害	喷雾	
	烯唑醇	2%、5%、12.5%可湿性粉剂，50%乳剂	保护和治疗作用	苹果和梨的黑星病、白粉病、锈病、菜豆锈病、瓜类白粉病	喷雾	遇碱分解失效
抗生素	农用链霉素	15%、72%可湿性粉剂	治疗作用	各种细菌引起的病害	喷雾	对人、畜低毒
	多抗霉素	1.5%、2%、3%、10%可湿性粉剂	保护与治疗作用	苹果斑点落叶病、梨黑斑病、白菜黑斑病等链格孢属真菌引起的病害，草莓与葡萄灰霉病等	喷雾	对人、畜低毒，对酸稳定，对碱不稳定
	抗霉菌素120（120农用抗菌素）	2%和4%水剂	保护与治疗作用	各种白粉病，炭疽病	喷雾	有刺激作物生长的效应，对酸稳定，对碱不稳定

参考文献

[1] 赵梁军主编．园林植物繁殖技术手册［M］．北京：中国林业出版社，2010.

[2] 成仿云主编．园林苗圃学［M］．北京：中国林业出版社，2012.

[3] 叶要妹，包满珠主编．园林树木栽植养护学［M］．北京：中国林业出版社，2012.

[4] 王莲英，秦魁杰主编．花卉学［M］．北京：中国林业出版社，2011.

[5] 宛成刚，赵九州主编．花卉学［M］．上海：上海交通大学出版社，2011.

[6] 叶要妹主编．园林绿化苗木培育与施工实用技术［M］．北京：化学工业出版社，2011.

[7] 张秀英主编．园林树木栽培养护学［M］．北京：高等教育出版社，2012.

[8] 郑钧宝编译．树木的营养繁殖［M］．北京：中国林业出版社，1989.

[9] 俞玖．园林苗圃学［M］．北京：中国林业出版社，1997.

[10] 郝建华，陈耀华．园林苗圃育苗技术［M］．北京：化学工业出版社，2003.

[11] 柳振亮．园林苗圃学［M］．北京：气象出版社，2005.

[12] 苏金乐．园林苗圃学［M］．北京：中国农业出版社，2010.

[13] 付素静，刘胜梅，莫大美，等．生长激素对蚊母树扦插繁殖效果的影响［J］．南方农业学报，2013，44（7）：1160-1164.

[14] 林光平．ABT生根粉在油茶扦插育苗上的试验［J］．经济林研究，2005，23（3）：36-38.

[15] 李照会主编．园艺植物昆虫学［M］．北京：中国农业出版社，2004.

[16] 蔡平，祝树德主编．园林植物昆虫学［M］．北京：中国农业出版社，2003.

[17] 丁锦华，苏建亚主编．农业昆虫学（南方本）［M］．北京：中国农业出版社，2002.

[18] 费显伟主编．园艺植物病虫害防治［M］．北京：高等教育出版社，2005.

[19] 朱天辉主编．园林植物病理学［M］．北京：中国农业出版社，2003.

[20] 王连荣主编．园艺植物病理学［M］．北京：中国农业出版社，2000.

[21] 侯建文，朱叶芹主编．园艺植物保护学［M］．北京：中国农业出版社，2009.

[22] 强胜主编．杂草学［M］．北京：中国农业出版社，2001.

[23] 杨秀珍，王兆龙主编．园林草坪与地被［M］．北京：中国林业出版社，2010.

[24] 王焱主编．上海林业病虫［M］．上海：上海科学技术出版社，2007.

[25] 徐公天，杨志华主编．中国园林昆虫［M］．北京：中国林业出版社，2007.